采气生产常见故障诊断与处理

唐 磊 徐进学 主编

石油工业出版社

内 容 提 要

本书主要内容包括采气井井下生产故障诊断与处理、采气井井口装置及地面管线故障诊断与处理、采气井站设备故障诊断与处理、计量设备故障诊断与处理、采气现场自动化控制设备诊断与处理。本书采用了大量生产现场实际案例，实用性和可操作性强。

本书可作为采气、输气技术人员和操作人员的培训教材，其他相关人员也可阅读使用。

图书在版编目（CIP）数据

采气生产常见故障诊断与处理/唐磊，徐进学主编.
—北京：石油工业出版社，2017.12
ISBN 978-7-5183-2450-7

Ⅰ．①采…　Ⅱ．①唐…②徐　Ⅲ．①采气-故障诊断②采气-故障修复　Ⅳ．①TE38

中国版本图书馆 CIP 数据核字（2018）第 000594 号

出版发行：石油工业出版社
　　　　　（北京安定门外安华里2区1号　　100011）
　　　　　网　　　址：www.petropub.com
　　　　　编　辑　部：（010）64269289
　　　　　图书营销中心：（010）64523633
经　　销　全国新华书店
印　　刷　北京中石油彩色印刷有限责任公司
2017年12月第1版　2017年12月第1次印刷
787×1092毫米　开本：1/16　印张：25
字数：515千字
定价：60.00元
（如出现印装质量问题，我社图书营销中心负责调换）

在采气生产过程中，任何一个环节发生事故与故障都会直接影响采输气井、站的正常生产。因此，采气基层操作员工必须掌握采输气过程中故障分析与诊断方法，通过分析与诊断找出故障产生的原因，及时采取相应的措施，在最短的时间内恢复采输气正常生产，提高采输气井、站管理水平。

为了提高采输气操作人员技术素质与管理水平，解决生产实际生产问题，满足现场安全生产需求，编写组成员深入生产一线，收集、查阅了大量技术资料与现场实际生产案例，并对现场案例进行反复研究分析，经过广泛征求基层技术人员与操作员工的意见，确定了本书的主要内容。

全书以采输气过程为主线，将井下生产故障、井口地面设备、井站设备、计量设备与自动化控制设备五大模块串在一起，各模块内容由设备管理基础知识、生产案例分析两大部分组成，其中生产案例分析是重点内容。在进行生产案例分析时，按照问题描述、查找原因、解决措施、跟踪验证、建议及预防措施等五步进行总结分析，力争让读者能够清晰地从故障现象分析出故障原因，并采取正确的处理措施，同时做到防患于未然，从而降低生产安全风险，提高现场管理水平。

全书分为五大模块：采气井井下生产故障诊断与处理、采气井井口装置及地面管线故障诊断与处理、采气井站设备故障诊断与处理、计量设备故障诊断与处理、采气现场自动化控制设备故障诊断与处理。

本书由唐磊、徐进学担任主编。第一章由张积峰、张华、刘利娜编写，第二章由王捷编写，第三章由唐磊、周标、王若沣编写，第四章由谢梦华、李自喜编写，第五章由王婉、马瑾编写。牛天军、刘帮华、张建华、张小军、张增勇等完成审稿工作。

在编写过程中，张会森、郭荣、顾继民、齐宝军、贺庆庆等给予了大量帮助，海心升、张芳、杨玲、徐智昆、黄杰、任超飞、仵海龙、白艳、肖江涛、鲁校、王长青、吴耀军、郑文艳、董正明、解军、展洁、李庆峰等提供了大量现场资料，在此一并表示感谢。

由于编写人员水平有限，书中难免会有不妥之处，敬请广大读者批评指正。

编 者

2017 年 8 月

目录

第一章 采气井井下生产故障诊断与处理

第一节 采气井井下管理理论知识

一、采气井常用的井下管柱

（一）井身结构

1．井身结构简介

井身结构是指气井井身下入套管的层次、各层套管的尺寸及下入深度、各层套管相应的钻头直径、各层套管外水泥的返回高度、井底深度或射孔完成的水泥塞深度以及采用何种完井方法等。

在一口井内，应该下几层套管，每层套管应该下多深，这主要是取决于要钻穿的地下岩石情况。套管包括导管、表层套管、技术套管、气层（生产）套管。

（1）导管：引导钻头入井开钻和作为钻井液出口。

（2）表层套管：用来封隔地表附近不稳定的地层或水层，安装井口防喷器和支撑技术套管的重量。

（3）技术套管：用来封隔表层套管以下钻开油气层以前易垮塌的松散地层、水层、漏层。

（4）生产套管：用来把油气层和其他层隔开，在井内建立一条可靠的油气通道。

2．井身结构的类型

（1）直井井身结构：如图 1-1、图 1-2 所示。

（2）定向井井身结构：如图 1-3 所示。

（3）水平井井身结构：如图 1-4、图 1-5 所示。

（4）双分支水平井井身结构：如图 1-6、图 1-7 所示。

（5）恶劣环境（含硫）气井井身结构：如图 1-8 所示。

图 1-1 直井井身结构示意图

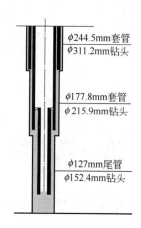

图 1-2 直井井身结构示意图（漏失严重）

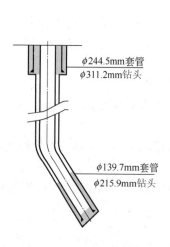

图 1-3 定向井井身结构示意图

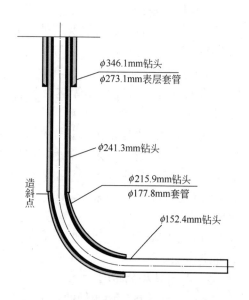

图 1-4 水平井井身结构示意图

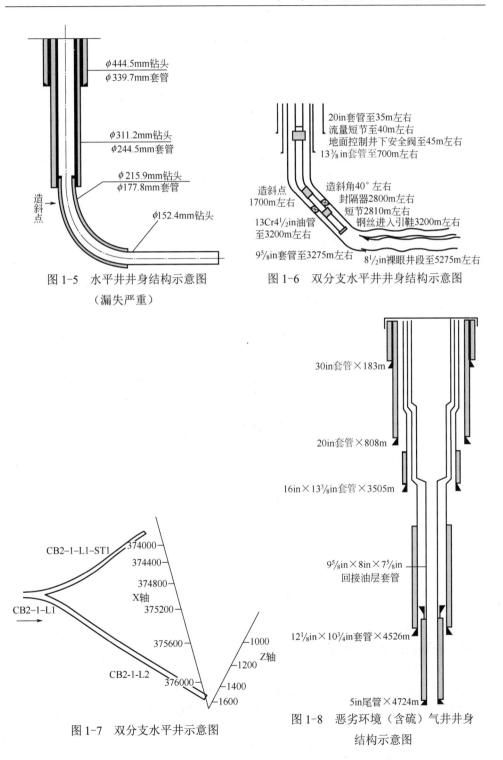

图 1-5 水平井井身结构示意图
（漏失严重）

图 1-6 双分支水平井井身结构示意图

图 1-7 双分支水平井示意图

图 1-8 恶劣环境（含硫）气井井身
结构示意图

（二）气井完井

1．气井完井简介

气井完井工程是指从钻开生产层或探井目的层开始，直到气井投入生产为止的全过程。它既是钻井工程的最后一道工序，又是采气工程的开始，对钻井工程和采气工程起着承上启下的重要作用。

气井的完井方法是指钻开地层或探井目的层部位的工艺方法及该部位的井身结构。为了满足有效地开发各种不同性质气层的需要，目前已有各种类型的气井完井方法。

2．气井完井的主要分类

1）直井常见的几种完井方式

（1）裸眼完井。

钻到气层顶部后停钻，下气层套管固井，再用小钻头钻开气层，因此气层完全是裸露的，如图1-9所示。裸眼完井适用于坚硬不易垮塌的无夹层水的裂缝性油气层。

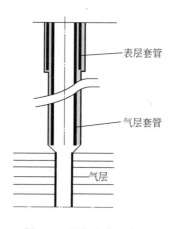

图1-9　裸眼完井示意图

优点：气层暴露完全，气体渗流阻力小。

缺点：气层中有夹层水时不能被封闭，采气时气水互相干扰，裸眼段地层易垮塌，不能进行选择性增产措施。

（2）衬管（筛管）完井。

钻完气层后下入带眼衬管固井，具有裸眼完井的优点，又防止了岩石垮塌。衬管用悬挂器挂在上层套管的底部，或直接坐在井底，如图1-10所示。

（3）尾管完井。

钻完气层后下入尾管固井，用射孔枪射开气层，具有射孔完井的优点，又能节省大量套管，特别适用于探井（因为探井油气层有无工业价值情况不明，下套管有时会造成浪费），如图 1-11 所示。

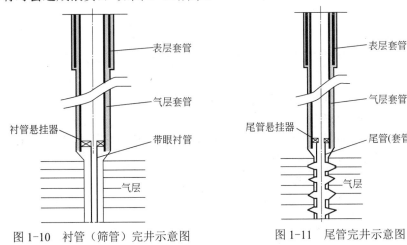

图 1-10　衬管（筛管）完井示意图　　　　图 1-11　尾管完井示意图

（4）射孔完井。

射孔完井与裸眼完井的优缺点正好相反，主要应用于易垮塌的砂岩气层或要进行选择性增产措施的气层。对于气水关系复杂的井，为防止水对开采的干扰，也采用射孔完井，如图 1-12 所示。

（5）套管滑套完井。

有限级套管滑套工具随完井套管一起入井，端口依次对准试气层位，第一层采用传统的射孔枪射孔压裂，第二层以后各层通过投大小不同的轻质球，依次打开各层滑套，实现有限级连续分压，最后合层排液并返出轻质球，如图 1-13 所示。

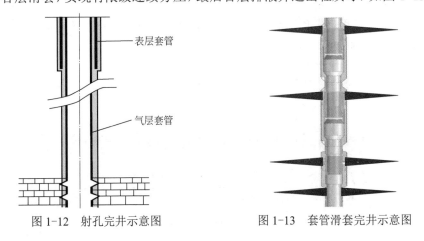

图 1-12　射孔完井示意图　　　　图 1-13　套管滑套完井示意图

技术特点：工具结构简单，可靠性强；采用可溶球，不需钻磨作业；井筒通径大，满足大排量施工；满足压后测试作业需求；可以实现压裂生产一体化。

2）水平井常见的几种完井方式

目前水平井主要完井方式有射孔完井、裸眼完井、筛管完井、带管外封隔器的完井、砾石充填完井等。

（1）射孔完井工艺。

完全钻开水平井段油气层，下套管固井后，对准产层射孔打开目的层。

① 射孔完井方式。

射孔完井包括套管固井射孔完井和尾管固井射孔完井。

（a）套管固井射孔完井。

有利于避开夹层水、底水、气顶，可实施水平段分段射孔、试油、注采和进行选择性增产措施，如图 1-14 所示。

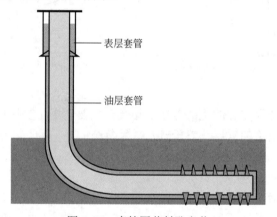

图 1-14　套管固井射孔完井

（b）尾管固井射孔完井。

有利于提高固井质量和保护油气层，最大限度地降低对油层的污染，保持油井产能，如图 1-15 所示。

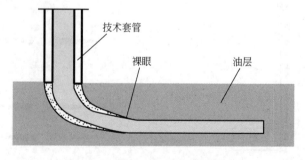

图 1-15　尾管固井射孔完井

② 射孔完井的优缺点。

（a）优点：有效分隔层段，可避免层段之间窜通和干扰；可以实施生产控制、生产检测和包括水力压裂在内的任何选择性增产增注作业。

（b）缺点：成本相对较高；储层受水泥浆的污染；要求较高的射孔操作技术。

③ 射孔完井的适用条件。

（a）要求实施高度层段分隔的注水开发储层。

（b）要求实施水力压裂作业的储层。

（c）裂缝性砂岩储层。

（2）裸眼完井工艺。

生产套管下至预计的水平段顶部，注水泥固井封隔。然后换小一级钻头钻水平井段至设计长度完井，如图 1-16 所示。主要用于碳酸盐岩等坚硬不坍塌储层、短或极短曲率半径的水平井。

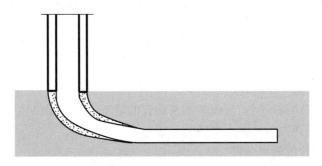

图 1-16　裸眼完井工艺

① 优点：成本最低；储层不受水泥浆污染和损害；油气流导流能力最高，产量损失最少；使用裸眼封隔器可以实施生产控制和分隔层段作业。

② 缺点：用于疏松砂岩层，井壁可能坍塌；难以避免层段之间窜通和干扰；可选择性的增产措施有限，如不能进行水力压裂作业。

③ 裸眼完井的适用条件。

（a）岩石坚硬致密、井壁稳定不坍塌的储层。

（b）不要求层段分隔的储层。

（c）天然裂缝性碳酸盐岩或硬质砂岩储层。

（d）短或极短曲率半径的水平井。

（3）筛管完井工艺。

将筛管悬挂在技术套管上，依靠悬挂封隔器封隔管外的环形空间，如图 1-17 所示，主要用于碳酸盐岩或硬质砂岩储层。

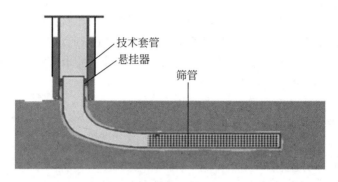

图 1-17　筛管完井工艺

① 优缺点。

（a）优点：成本相对较低；储层不受固井水泥浆污染；可防止井眼坍塌和油气层出砂。

（b）缺点：不能实施层段分隔，因而不可避免出现层段之间的窜通和干扰；无法实施选择性增产、增注措施。

② 技术关键。

解除钻井滤饼对地层油气流通道及筛管的堵塞。通过替浆和酸洗，彻底清洗裸眼井壁，然后再充以完井保护液。

③ 筛管完井的适用条件。

（a）井壁不稳定，有可能发生坍塌的储层。

（b）不要求层段分隔的储层。

（c）天然裂缝性碳酸盐岩或硬质砂岩储层。

（4）带管外封隔器的完井工艺。

① 优缺点。

（a）优点：相对中等的成本；储层不受水泥浆污染；依靠管外封隔器实施层段分隔，可在一定程度上避免层段之间窜通和干扰；可以实施生产控制、生产检测和选择性增产增注作业。

（b）缺点：管外封隔器分隔层段的有效程度，取决于水平井井眼的规则程度、封隔器的坐封和密封件的耐压、耐温等因素。

② 完井方法分类。

带管外封隔器的完井工艺包括带管外封隔器的滑套完井工艺，带管外封隔器的筛管完井工艺，造斜段注水泥、带管外封隔器的筛管完井工艺，造斜段注水泥、水泥充填封隔器分段完井工艺。

（a）带管外封隔器的滑套完井。

依靠管外封隔器实现层段的分隔，用滑套沟通井筒和地层。这两种工具的多重组合，可将地层分隔为多段，实现选择性完井。主要用于非均质、岩性多变储层及多个生产层井段，如图 1-18 所示。

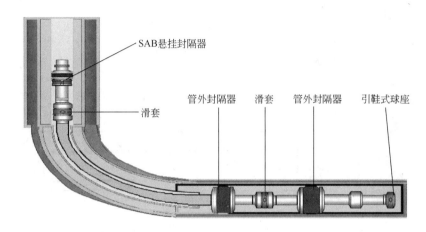

图 1-18　带管外封隔器的滑套完井

（b）带管外封隔器的筛管完井。

将管外封隔器技术与筛管完井及井眼清洗技术结合在一起。为保护油气层、提高水平井产能，对水平井井身结构进行修改。钻井程序由二开改为三开，二开钻到油气层顶部，下技术套管固井，三开专打油气层。相应的完井技术采用水平井尾管悬挂、裸眼封隔器分段筛管完井，如图 1-19 所示。

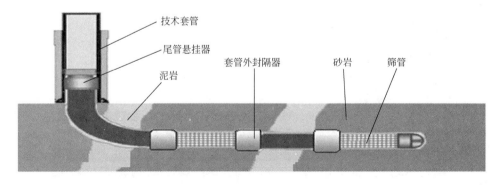

图 1-19　管外封隔器的筛管完井

（c）造斜段注水泥、带管外封隔器的筛管完井。

完井时，首先对造斜段注水泥固井，然后钻固井盲板，最后下入洗井酸化胀封管柱，对油气层进行洗井和酸化，解除油气层污染，沟通油气流通道，胀封水平段封隔器，实现水平井造斜段注水泥加筛管完井，如图 1-20 所示。

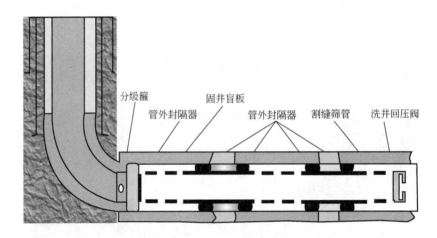

图 1-20　造斜段注水泥、带管外封隔器的筛管完井

（d）造斜段注水泥、水泥充填封隔器分段完井工艺，如图 1-21 所示。

与常规水力胀封裸眼封隔器比较，该完井技术变橡胶密封为长效的实体密封。可避免因压力、温度、化学腐蚀造成的任何密封失效，使用寿命大于 15 年，密封体的封隔能力可达 120MPa。

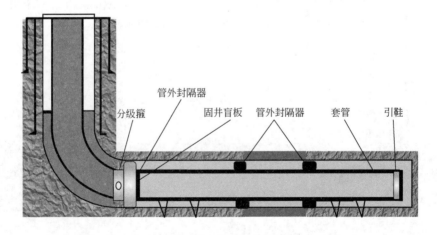

图 1-21　造斜段注水泥、水泥充填封隔器分段完井工艺

与固井比较，水泥浆充填封隔器完井技术能更有效地实现层间隔离，避免油气层污染。

由于封隔器长度有限，如果层间压差大或进行压裂作业，容易形成井壁一侧旁通。为此，要求封隔器下入位置在致密、稳定的井段。

③ 适用条件。

（a）要求不用注水泥实施层段分隔的开发储层。

（b）要求实施层段分隔，但不要求水力压裂的储层。

（c）井壁不稳定，有可能发生井眼坍塌的储层。

（d）天然裂缝性或横向非均质的碳酸盐岩或硬质砂岩储层。

（5）砾石充填完井工艺。

将绕丝筛管下至油气层段，用充填液循环将地面选好的砾石携带至绕丝筛管与井眼的环形空间或绕丝筛管与套管的环形空间，形成一个砾石充填层，阻挡砂粒流入井筒，保护井壁，防止油气层砂粒进入井内。该完井工艺适用于胶结疏松、严重出砂的地层，如图1-22所示。

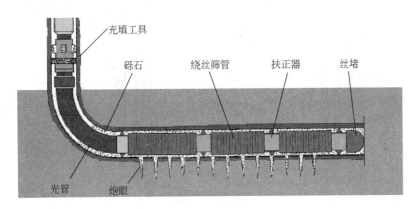

图 1-22 砾石充填完井工艺

① 裸眼预充填砾石筛管完井的适用条件。

（a）岩性胶结疏松，出砂严重的中、粗、细粒砂岩储层。

（b）不要求分隔层段的储层。

（c）热采稠油油藏。

② 套管预充填砾石筛管完井的适用条件。

（a）岩性胶结疏松，出砂严重的中、粗、细粒砂岩储层。

（b）裂缝性砂岩储层。

（c）热采稠油油藏。

（三）气井生产管柱

目前，我国气田具有规模小、储量低、低渗透、低丰度、深层位、多裂缝、多断块、地质条件复杂、气质相对较差等普遍特点，主要有低渗透气田、含硫气田、高温高压凝析气田、典型的非酸性气田、特殊岩性深层气气田。

生产管柱是指气井生产的流经通道，包括油管挂、油管、油管鞋、筛管等井下工具。生产管柱的选择主要考虑的因素包括：气井产能的要求；携液生产的需要；防止冲蚀的要求；满足抗拉、抗挤、抗内压强度的要求；储层改造的需要。

常见的气井生产管柱有以下几种：

（1）光油管完井生产管柱，如图 1-23 所示。

（2）单层（合层）改造完井生产管柱，如图 1-24 所示。

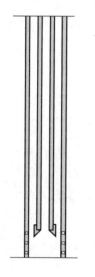 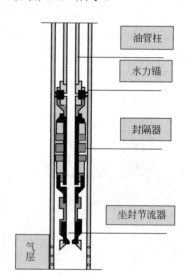

图 1-23　光油管完井生产管柱示意图　　图 1-24　单层（合层）改造完井生产管柱示意图

（3）分层改造合层开采完井生产管柱，如图 1-25 所示。

（4）直井机械分层（6 层）改造合层开采完井生产管柱，如图 1-26 所示。

（5）水平井机械分层（10 段）改造合层开采完井生产管柱，如图 1-27 所示。

（6）水平井机械分层（15 段）改造合层开采完井生产管柱，如图 1-28 所示。

（7）恶劣环境（含硫）油管串结构，如图 1-29 所示。

（8）含砂气井开采完井生产管柱，如图 1-30 所示。

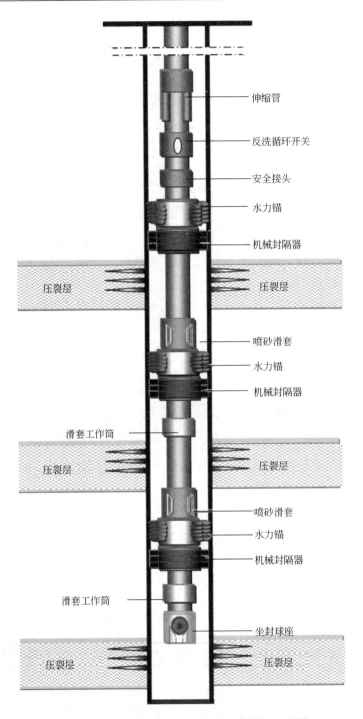

伸缩管

反洗循环开关

安全接头

水力锚

机械封隔器

压裂层

喷砂滑套

水力锚

机械封隔器

滑套工作筒

压裂层

喷砂滑套

水力锚

机械封隔器

滑套工作筒

坐封球座

压裂层

图 1-25 分层改造合层开采完井生产管柱示意图

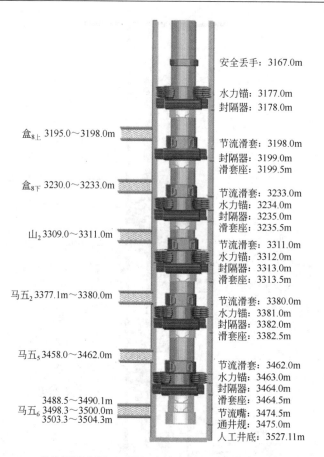

盒$_{8上}$ 3195.0～3198.0m

盒$_{8下}$ 3230.0～3233.0m

山$_2$ 3309.0～3311.0m

马五$_2$ 3377.1m～3380.0m

马五$_5$ 3458.0～3462.0m

3488.5～3490.1m
马五$_6$ 3498.3～3500.0m
3503.3～3504.3m

安全丢手：3167.0m

水力锚：3177.0m
封隔器：3178.0m

节流滑套：3198.0m
封隔器：3199.0m
滑套座：3199.5m

节流滑套：3233.0m
水力锚：3234.0m
封隔器：3235.0m
滑套座：3235.5m

节流滑套：3311.0m
水力锚：3312.0m
封隔器：3313.0m
滑套座：3313.5m

节流滑套：3380.0m
水力锚：3381.0m
封隔器：3382.0m
滑套座：3382.5m

节流滑套：3462.0m
水力锚：3463.0m
封隔器：3464.0m
滑套座：3464.5m
节流嘴：3474.5m
通井规：3475.0m
人工井底：3527.11m

图1-26　直井机械分层（6层）改造合层开采完井生产管柱示意图

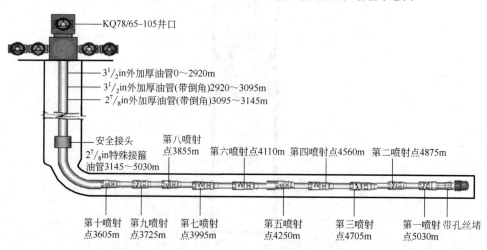

KQ78/65-105井口

3$\frac{1}{2}$in外加厚油管0～2920m
3$\frac{1}{2}$in外加厚油管(带倒角)2920～3095m
2$\frac{7}{8}$in外加厚油管(带倒角)3095～3145m

安全接头
2$\frac{7}{8}$in特殊接箍
油管3145～5030m

第八喷射点3855m　第六喷射点4110m　第四喷射点4560m　第二喷射点4875m

第十喷射点3605m　第九喷射点3725m　第七喷射点3995m　第五喷射点4250m　第三喷射点4705m　第一喷射点5030m　带孔丝堵

图1-27　水平井机械分层（10段）改造合层开采完井生产管柱示意图

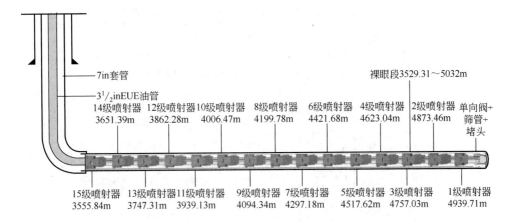

图 1-28　水平井机械分层（ 15 段）改造合层开采完井生产管柱示意图

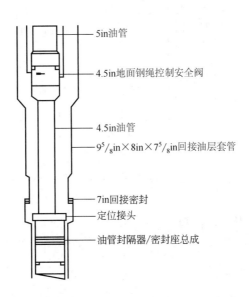

图 1-29　恶劣环境（含硫）油管串结构示意图

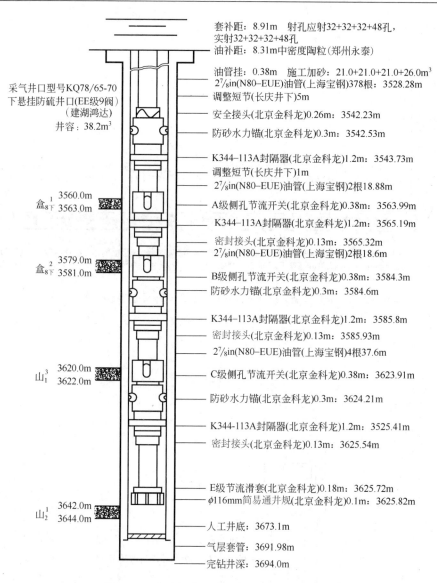

采气井口型号KQ78/65-70
下悬挂防硫井口(EE级9阀)
(建湖鸿达)
井容：38.2m³

盒$_8^1$下 3560.0m / 3563.0m

盒$_8^2$下 3579.0m / 3581.0m

山$_1^3$ 3620.0m / 3622.0m

山$_2^1$ 3642.0m / 3644.0m

套补距：8.91m 射孔应射32+32+32+48孔，
实射32+32+32+48孔
油补距：8.31m中密度陶粒(郑州永泰)

油管挂：0.38m 施工加砂：21.0+21.0+21.0+26.0m³
2$\frac{7}{8}$in(N80-EUE)油管(上海宝钢)378根；3528.28m
调整短节(长庆井下)5m
安全接头(北京金科龙)0.26m：3542.23m
防砂水力锚(北京金科龙)0.3m：3542.53m
K344-113A封隔器(北京金科龙)1.2m：3543.73m
调整短节(长庆井下)1m
2$\frac{7}{8}$in(N80-EUE)油管(上海宝钢)2根18.88m
A级侧孔节流开关(北京金科龙)0.38m：3563.99m
K344-113A封隔器(北京金科龙)1.2m：3565.19m
密封接头(北京金科龙)0.13m：3565.32m
2$\frac{7}{8}$in(N80-EUE)油管(上海宝钢)2根18.6m
B级侧孔节流开关(北京金科龙)0.38m：3584.3m
防砂水力锚(北京金科龙)0.3m：3584.6m
K344-113A封隔器(北京金科龙)1.2m：3585.8m
密封接头(北京金科龙)0.13m：3585.93m
2$\frac{7}{8}$in(N80-EUE)油管(上海宝钢)4根37.6m
C级侧孔节流开关(北京金科龙)0.38m：3623.91m
防砂水力锚(北京金科龙)0.3m：3624.21m
K344-113A封隔器(北京金科龙)1.2m：3525.41m
密封接头(北京金科龙)0.13m：3625.54m
E级节流滑套(北京金科龙)0.18m：3625.72m
ϕ116mm简易通井规(北京金科龙)0.1m：3625.82m
人工井底：3673.1m
气层套管：3691.98m
完钻井深：3694.0m

图1-30　含砂气井开采完井生产管柱示意图

二、采气井井下工具

（一）井下工具概述

井下工具是油气田开发完井及修井作业实现的基本手段之一，是油气田开采工艺主要组成部分，对油气田高效开发起着主要支撑作用。

1．井下工具分类

（1）油气井完井工具：封隔器、控制工具、扶正防磨工具等。

（2）油气井配套打捞及修井作业工具：管柱打捞配套工具、钢丝打捞配套工具、修井作业配套工具等。

2．井下工具设计基本要求

井下工具设计属于特殊机械设计，国内目前还没有系统设计教材，必须在矿场实践中不断摸索发展，逐步形成油气田井下工具设计体系。

（1）满足油气田开发工艺技术要求。

（2）满足油气田流体介质腐蚀要求。

（3）满足油气田特殊完井工艺要求。

（4）井下工具设计越简单越好。

3．井下工具设计具体要求

1）下入套管工具设计

（1）通井规一般小于套管内径6～8mm。

（2）工具最大外径小于通井规外径1～2mm。

（3）封隔器密封元件（胶筒）小于工具最大外径1～2mm。

2）下入油管工具设计

（1）油管规一般小于油管内径2～3mm。

（2）工具最大外径小于油管规外径1～2mm。

（3）密封元件（胶筒）小于工具最大外径1～2mm。

3）工具导向设计

（1）入井工具应考虑上、下导入设计，减少卡钻机会。

（2）密封组成设计应考虑轴进入导入设计，减少密封元件损坏。

4）密封元件材料优选

（1）对于可取式工具一般采用丁腈橡胶。

（2）对于永久性气井完井（H_2S、CO_2）一般采用氢化丁腈橡胶。

（3）对于井下反复开关控制工具，一般采用非弹性组合密封材料（聚四氟乙烯）。

（4）完井封隔器胶筒采用邵氏硬度70～85的密封材料。

（5）高压作业（压裂）采用邵氏硬度80～95的密封材料。

5）工具材料及处理工艺

（1）对于耐磨及提高硬度（强度），一般采用渗碳处理。

（2）对于一般防腐、耐磨及提高硬度（强度），一般采用渗氮或氮化处理。

（3）对于一般防腐，采用镍磷镀。

（4）深井泵工作筒及活塞一般采用镀铬。

（5）气井完井工具一般采用高含铬合金钢或不锈钢，表面进行氮化处理。

（6）常规油气井完井工具一般采用 35CrMo 或 42CrMo 合金钢，表面进行氮化处理或镍磷镀。

（7）卡瓦淬火回火硬度一般控制在 HRC45～55。

（8）弹簧淬火回火硬度一般控制在 HRC38～42。

（9）薄弹性套、卡簧或自锁扣，一般采用表面高频淬火。

（10）合金钢加工必须进行调质处理，调质处理硬度为 HB241～290。

（二）采气井常用的井下工具

1. 滤砂管

常用的滤砂管有绕丝筛管、预充填筛管、膨胀式筛管等。

1）绕丝筛管

在地面预先制成，然后下入井下，起到防砂作用，如图 1-31、图 1-32 所示。

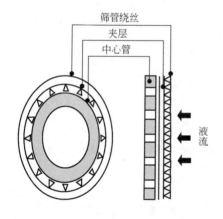

图 1-31　绕丝筛管结构示意图

图 1-32　绕丝筛管实物图

2）预充填筛管

预充填筛管是在地面预先将符合气层特性要求的砾石填入具有内外双层绕丝筛管的环形空间而制成的防砂管柱，如图 1-33 所示。

3）膨胀式筛管

在地面预先制成，然后下入井下，由于温度、压力的改变，引起膨胀式筛管膨胀前后管径变化，起到防砂作用，如图 1-34、图 1-35 所示。

图 1-33　预充填筛管 实物图　　　图 1-34　膨胀式筛管膨胀前后 管径变化示意图　　　图 1-35　膨胀式筛管 实物图

2.井下自动防喷器

1）定义

采气井井下自动防喷器是一种靠产气流量自动控制的采气井下防喷工具，适用于高温、高压采气井中，以保证采气井的生产安全。

2）工作状态

压井状态或井底压力不小于地层压力时，防喷器处于关闭状态，压井液、洗井液等都不能进入油气层，可避免油气层的污染和不必要的洗井液损耗。

正常采气时，只要采气量不超过正常生产范围值，防喷器处于开启状态，不影响正常生产。

不管何种原因使井口失控，发生井喷时，它都可以自动关闭油气层，防止井喷事故的发生，并且可以安全地进行不压井不放喷修井作业。

各种作业完毕后，只要关严井口 3～5h 以上，或向井中打压，恢复到原生产压力，防喷器就将自动打开，恢复正常生产。

3）结构

井下自动防喷器的外观如图 1-36 所示，结构如图 1-37 所示。

图 1-36　井下自动防喷器的外观

4）工作原理

中心管的上端加工有与调节管连接的高压气密油管扣，以实现与调节管的密封连接；下端的细牙螺纹与下接头连接，用以确定控制弹簧与环阀组件的工作空间；中段上部为光滑密封面，中部开有气流通道 A，下部开有泄砂孔 B。阀体组件由阀体压帽、超高压组合密封、阀体和密封座组成。控制弹簧控制环阀组件的各种工作位置。两个密封圈形成两道低压密封。外筒上端加工有光滑外锥面，与密封座的内锥面构成关闭时的差高压密封；下端有细牙内螺纹，与下接头连接，借助于密封垫实现高压密封。下接头下端加工有高压气密油管扣，便于与下封隔器连接。

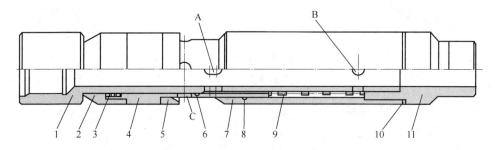

图 1-37　井下自动防喷器的结构

1—中心管；2—阀体压帽；3—超高压组合密封；4—阀体；5—密封座；

6—密封圈；7—外筒；8—密封圈；9—控制弹簧；10—密封垫；11—下接头

5）井下位置与安装形式

（1）井下位置。

将该防喷器接在采气管柱的两封隔器之间（图 1-38），或借助丢手，将该防喷器连同两端的封隔器安装在产气层段（图 1-39），防喷器就处于工作状态。

（2）安装形式。

① 全通径安装形式。

全通径安装形式即生产管柱全部保留在井筒中，油套环空中保留压井液，以保护套管免受 H_2S 腐蚀（图 1-38）。管柱自下而上为：下封隔器+自动防喷器+轴向距离调整管+上封隔器+生产管柱至井口。在压井状态下，下入管柱，并使两封隔器分居射孔段上下；安装好井口装置，正替液至产气层以上，坐封封隔器。诱喷正常后该装置就处在工作状态。

② 丢手安装形式。

丢手安装形式用于无须保护套管的气井中（图 1-39）。管柱自下而上为：下封隔器+自动防喷器+轴向距离调整管+上封隔器+丢手接头+工作管柱。在压井状态下，下入管柱，并使两封隔器分居射孔段上下；安装好井口装置，一次正替液至产气层以上，坐封封隔器，丢开丢手，二次替液至井口。起出工作管柱，诱喷正常后该装置就处在工作状态。

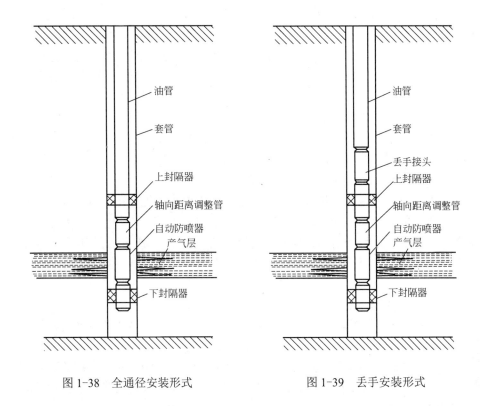

图 1-38 全通径安装形式　　　　　图 1-39 丢手安装形式

6）几种常用的工作方式

（1）压井状态下。

将该自动防喷器安装在管柱中，上下两高压封隔器分居于产气层（或射孔段）两侧，两封隔器之间的安装距离由调节管调节。坐封封隔器后，井底压力与产气层压力平衡，环阀组件上下压力相等，控制弹簧的预压力将环阀组件推向上死点，阀体上的节流口与中心管上的气流通道交错，防喷器处于关闭状态，气层不产气。

（2）替液诱喷时。

井底压力降低，当该防喷器内外压差大于 0.5MPa 时，环阀组件在压差作用下压缩，控制弹簧下行，使节流口与气流通道相同，该防喷器处于工作状态。通过节流口的气流量越大，压差越大，环阀组件压缩弹簧的下行量越大；只要气流量不大于防喷器的最大限定流量，开关总处于开启状态，进行正常生产。由于该防喷器直接与下封隔器相接，减轻了防喷器外部的积砂；落到弹簧工作腔里的沉砂可及时从泄砂孔泄走，以免影响弹簧工作。

（3）井口失控时。

不管何时、何种原因使井口失控时，流过节流口的气流量骤然增大。防喷器内外产生很大压差，在压差的作用下，环阀组件克服弹簧力迅速下降，密封座扣合在外筒的外锥面上，形成超高压密封，防喷器关闭，地层停止产气。此时不仅避免了井喷事故的发生，而且还可以在井口进行安全的施工作业而不必压井。

（4）恢复正常生产。

完成井口作业后，关严井口 5～8h，或向井内打压至略高于地层压力，并保压 10min 后，控制弹簧可以使环阀组件复位，恢复正常生产。

（5）洗井或冲砂作业时。

在洗井或冲砂作业时，井底压力大于地层压力或小于地层压力 5MPa 时，该防喷器均处于关闭状态，可防止洗井液进入地层。压井状态、关井状态或替液状态下，由于生产管柱内压不小于地层压力，阀体在弹簧力的作用下处于上死点位置，节流口与过流槽错开，防喷器处于关闭状态，密封面处于低压差下工作。

7）井下自动防喷器的特点

（1）该防喷器采用径流式滑套阀芯结构，使安装有该防喷器的生产管柱具有全通径，不会妨碍全井的测量、洗井、冲砂等修井作业。

（2）该防喷器采用流量和弹簧自动控制其开关动作，能在井口失控的瞬时实现井下关井，不会因为电控系统、液控系统或气控系统的故障而错过最佳关井时间，造成恶性事故。

（3）该防喷器的结构可避免在密封面和弹簧上积砂，保证了密封的可靠性和弹簧的灵活性。

（4）该防喷器的截流口与密封面分开，流体对截流口的冲蚀不会影响密封。

（5）按 API 最高级别防硫化氢标准，该防喷器零件均采用高强度、耐硫化氢腐蚀的材料，承压能力高，使用寿命长。

3．水力锚

1）作用

水力锚可防止井下工具产生轴向位移，用于 5½in 套管油（气）井水力压裂、水井增注改造、水力喷砂、切割（或喷砂射孔）等井下作业管柱的锚定。

2）结构

水力锚的外观如图 1-40 所示，结构如图 1-41 所示。

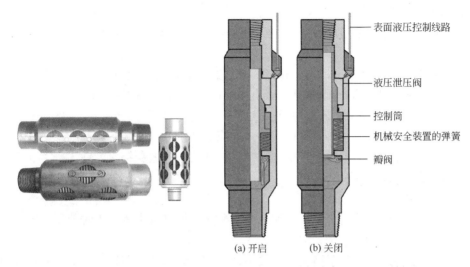

	表面液压控制线路
	液压泄压阀
	控制筒
	机械安全装置的弹簧
	瓣阀

(a) 开启　　　(b) 关闭

图 1-40　水力锚外观图　　　图 1-41　水力锚结构图

3）工作原理

油管内憋压，水力锚锚爪在液体压力的作用下向外伸出，卡紧套管内壁，实现锚定动作。当油套压力平衡后，锚爪在挡板内弹簧的弹力作用下收回，解除锚定作用。

4）主要技术参数

（1）最大钢体外径：112mm。

（2）工作温度：≤120℃。

（3）工作压力：50MPa。

（4）启动压差：0.6～1.0MPa。

（5）最小通径：48mm。

（6）连接扣型：外螺纹 2⅞inUPTBG，内螺纹 2⅞inUPTBG。

5）操作规程

（1）连接管柱时，确保螺纹连接牢靠，如图 1-42 所示。

图 1-42　水力锚下井管柱连接图

（2）下井后直接憋油压即可实现锚定作业，油套压力平衡后即可解除锚定作用。

6）注意事项

（1）水力锚下井前在地面上必须做认真检查，检查内容全部合格后方可下井。

① 开箱检查合格证，出厂超过 8 个月的产品建议不使用。

② 检查挡板上的紧固螺钉是否有松动，必须确保各螺钉上紧。

③ 下井前必须按照最小通径尺寸通径，合格方可入井。

（2）入井液体、材料、管柱、工具等应清洁干净，符合质量标准。

（3）下管柱时，操作应平稳，严禁猛提猛放，严禁顿钻、溜钻。

4．安全丢手接头

1）作用

安全丢手接头适用于分层压裂、分层酸化、测试管串等施工时使用。

2）结构与原理

（1）结构：安全丢手接头由上接头、本体、防护管、剪钉、锁套、钢球等组成，其外观如图 1-43 所示。

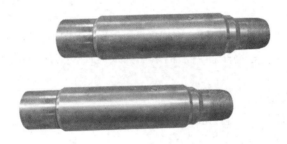

图 1-43　安全丢手接头外观图

（2）原理：该产品用于封隔器等工具的上部，如发生管柱遇卡等事故时，可投球，打压剪断剪钉，将滑套打开，正转管柱实现丢手。

5．定压滑套

1）工作原理

定压滑套是与液压封隔器配套使用的井下工具，它的主要功能是液压封隔器打压坐封后，保持井下管柱畅通。使用时将其内螺纹接于液压封隔器的下部，随管柱下至设计位置，在液压封隔器坐封后，将油管内压力增大到规定值，使控制滑套的剪钉被剪断，失去约束的滑套连同钢球在液压力的推动下一起落入下部，从而实现管柱的畅通。

2）结构

定压滑套主要由本体、剪切销钉、O 形密封圈、合金喷嘴、滑套等组成，如图 1-44 所示。

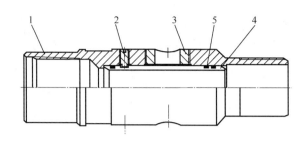

图 1-44　定压滑套结构图

1—本体；2—剪切销钉；3—合金喷嘴；4—滑套；5—O 形密封圈

3）主要技术参数

钢体最大外径：92mm。

最小内径：40mm。

工作压差：15MPa。

钢球直径：ϕ45mm。

连接方式：2⅞inTBG。

总长：260mm。

6. 井下安全阀

1）定义

井下安全阀（SSSV）是一种装在油气井内，在生产设施发生火警、管线破裂、发生不可抗拒的自然灾害（如地震、冰情、强台风等）等非正常情况时，能紧急关闭，防止井喷，保证油气井生产安全的井下工具。

2）分类

井下安全阀按控制方式分为地面控制（SCSSV）和井下控制（SSCSV）两种，按回收方式分为油管回收式和钢丝回收式两种，按结构分为提升杆式、阀球式和阀板式等。目前主要研究和应用的是油管回收式、阀板式的地面控制井下安全阀（TRSV）。

3）工作原理

地面控制井下安全阀一般原理为：从地面加液压，高压液体经控制管线进入活塞腔，推动活塞下行，压缩弹簧，并顶开阀板，实现打开；保持地面控制压力，即保持开启状态；泄掉地面控制压力，阀板在弹簧作用下复位，实现关闭。

7. 封隔器

封隔器是在套管里封隔油气层的重要工具，它的主要元件是胶皮筒，通过水力或机械的作用，使胶皮筒鼓胀密封油、套管环形空间，把上、下油气层分开，达到某种施工的目的。下面主要讲述几种常用的封隔器。

1）水力扩张式（K344 型）封隔器

（1）用途：该封隔器适用于中深井的合层、任意一层或分层的压裂与酸化作业，可以组成一次分压多层的压裂管柱和一次分酸多层的酸化施工管柱。

（2）结构：主要由上接头、胶筒座、胶筒、中心管、O 形胶圈、滤网、下接头等组成，其结构如图 1-45 所示。

（3）根据工作套管直径不同，下面列举常用的 3 种 K344 型封隔器，其主要技术参数如表 1-1 所示。

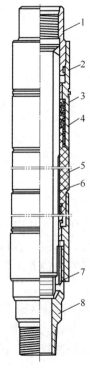

图 1-45　水力扩张式（K344 型）封隔器结构示意图

1—上接头；2—O 形胶圈；3—胶筒座；4—硫化芯子；

5—胶筒；6—中心管；7—滤网罩；8—下接头

表 1-1　3 种常用的水力扩张式（K344 型）封隔器主要技术参数

型号	K344-95	K344-114	K344-135
坐封压差，MPa	0.5～0.7	0.5～0.7	0.5～0.7
工作压差，MPa	12	12	12
工作温度，℃	50	50	50
适用套管内径，mm	98～110	117～132	140～154

续表

型号	K344-95	K344-114	K344-135
最大外径，mm	95	114	135
中心管内径，mm	50	62	62
总长，mm	870	860	860
工作面长度，mm	240	240	240
连接螺纹规范	ϕ73mm 平式油管螺纹	ϕ73mm 平式油管螺纹	ϕ73mm 平式油管螺纹

（4）工作原理。

封隔器下入井下设计深度后，从油管内加液压，高压液体经过滤网、下接头的孔眼和中心管的水槽作用在胶筒的内腔。由于此压力大于油、套管环形空间的压力而形成压力差。在此压差的作用下，胶筒胀大，将油套管环形空间封隔住。

解封时只需泄掉油管内的高压，使油管与油套管环形空间的压力平衡，胶筒靠本身的弹力收回便可解封。

（5）注意事项：井下作业过程中要平稳起下钻，不能正冲砂。

（6）特点：结构简单，容易解封，使用操作方便。

2）水力压缩式（Y111 型）封隔器

（1）用途：该类型封隔器是以井底（或卡瓦封隔器和支撑卡瓦）为支点，在地面加压一定管柱重力即可坐封的封隔器，可进行分层试油气、采油气、卡水、堵水和酸化等施工作业。

（2）其外观结构如图 1-46 所示。

图 1-46 水力压缩式（Y111 型）封隔器外观图

（3）根据工作套管直径不同，下面列举常用的 3 种水力压缩式（Y111 型）封隔器，其主要技术参数如表 1-2 所示。

表 1-2 主要技术参数

规格	连接螺纹	钢体最大外径，mm	最小内通径，mm	工具总长，mm	适用套管，in
Y111-104	2⅞inTBG	104	55	720	5
Y111-114	2⅞inTBG	114	62	720	5½
Y111-145	2⅞inTBG	145	62	1100	7

3）水力压缩式（Y211 型）封隔器

（1）用途：该封隔器可防止油管柱的轴向移动，靠下放一定管柱重力坐封封隔器，压缩胶筒，使其直径变大，封隔油、套环形空间，可用于分层试油、卡堵水、浅层酸化压裂，与丢手配合可实现无管柱封层。

（2）根据工作套管直径不同，下面列举常用的 3 种水压压缩式（Y211 型）封隔器，其主要技术参数如表 1-3 所示。

表 1-3　主要技术参数

规格	连接螺纹	钢体最大外径 mm	最小内通径 mm	工具总长 mm	适用井温 ℃	坐封载荷 kN	适用套管 in
Y211-104	2⅞inTBG	104	55	720	150	70～100	5
Y211-114	2⅞inTBG	114	62	720	150	70～100	5½
Y211-145	2⅞inTBG	145	62	1100	150	100～120	7

（3）Y211 型封隔器外观结构如图 1-47 所示。

图 1-47　Y211 型封隔器外观结构

（4）工作原理。

封隔器下井过程中，滑动销钉处于短轨道内，卡瓦上行程被限位，不能接触锥体，无法实现坐封。此时，扶正器摩擦块在弹力作用下，与套管内壁产生摩擦力，维持扶正器与管串同步运行，保持滑动销钉处于短轨道内。达到预定位置时，上提管串一定距离，使滑动销钉进入长轨道，完成转轨。然后，下放管串，锥体迫使卡瓦张开，卡瓦与套管内壁咬合，完成封隔器的支撑。在管柱下压力达到一定值时（70～100kN）锥体剪钉被剪断，锥体上行压迫胶筒，使胶筒径向扩径，完成封隔器坐封。解封时，上提管柱，胶筒失去约束缩径，锥体随管柱上行与卡瓦脱离，卡瓦在箍簧及扶正器拉力的共同作用下，解除支撑，完成解封。

4）水力压缩式（Y221 型）封隔器

（1）其外观结构如图 1-48 所示。

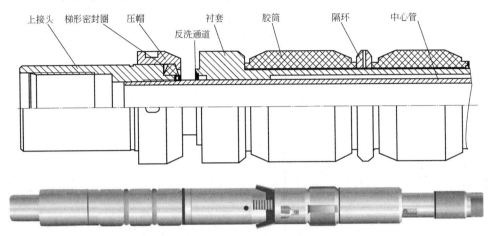

图 1-48　Y221 型封隔器外观结构

（2）常用的 Y221-115 型封隔器主要技术参数见表 1-4。

表 1-4　主要技术参数

规格型号	总长 mm	外径 mm	内径 mm	坐封载荷 kN	工作温度 ℃	卡瓦张开外径 mm	连接螺纹
Y221-115	1390	115	48	60～80	120	128.5	2⅞ in UPTBG

（3）工作原理。

Y221 封隔器在下钻前，必须把它倒槽至下钻状态。下钻至设计位置后，上提 1m，右旋⅔圈，此时下接头上的定位销从牵引体的 J 形槽中滑出，释放中心管下行，将首先关闭和密封旁通阀。继续下放管柱，推动胶筒和锥体下行，由于牵引体上的扶正块的摩擦作用，在下放过程中，牵引体上的卡瓦和锥体产生相对移动，锥体就会撑开卡瓦，使封隔器上的卡瓦牢固锚定在套管壁上。继续施加坐封载荷，封隔器的胶筒受压缩胀大，当载荷增加至 60～80kN 时，封隔器就会可靠坐封。

完成施工后，直接上提管柱将首先打开封隔器的旁通阀，平衡上下压力，继续上提管柱封隔器就会解封。上提管柱后封隔器自动处于下钻状态，此时可以继续起钻，也可以直接下放管柱继续下钻，需要坐封的时候重复坐封动作即可。该封隔器可以按照设计需要重新坐封多次。

5）水力压缩式（Y344 型）封隔器

（1）作用：该封隔器主要用于分层压裂、分层酸化等作业。

（2）结构：主要由上接头、压帽、梯形密封圈、中心管、衬套、胶筒、隔环、下胶筒座、上活塞、上缸套、中间接头 A、短中心管、下活塞、下缸套、中间接头 B、O 形胶圈、下接头等组成。

（3）根据工作套管直径不同，下面列举常用的 2 种 Y344 型封隔器，其主要技术参数如表 1-5 所示。

表 1-5　主要技术参数

规格型号	Y344-114	Y344-148
钢体最大外径，mm	114	148
钢体最小通径，mm	48	60
封隔器长度，mm	1440	1440
坐封启动压差，MPa	1.2	1.2
工作压差，MPa	70	70
最高耐温，℃	150	150
适用套管，in	5½	7
连接螺纹	2⅞inUPTBG	2⅞inUPTBG

（4）工作原理：当将此封隔器下至井下预定深度坐封时，从油管内打入高压液体加液压。高压液体经过中心管的孔眼和滤网罩作用在上活塞和下活塞上，推动活塞上行压缩胶筒，使胶筒直径变大，密封油、套管环形空间。当需要解封时，只需放掉油管内的液压，活塞便在胶筒的弹力作用下退回，胶筒便回收而解封。

（5）注意事项：井下作业过程中要平稳起下钻，不能正冲砂。地面不能顿挫封隔器，以免剪钉断裂失效。

6）TDY-118 型封隔器

（1）用途：用作气井水平井油管传输拖动管柱水力喷砂射孔压裂酸化作业的底封隔器。使用套管规格尺寸为 124～126mm，管串连接如图 1-49 所示。

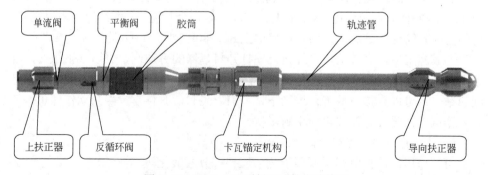

图 1-49　TDY-118 型封隔器管串连接图

（2）结构特点。

① 依靠施加管柱重量实现坐封，坐封后可验封。

② 内置平衡阀，可有效平衡封隔器解封时的上、下压差。

③ 设置有反循环阀，可随时进行大排量反洗井作业。

④ 封隔器可变换坐封位置多次，重复坐封。

（3）工作原理：封隔器下放到预定位置，通过上提和下放管柱操作（上提管柱高度应等于井口方余计算值），在封隔器卡瓦锚定机构有效锚定的情况下，施加80～100kN 的管柱重量，封隔器即可实现坐封。上提管柱解封封隔器。

（4）TDY-118 封隔器主要技术参数见表 1-6。

表 1-6   TDY-118 封隔器主要技术参数

规　　格	TDY-118
总长，mm	2000
最大外径，mm	钢体 118（其中卡瓦和扶正块最大外径 132，可压缩至 114）
内径，mm	无
坐封力，kN	80～100
工作压力，MPa	70
工作温度，℃	150
坐封方式	上提下放
防坐距，mm	500
连接螺纹	2⅞inUPTBG

7）CT-TDY-116 型封隔器

（1）CT-TDY-116 型封隔器结构如图 1-50 所示。

平衡阀、反循环阀

轨道式锚定机构

低载荷胶筒

图 1-50   CT-TDY-116 型封隔器结构

（2）CT-TDY-116 型封隔器特点。

① 采用了低载荷胶筒，施加 8kN 轴向压力即可实现预密封。

② 集成了特殊压力平衡阀，当封隔器上、下环空存在 30MPa 压差时，只需要施加 25kN 拉力即可实现压力平衡，解封封隔器。

8．井下节流器

1）引进井下节流器的目的

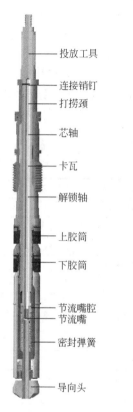

图 1-51　CQX 型井下节流器结构示意图

投放工具

连接销钉

打捞颈

芯轴

卡瓦

解锁轴

上胶筒

下胶筒

节流嘴腔
节流嘴

密封弹簧

导向头

在天然气生产过程中，高压天然气节流是一个降温、降压的过程，可能会形成水合物堵塞干管，影响天然气的正常生产。井下节流工艺技术是将地面节流嘴移到井下产层上部油管内，使天然气的节流降压膨胀过程发生在井内，充分利用地温对节流后气流进行加热，使节流后气流温度基本能恢复到节流前温度，防止在井筒内形成水合物堵塞的一项采气工艺技术。该项技术可以有效降低井口与管线压力，防止水合物形成，提高气流携液能力，防止地层激动，从而保证气井正常平稳生产。

2）三种型号井下节流器的对比

（1）CQX 型（卡瓦式）：主要由打捞头、卡瓦、本体、密封胶筒及节流嘴等组成，结构如图 1-51 所示。CQX 型井下节流器下放到设定深度时（设计深度为 1800m），上提使卡瓦咬合在油管内壁上，然后再缓慢下放，当张力小于 0.5kN 时，加速上提，剪断连接销钉，密封胶筒被撑开坐封，节流嘴上、下形成一定的压差，压差促使节流器坐封更牢靠。

（2）CQZ 型（预制工作筒式）：主要由工作筒和芯子两大部分组成，结构如图 1-52 所示。工作筒具有高精度密封面，芯子与工作筒微间隙复合密封。

新井下完井生产管柱（即油管）时，在设计位置安装工作筒。投产后，利用专用投放工具通过钢丝作业将节流器芯子投入工作筒，依靠芯子上的锁块卡入工作筒槽内实现定位，上提钢丝，投放工具与芯子脱离，完成节流器投放。芯子上的密封组件与工作筒密封面形成良好的密封，气流从芯子中部通过气嘴节流后流出。如果节流器失效需要

图 1-52　CQZ 型井下节流器结构示意图

更换气嘴时，利用钢丝作业下入配套打捞工具，抓住锁块轴上提即可捞出芯子。

（3）HY-4 型：HY-4 型压差式井下节流器由脱接机构和悬挂机构组成，下部悬挂机构包括打捞机构、防顶卡瓦机构、密封机构、解卡机构、气嘴机构、防砂机构等，结构如图 1-53 所示。HY-4 型压差式井下节流器采用空气包的压缩力坐

封，针对苏里格气田的井口压力，节流器内空气包的压缩力可达 8～21kN，远远大于弹簧力，井内压力越高，胶筒压缩力越大，坐封越严。下井前在地面将脱接机构和悬挂机构组配在一起，正常下井速度不大于 60m/min，到达预定位置时，加速下放，当井下仪器下放速度达到脱开速度（250～300m/min）时突然刹车，此时井下工具串在下行惯性力的作用下，使脱接机构和悬挂结构产生位移而脱开，防顶卡瓦失锁，在弹簧作用下快速向下沿导锥向外运动，并咬合在油管内壁上，防止节流上移。同时空气包被压缩，进而胶筒被压缩膨胀紧贴油管壁，密封油管。

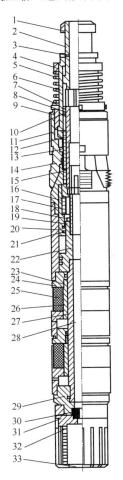

图 1-53 HY-4 型压差式井下节流器结构示意图

1—捞头；2—连杆；3—销钉；4—弹簧压帽；5—压簧；6—固定管；7—限位环；8—限位锁块；9—锁环；
10—分瓣；11—卡瓦座；12—卡瓦套；13—上内管；14—卡瓦；15—限位分瓣；16—锥体；17—锁套；
18—锁环座；19—锁环；20—上活塞；21—外套；22—下活塞；23—连接环；24—保护环；25—胶筒；
26—内套；27—压环；28—下内管；29—气嘴座；30—气嘴；31—罩体；32—筛网；33—外罩

（4）主要技术参数：三种型号井下节流器的主要技术参数如表1-7所示。

表1-7 CQX、CQZ、HY-4型井下节流器主要技术参数

项目	最大外径		长度，mm	工作压差，MPa	工作温度，℃
	in	mm			
CQX	2⅜	46	680	≤40	≤100
	2⅞	57	780	≤40	≤100
CQZ	2⅜	93	370	≤70	≤100
	2⅞	78	450	≤50	≤100
HY-4	2⅜	46	850	≤35	≤150
	2⅞	57	850	≤35	≤150

第二节　采气井井下生产动态分析理论知识

一、气井生产动态分析简介

气井生产动态分析是气井生产管理的重要手段，它是利用气井的静、动态资料，结合气井的生产史及目前生产状况，用数理统计法、图解法、对比法、物质平衡法和渗流力学等方法，分析气井的各项生产参数（地层压力、井底流动压力、油压、套压、输压、流量计静压、差压、气油比、气水比、日产气量、日产油量、日产水量及气井出砂量等）之间变化的原因，从而制订相应的措施，以便充分利用地层的能量，使气井保持稳产高产，提高气藏的采收率。

（一）气井生产动态分析内容

（1）分析气井配产方案和工作制度是否合理。

（2）分析气井生产有无变化及变化的原因。

（3）分析各类气井的生产特征和变化规律，查清气井的生产能力，预测气井未来产量、压力的变化及见水、水淹的时间等。

（4）分析气井增产措施的效果。

（5）分析井下和地面采输设备的工作状况等。

（6）分析气井气、油、水产量与地层压力、生产压差之间的关系，寻求它们之间的内在联系和规律，推断气藏内部的变化及变化趋势。

（7）通过气井生产状况和试井资料，结合静态资料分析气井周围储层及整个气藏的地质情况，判断气藏边界和驱动类型。

（8）分析气井产能和生产情况，建立气井产气方程式，评价气井和气藏的生产潜力。

（二）气井的生产动态分析方法

气井的生产动态分析程序可分为收集资料、了解现状、找出问题、查明原因、制订措施等步骤。分析的方法应从地面→井筒→地层；从单井→井组→全气藏。

对于采气工人来说，主要是依据气井的静、动态资料，分析、判断单井井口装置、井下工具及生产管柱在生产过程中出现的常见生产故障（包括井下水合物堵塞、井下节流器失效等故障）等，并提出相应的解决措施。

二、常见采气异常情况的判断和处理

气井出现问题是多方面的，同一问题可由不同原因引起，而同一原因，又可引起多个生产数据的变化。如产量的大幅度下降既可能是地面故障，也可能是井下故障，还有可能是地层压力下降或水的影响等原因造成的。因此，在进行原因分析时，应逐次分析、排除。如首先分析是否有多井集气干扰和输压变化影响，集气管线、阀门、设备等是否有堵塞，排除后再验证井筒是否积液、井壁是否垮塌或油管是否堵塞等，同时，还应了解邻井生产情况。在地面、井筒、邻井的原因排除后，才能集中全力分析气层，具体情况如下所述。

（一）用生产资料分析气井动态

生产资料是指气井生产过程中的一系列动态和静态资料，包括压力、产量、温度、油气水的物性、气藏性质及各种测试资料。气井生产资料是气井、气藏各种生产状况的反映。气井某些生产条件的改变，引起气井某一项或多项生产数据的变化，而某一项生产数据的变化，又往往与多种因素有关。因此，利用这些变化找出引起变化的原因，从而制订出相应的措施。

1. 用油压、套压分析井筒情况

（1）气井生产时，油压和套压的关系与采气方式有关。油管采气时，套压大于油压；套管采气时，油压大于套压；油管、套管合采时，油压约等于套压。

（2）当井内无液柱且油管生产时，套压直接反映了井底流压的大小，通过分析套压的大小，可以分析气井的生产能力和生产压差。

（3）气井关井压力稳定后，油压和套压的关系如下：

井筒内无液柱：油压＝套压；

油管液柱高于环空液柱：油压＜套压；

油管液柱低于环空液柱：油压＞套压。

（4）油管在井筒液面以上断裂，关井油压等于套压。开井油管生产，油压、套压差比正常时减小，甚至相等。

2．由生产资料判断气井产水的类别

气井产出水一般有两类。一类是地层水，包括边水、底水、层间水等；另一类是非地层水，包括凝析水、泥浆水、残酸水、外来水等。不同类别水的典型特征见表1-8。

表1-8　不同类别水的典型特征

名称	典型特征
地层水	氯离子含量高（可达数万 mg/kg）
凝析水	氯离子含量低（一般低于 1000mg/kg）
泥浆水	浑浊、黏稠、氯离子含量不高、固体杂质多
残酸水	有酸味，矿化度高，pH<7，氯离子含量高
外来水	根据水的来源不同，水型不一致
地面水	pH≈7，氯离子含量低（一般低于 100mg/kg）

地层水氯离子含量高，一般含有 I、Br 等微量元素，非地层水一般不含有 I、Br 等微量元素；根据氯离子含量可以区别地层水和凝析水。地层水与外来水（非气层的地层水）还需要结合其他资料分析区别。

3．根据生产数据资料分析是否是边（底）水侵入

（1）钻井资料证实气藏存在边、底水。

（2）井身结构完好，不可能有外来水窜入。

（3）气井产水的水性与边水一致。

（4）采气压差增加，可能引起底水锥进，气井产水量增加。

（5）历次试井结果对比：指示曲线上，开始上翘的"偏高点"（出水点）的生产压差逐渐减小，证明水锥高度逐渐增高，单位压差下的产水量增大。

4．根据生产数据资料分析是否有外来水侵入气井

（1）经钻探知道气层上面或下面有水层。

（2）气井固井质量不合格，或套管下得浅，裸露层多，以及在采气过程中发生套管破裂，提供了外来水入井通道。

（3）水性与气藏水性不同。

（4）井底流压高于水层压力时，气井不出水，低于水层压力时则出水。

（5）气水比规律出现异常。

5．气田水水型判断时应注意的几个问题

判断气田水的类型时，仅依靠水样分析离子含量来判断常常会出现与实际情况不符的现象，还应结合其他资料和气井实际生产情况。

（1）应结合气井的其他资料：酸化史、构造位置（与气水界面、断层的距离）、地层渗透性能、产水量等。

（2）代表一般规律，不能排除个别特殊情况。气井产凝析水时产水量可能大于 $1m^3$，产地层水时产水量可能小于 $1m^3$。

（3）对比判断时抓住典型特征指标：凝析水——Na^+、K^+、HCO_3^-；地层水——Na^+、K^+、Cl^-、微量元素和水型。

（4）对比阴阳离子含量变化时，结合绝对含量和相对含量。例如，地层水中混合了高矿化度残酸水后，Cl^-绝对含量增大明显，但相对含量本身已经大于98%，增加不明显。

（5）两种不同类型水混合后的化学特征取决于混合比例和矿化度的高低，离子含量变化幅度较大。不能简单用一次水样分析结果来判断，结合历次分析结果，观察变化趋势，不能草率下结论。

（二）用试井资料分析气井动态

气井在生产过程中要定期进行试井，通过对试井资料进行整理分析，可以了解气井的生产状态。现在举例说明根据稳定试井法求得的指示曲线，对气井进行分析的方法。

1. 气井生产正常时的指示曲线

高、中、低产的正常气井的指示曲线一般都呈直线，符合二项式渗流规律，如图 1-54 所示。

2. 大产量测点时的指示曲线

大产量测点时，指示曲线自 b 点以后上翘为弧线，如图 1-55 所示，反映了边底水的活动。随着地层压力与井底流动压力的平方差（$p_f^2-p_{wf}^2$）的增大，产量增加的速度减慢，这可能是由于边底水的锥进，井底附近气层的渗透性变坏，在同样的压差下，气井的产量明显下降。适宜的产量应定在 b 点以前的直线部分。

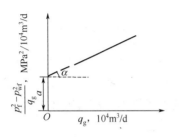

图 1-54 二项式指示曲线图

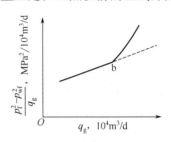

图 1-55 大产量测点指示曲线图

3．小产量测点时前段曲线

小产量测点时，指示曲线前段向上弯曲，c 点以后指示曲线为直线，如图 1-56 所示。

c 点以前 q_g 相同时地层压力与井底压力的平方差（$p_f^2 - p_{wf}^2$）比正常情况大，c 点以后才转为正常的线性关系。它表示在 c 点以前小产量生产时，井底附近渗流阻力大，渗透性能差，c 点以后渗流性能变好。这可能是小产量测点时井底有污物堵塞或积液，随着产量的增加井底污物被逐渐带出，c 点以后污物喷净，井底渗透性能变好，生产稳定正常，曲线为直线。此外，在 c 点以前测算的井底流动压力 p_{wf} 比实际的偏低也会使曲线向上弯曲。

4．向下弯曲的指示曲线

如图 1-57 所示，此曲线 d 点以后向下弯曲，显示井底附近渗流性能变好，或存在高、低压两气层干扰，在小产量测点时，主要由高压层产气。随井底压力降低，低压层产气量增加，使指示曲线向下弯曲。

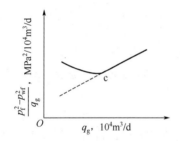
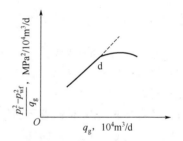

图 1-56　小产量测点指示曲线图　　　　图 1-57　向下弯曲的指示曲线图

5．不规则的指示曲线

如图 1-58 所示，采用不稳定试井获得一条很不规则的试井曲线，与正常的二项式产气方程式很不相符。这是由于测点的压力、产量不稳定所致，除人为的因素外，大多数是渗透性差的小产量气井，这类井用稳定法试井无效。

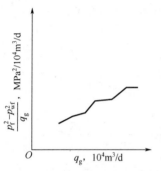

图 1-58　不规则指示曲线

（三）用采气曲线分析气井动态

采气曲线是生产数据与时间关系的曲线。利用它可了解气井是否递减、生产是否正常、工作制度是否合理、增产措施是否有效等，是气田开发和气井生产管理的主要基础资料之一。

采气曲线一般包括日产气量、日产水量、日产油量、油压、套压、出砂等与生产时间的关系曲线。

作为采气工人，必须知道常见采气异常情况的判断和处理方法，下面按井口装置、井筒和气层进行分别讲述。

1．井口装置异常情况的判断和处理

（1）井口装置堵。

现象描述：

① 油压上升。

② 套压略有上升。

③ 产气量下降。

④ 产水量下降。

处理措施：

① 没有堵死：产气量、产水量不断下降，需井口注醇解堵。

② 堵死了：产气量、产水量为零，需进行站内边放空井口边注醇的联合解堵。

（2）井口装置刺漏。

现象描述：

① 油压下降。

② 套压略有下降。

③ 产气量变化（流量计计量的产气量下降；气井实际的产气量上升）。

④ 产水量下降。

处理措施：

① 验漏。

② 维修、处理刺漏点。

（3）井口装置上的仪器、仪表损坏；井口电子远传设备损坏。

现象描述：

① 单个数据发生变化（套压、油压、管压、流量、温度等参数中的一个）。

② 多个数据发生变化（套压、油压、管压、流量、温度等参数中的几个）。

处理措施：

① 检查、维修某一个损坏的仪表。

② 检查、维修电子远传设备。

2．井筒异常情况的判断和处理

（1）油管挂密封装置失效；油管柱在井口附近处断裂。

现象描述：油压等于套压。

处理措施：

① 检查维修、更换油管挂的密封装置。

② 更换破裂的油管。

③ 重新下油管柱。

（2）油管堵；井下节流器堵。

现象描述：

① 油压下降。

② 套压略有上升。

③ 产气量下降。

④ 产水量下降。

处理措施：注醇解堵。

（3）井下节流器失效。

现象描述：

① 油压上升。

② 套压略有下降。

③ 产气量上升。

④ 产水量上升。

处理措施：维修、更换井下节流器。

（4）封隔器失效。

现象描述：

① 油压略有下降。

② 套压略有上涨。

③ 产气量下降。

④ 产水量下降。

处理措施：维修、更换封隔器。

（5）套管上部破裂。

现象描述：

① 油压下降。

② 套压下降。

③ 产气量下降。

④ 产水量上升。

处理措施：

① 下封隔器封堵上部破裂段。

② 对破裂段进行维修（注水泥封堵、套管补贴等）。

（6）油管积液。

现象描述：

① 油压下降。

② 套压略有下降。

③ 产气量下降。

④ 产水量上升。

⑤ 油套压差明显增加。

处理措施：排水采气（优化泡排剂用量和加注周期；选择合理的气举阀数量和启动压力以及气举方式；采取其他的排水采气方法）。

（7）气井水淹。

现象描述：

① 油压下降。

② 套压下降（油压下降比套压下降快）。

③ 产气量为零。

④ 产水量为零。

处理措施：

① 气井水淹初期及时加大泡排剂的用量，进行泡沫排水采气。

② 如果井筒、地面有气举排水装置就进行气举排水采气。

③ 抽吸排液，恢复气井生产。

（8）气井井底积垢（砂垢、水垢、腐蚀物垢）。

现象描述：

① 油压下降。

② 套压下降（油压下降与套压下降趋势一致）。

③ 产气量下降。

④ 产水量下降（产气量与产水量下降趋势一致）。

处理措施：洗井除垢。

3．气层异常情况的判断和处理

（1）气层渗透性变好。

现象描述：

① 油压上升。

② 套压上升（油压上升与套压上升趋势一致）。

③ 产气量上升。

④ 产水量上升（产气量与产水量上升趋势一致）。

处理措施：根据气井生产参数变化情况，及时优选气井的工作制度。

（2）气层渗透条件变差（气层受到污染）。

现象描述：

① 油压下降。

② 套压下降（油压下降与套压下降趋势一致）。

③ 产气量下降。

④ 产水量下降（产气量与产水量下降趋势一致）。

处理措施：

① 洗井。

② 解除污染物（水力振荡解堵、超声波解堵、细菌解堵等）。

③ 压裂或者酸化。

（四）用采气曲线分析气井动态举例

1. 根据采气曲线划分气井类型

通过采气曲线可将气井划分为出水气井和纯气井，如图1-59、图1-60所示。

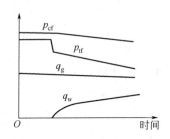
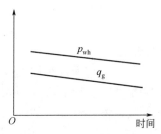

图1-59　出水气井采气曲线图　　　　　图1-60　纯气井采气曲线图

p_{cf}—套压；p_{tf}—油压；q_g—产气量；q_w—产水量　　　　　p_{wh}—井口压力

通过采气曲线可把气井划分成高产气井、中产气井、低产气井，如图1-61、图1-62、图1-63所示。

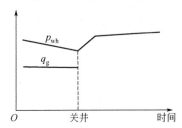
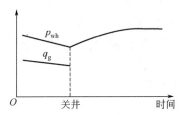

图1-61　高产气井采气曲线图　　　　　图1-62　中产气井采气曲线图

q_g—产气量；p_{wh}—井口压力　　　　　q_g—产气量；p_{wh}—井口压力

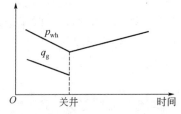

图1-63　低产气井采气曲线图

q_g—产气量；p_{wh}—井口压力

（1）高产气井的特点。

渗透性好，关井压力恢复快；生产过程中，压力和产量稳定；产气量大于$30 \times 10^4 m^3/d$。

（2）中产气井的特点。

关井压力恢复较快（渗透性较好）；生产过程中，压力、产量缓慢下降；产气量一般为（$10 \sim 30$）$\times 10^4 m^3/d$。

（3）低产气井的特点。

关井压力恢复慢，经过较长时间后转稳定；生产中压力、产量下降快；产量一般小于$10 \times 10^4 m^3/d$。

2．根据采气曲线判断井内情况

（1）油管内有积水影响。

油压显著下降，水量增加时油压下降速度相对增快，如图1-64所示。

（2）井口附近油管断裂。

油压上升，油压、套压相等，如图1-65所示。

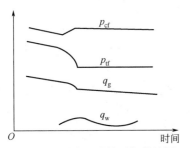

图1-64 受水影响的采气曲线图

p_{cf}—套压；p_{tf}—油压；q_g—产气量；q_w—产水量

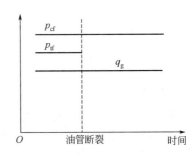

图1-65 井口附近油管断裂的采气曲线图

3．根据采气曲线分析气井生产规律

（1）井口压力与产气量关系的规律。

（2）单位压降与采气量关系的规律。

（3）生产压差与产气量关系的规律。

（4）气水比随压力、产量变化的规律。

（5）井底渗透率与压力、产量关系的变化规律。

三、气井的生产管理

（一）气井的工作制度

气井工作制度是指适应气井产层地质特征和满足生产需要时，产量和压力应遵循的关系。气井所选择的合理的工作制度，应保证气井在生产过程中能得到最大的允许产量，并使天然气在整个采气过程中（产层→井底→井口→输气干线）的压力损失分配合理。

1. 气井工作制度的种类

气井工作制度基本上有 5 种，其适用条件见表 1-9。

表 1-9　气井工作制度的适用条件

工作制度名称	适用条件
定产量制度（q=常数）	气藏开采初期
定井口（井底）压力制度（p_{wh}=常数，p_{wf}=常数）	凝析气井，防止井底压力低于某压力值时，油在地层中凝析；当输气压力一定时，要求一定的井口压力，以保证输入管网
定生产压差制度（$\Delta p= p_f-p_{wf}$=常数）	气层岩石不紧密、易坍塌的气井；有边、底水的气井，防止生产压差过大引起水锥
定井底渗流速度制度（C=常数）	疏松的砂岩地层
定井壁压力梯度制度（Δp=常数）	气层岩石不紧密、易坍塌的气井

1）定产量制度

定产量制度适用于产层岩石胶结紧密的无水气井早期生产，是气井稳产阶段常用的制度。气井投产早期，地层压力高，井口压力高，采用气井允许的合理产量生产，具有产量高、采气成本低、易于管理等优点。地层压力下降后，可以采取降低井底压力的方法来保持产量一定。

2）定井口（井底）压力制度

对于凝析气井，当井底压力低于某值时，凝析油在井底析出，带出困难，这时需定井底压力生产；当输气压力一定时，要求一定的井口压力，以保证输入管网，这时需定井口压力生产。定井口压力制度是定井底压力制度的变形。

3）定生产压差制度

气井生产时，地层压力与井底流动压力的差值，称为气井生产压差。定生产压差制度适用于气层岩石不紧密、易垮塌的气井，以及有边、底水的气井，防止生产压差过大，前者引起地层垮塌，后者引起边、底水侵染气层，过早出水。

4）定井壁压力梯度制度

井壁压力梯度是指天然气从地层内渗流到井底时，在紧靠井壁附近岩石单位长度上的压力降。该制度就是在一定时间内保持这个压力降不变，适用于气层岩石不紧密、易垮塌的气井。

5）定井底渗流速度制度

井底渗流速度是指天然气从地层内渗流到井底过程中，通过井底的流动速度。该制度就是在一定时间内保持渗滤速度不变，适用于疏松的砂岩地层，防止渗流速大于某值时砂子从地层中产出，还适用于地层疏松、易垮塌和出砂的砂岩层的气井。

2．确定气井工作制度时应考虑的因素

气井生产工作制度的确定，除应遵循前面介绍的原则以外，同时还应考虑以下因素。

1）气藏地质特征因素

（1）地层岩石胶结程度。

（2）地层水的活跃程度。

2）采气工艺因素

（1）天然气在井筒中的流速。

（2）气体水合物的生成。

（3）凝析压力。

3）井身技术因素

（1）套管内压力的控制。

（2）油管直径对产量的限制。

4）其他因素

主要用户用气负荷的变化、气藏的采气速度、输气管线压力等因素都可能影响气井产量和工艺制度。

（二）气井分类

未生产井分为以下四个级别：

（1）A级为重点观察气井：指气藏处于试采期的气区观察气井，包括新完钻井、完成未建井、已建未投井、暂停生产气井等。

（2）B级为气藏完成试采任务后、实施调整方案前的气区观察气井，包括新完钻井、完成未建井、已建未投井、暂停产气井等。

（3）C级为实施调整方案后、处于开发后期的观察气井，即完成未建井、已停产气井、未投产的零星构造上的边远气井等。

（4）D级为其他井：包括干井、报废井、观察水井等。其中，观察井指具有井口装置，担负气藏动态监测任务的井，按产出流体性质分为观察气井和观察水井。观察气井是因气藏开发动态监测设立的，用于监测气藏压力随开发过程、时间的变化而变化的情况，观察气井在完成监测任务后可转为生产气井。

生产气井分为以下四个级别：

（1）A级：气田（藏）处于开发早期，执行气田试采方案的生产气井；气田执行开发方案实施排水采气措施的生产气井。

（2）B级：气田试采结束，执行气田开发方案，井口生产压力高于气田集输管网压力，必须通过调压、分离、计量正常流程才能实现天然气开发的生产气井（不含实施排水采气井）；气田进入开发后期实施排水采气措施的生产气井。

（3）C级：气田进入开发后期，执行气田开发调整方案，井口生产压力小于管网压力的生产气井（不含实施排水采气措施井）。

（4）D级：气田进入气田开发末期，处于挖潜生产阶段，井口生产压力小于1MPa的生产气井。

（三）气井资料的录取

1．气井井口压力监测

生产气井井口压力每月测压 1～6 次；观察井按试采方案或动态监测设计执行。

生产气井进行产能试井、关井压力恢复试井的井口压力测试按有关试井技术规范执行。

异常生产气井（如出水井、井下存在问题等）、措施工艺井（试修酸化、新技术新工艺等）井口测压按照临时要求和周期执行。

2．流体性质监测

流体性质监测包括气井天然气气质监测、气田水全分析、气田水氯离子测定三方面。其周期按相关规定执行。

气田水取样一般在当月下旬进行，异常情况下应缩短取样周期。建议取样周期如下：

（1）新投产气井在投产后，前三个月应每月取水样 1 次，待分析资料显示水性稳定后可每季度或半年取样 1 次。

（2）正常生产气井一般情况下每半年取样 1 次，处于气藏边、翼部的生产气井每季度取样一次。

（3）气井生产动态异常或产水量突然增加的生产气井，应及时、连续取样，取样时间间隔视气井具体情况确定，至水性稳定为止。

（4）对已确定产地层水的生产气井，可半年或一年取样一次进行全分析。

3．井站生产数据人工录取规范

（1）参数记录要求：对读取的生产过程参数，应立即记录。

（2）人工录取数据的读数要求应按照相关计量要求进行。

（3）记录参数的修改。

① 在读数、记录时，一旦发现记录有误应立即修改，不得事后修改。若要事后修改，应有充分依据，并注明修改原因和依据。

② 原始记录的修改方法：在错误数据上划两横线"="，然后将正确的数据填写在原数据上方。原始记录资料按规定方法进行一次修改视为正确。

③ 所有原始记录出现下列情况的视为错误：按规定方法修改一次以上，不按规定方法进行修改（如涂改、重抄），数据错，代替他人签字，墨水污染、脏污，伪造资料等。

记录卡片上出现下列视为错误：换卡片时无故调整压力和流量，动操作或异常现象未注明。

4．自动化录取资料

有工控数据自动采集且具备报表自动生成和打印功能的自控系统或自动计量系统运行的各类井（站），由计算机完成资料录取工作。每天应打印报表。

5．人工录取资料

（1）无工控数据自动采集数据的井（站），由人工完成资料录取工作。

（2）有工控数据自动采集但无报表自动生成和打印功能的自控系统或自动计量系统运行的各类井（站），由人工完成资料录取工作。其中：

有人值守的井站：每日人工记录瞬时资料 1 次，日报资料于 8：00 录取。

无人值守的井站：每 3d 人工记录瞬时和累计等资料不少于 1 次。

（3）各项报表应按井站资料审核、复核制度进行签认后，作为原始资料妥善保存。

（4）各井站至少应保存 1 年以上的生产数据录取的原始记录，以备自查和各级管理部门的检查。

6．生产资料录取内容及周期

1）单井采气站

（1）人工录取资料内容。

开井期间包括：气井状况（开井、关井及相应时间）、生产油套压、瞬时气量、井温、气温、计温、输压等，采用双波纹流量计计量的气井还应录取静压、差压；在当日进行排液的单井应记录排放时间及排液量；日报应在每日 8：00 对前 24h 生产情况进行汇总，包括全天生产时间、油套压（最高、最低、平均）、累计产气量、累计产液量等。

关井期间包括：井口关井油套压、大气温度等，完成后应及时向作业区（运销部）调度汇报。

备注栏填写：流量计调校，开（关）井或加（减）气量相关记录，泡排剂、缓蚀剂、消泡剂加注时间、加注量、加注方法等相关记录。

（2）人工录取资料周期。

A、B 级观察气井口压力资料录取周期为每周 1 次。

C 级观察气井井口压力资料录取周期为每月 1 次。

正常生产井站资料录取周期为：A 级 1h；B、C 级 24h；D 级为 3d1 次。如因气田开发需要，需加密录取资料的以临时通知为准。

（3）对于实现自动化控制的单井采气站（生产气井），当发生人工排污、清洗孔板等操作时，由当班人员按照相关规定对气田水量、产气量予以修正。

2）集输气站

（1）人工录取资料内容。

集输气站人工录取资料内容包括各条集气管线进站压力、进站天然气温度，各套计量装置的瞬时和累计流量，各套分离器排污时间及排污量，各条管线出站输压、出站天然气温度等，并对当日生产情况进行汇总，包括全天生产时间、进出站压力（最高、最低、平均）、当日累计集气量、当日累计排污量等。场站流程倒换等应记录在备注栏。

（2）人工录取资料周期。

A、B 级集输气站人工录取日常资料的周期如下：

① 录取周期为 1h 的：进站压力、出站压力、各套计量装置瞬时流量、天然气计量温度。

② 录取周期为 24h 的：各套计量装置累计气体流量、累计排污量。

C 级集输气站人工录取日常资料的周期如下：

① 录取周期为 8h 的：进站压力、出站压力、各套计量装置瞬时流量、天然气温度。

② 录取周期为 24h 的：各套计量装置累计气体流量、累计排污量。

（3）实现自动化控制的集输气站的资料录取由计算机完成，在站控系统（SCS）按规定打印、校对和审核后作为原始资料保存。当采气井站发生人工排污、清洗孔板等操作时，由当班人员按照相关规定对气田水量、产气量予以修正。

说明：仅具有集气功能且具备无人值守的集气站 24h 录取 1 次资料，录取内容与常规集气站相同。

第三节　生产案例分析

一、典型井身结构在生产中的实例介绍

（一）井位概况

××气井位于内蒙古自治区鄂托克前旗，该井于 2011 年 8 月 30 日开钻，10 月 7 日成功入靶，11 月 9 日完钻，完钻层位石盒子组盒 $8_{下}^{1}$ 段。

1. 钻完井基本资料

钻完井基本数据见表 1-10。

表 1-10　钻完井基本数据

井型	水平井	开钻日期	2011.08.30	完钻日期	2011.11.09
完井日期	—	完钻层位	盒 $_{8下}^{1}$	完钻井深，m	4967
地面海拔，m	1376.38	补心海拔，m	1384.38	气层深度，m	3625~4878
人工井底，m		套补距，m	7.9	完井方法	下套管不固井
地理位置	内蒙古自治区鄂托克前旗				
构造位置	鄂尔多斯盆地伊陕斜坡				
井口坐标	X：××			Y：××	

最大井斜 （°）	90	井深 m	3827	方位角 （°）	182.1	井底位移 m	492.88

完井试压 MPa	25	预测 地层压力 MPa	参考邻井资料，预测该井 盒 $_8$ 地层压力在 30~32 范 围内	有害气 体预测	该井区 CO_2 平均含量为 0.56%~1.19%，H_2S 含量 为 0~4mg/m³，施工时要 求加强对 H_2S、CO_2 气体防 范并做好应急预案

	钻头尺寸×深度 mm×m	套管名称	外径 mm	壁厚 mm	钢级	下入深度 m	水泥 返高 m	阻流 环深 m
井身 结构	374.6×810.64	表层套管	273.05	8.89	J55	802.64	地面	
	241.3×3051.47	技术套管	177.8	9.19	P110	616.09	井口	
	215.9×3827.00		177.8	9.19	N80	2637.32		
	152.4×4967.00		177.8	9.19	P110	3042.61		
	152.4×4619.00		177.8	10.36	P110	3789.83		
固井 质量 描述	井段，m	合格						
备注	造斜点 3051m，悬挂器 3353~3362m							

2. 水平井段基本数据

水平井段基本数据见表 1-11。

表 1-11　水平井段基本数据

造斜井段全长 m	1916.0	入靶点方位角 （°）	182.03	入靶点水平位移 m	467.88
最大井斜 （°）	90	造斜点井深 m	3051.0	气层顶界深 m	3625.0
水泥塞深 m		水泥返高 m	地面	气层顶界垂直井深 m	3498.67

续表

全角变化率 （°）/30m		中靶半径 m			
水平井井眼轨迹	井段 m	垂深 m	井斜 （°）	方位 （°）	靶前位移 m
	3050.00	3049.88	0.12	18.22	0.92
	3971.00	3308.83	92.07	181.6	636.82
	4023.00	3507.63	91.10	182.59	688.80
	4123.00	3505.64	89.99	183.30	788.76
	4967.00	3505.92	90.0	192.00	1632.59

（二）井身结构及井眼轨迹

1．井身结构

××气井井身结构如图 1-66 所示。

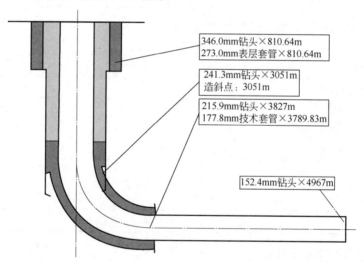

346.0mm钻头×810.64m
273.0mm表层套管×810.64m

241.3mm钻头×3051m
造斜点：3051m

215.9mm钻头×3827m
177.8mm技术套管×3789.83m

152.4mm钻头×4967m

图 1-66　××气井井身结构示意图

2．井眼轨迹

××气井井眼轨迹如图 1-67 所示。

（三）压裂及试气数据

某项目部于 2012 年 3 月 29 日至 2012 年 4 月 11 日对该井进行了压裂、试气，改造层位盒 $_{8下}^{1}$；累计入地液量 1907.2m³，返排率 80.1%；排液后期氯离子含量为 9752mg/L，无阻流量为 66.564×10⁴m³/d，压裂试气数据如表 1-12 所示。

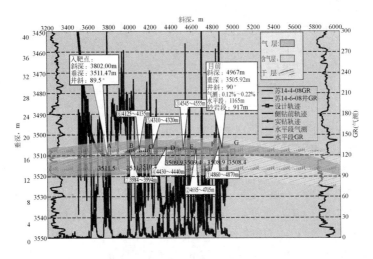

图 1-67　××气井实钻轨迹图

表 1-12　××气井压裂试气数据表

层位	射孔资料	压裂资料						排液情况				排液后期液性		
	射孔井段 m	陶粒		砂比 %	破裂压力 MPa	施工压力 MPa	停泵压力 MPa	关井油压 MPa	关井套压 MPa	累计排液 m³	返排率 %	pH	密度 g/cm³	Cl⁻含量 mg/L
		用量 m³	排量 m³/min											
盒$_{8下}^1$	3984~3994	38.1	2.8~3.2	21.72	62.0	66.8	37.2	17.4	20.6	1527.5	80.1	7	1.01	9752
	4125~4135	32.0	2.9~3.2	23.65	53.0	73.9	28.3							
	4310~4320	30.9	2.9~3.0	23.95	62.0	73.7	30.4							
	4430~4440	32.0	2.8~3.1	23.53	63.0	71.3	—							
	4545~4555	35.5	3.0~3.2	23.81	60.0	71.1	—							
	4695~4705	35.5	2.7~3.2	23.71	60.0	72.5	29.2							
	4860~4870	40.9	2.7~3.0	24.61	64.0	73.5	—							

（四）完井井口及生产管柱结构

完井井口：KQ78-65/105 下悬挂采气井口，井内留有 2⅞in（N80 EUE）短节 1 根 6.8m+2⅞ in（N80 EUE）油管 349 根 3338.731m+3½ in（N80 EUE）油管 156 根 1482.287m，下带遇油膨胀封隔器分层压裂工具 7 套。

完井钻具结构：（自上而下）油补距 7.3m+油管挂 0.26m+3½in（EU BOX）×2⅞in

（EU PIN）变扣 0.15m+2⅞ in（N80 EUE）调整短节 1 根 6.8m+2⅞in（N80 EUE）油管 347 根 3319.625m（计算管柱结构的总和至此时，要减去一个压缩距 4.058m）+上短节 1.45m+反循环阀 0.83m+下短节 1.45m+2⅞in（N80 EUE）油管 2 根 19.106m+提升短节 1.44m+水力锚 0.67m+回接插头 0.11m+悬挂封隔器 2.07m+变扣 1.44m+3½in（N80 EUE）油管 47 根 447.195m+油管短节 1 根 3.00m+遇油膨胀封隔器（7）9.47m+3½in（N80 EUE）油管 18 根 171.226m+油管短节 1 根 1.44m+压裂滑套（7）0.83m+油管短节 1 根 1.44m+3½in（N80 EUE）油管 6 根 57.032m+遇油膨胀封隔器（6）9.47m +3½in（N80 EUE）油管 7 根 66.59m+油管短节 1 根 1.44m+压裂滑套（6）0.83m+油管短节 1 根 1.44m+3½in（N80 EUE）油管 5 根 47.597m+遇油膨胀封隔器（5）9.47m +3½in（N80 EUE）油管 13 根 123.753m+油管短节 1 根 1.44m+压裂滑套（5）0.83m+油管短节 1 根 1.04m+3½in（N80 EUE）油管 3 根 28.56m+遇油膨胀封隔器（4）9.47m +3½in（N80 EUE）油管 9 根 84.182m+油管短节 1 根 1.44m+压裂滑套（4）0.83m+油管短节 2 根 10.94m +3½in（N80 EUE）油管 1 根 9.285m+遇油膨胀封隔器（3）9.47m+3½in（N80 EUE）油管 8 根 75.815m+油管短节 1 根 1.44m+压裂滑套（3）0.83m+油管短节 1 根 1.44m+3½in（N80 EUE）油管 4 根 38.06m+遇油膨胀封隔器（2）9.47m+3½in（N80 EUE）油管 11 根 104.689m+油管短节 1 根 1.44m+压裂滑套（2）0.83m+油管短节 1 根 1.44m+3½in（N80 EUE）油管 3 根 28.55m+遇油膨胀封隔器（1）9.47m+3½in（N80 EUE）油管 13 根 123.679m+油管短节 1 根 1.44m+压裂滑套（1）0.83m+油管短节 1 根 1.44m +3½in（N80 EUE）油管 8 根 76.074m+油管短节 1 根 1.45m+浮箍（2）0.54m+油管短节 1 根 1.44m+浮箍（1）0.54m+筛管 2.42m+圆头盲堵 0.24m。

工具位置（自上而下）：反循环阀为 3332.357m；水力锚为 3355.023m；悬挂封隔器为 3357.203m；遇油膨胀封隔器 7 为 3818.308m；压裂滑套 7 为 3991.804m；遇油膨胀封隔器 6 为 4059.746m；压裂滑套 6 为 4128.606m；遇油膨胀封隔器 5 为 4187.113m；压裂滑套 5 为 4313.136m；遇油膨胀封隔器 4 为 4352.206m；压裂滑套 4 为 4438.658m；遇油膨胀封隔器 3 为 4468.353m；压裂滑套 3 为 4546.438m；遇油膨胀封隔器 2 为 4595.408m；压裂滑套 2 为 4702.367m；遇油膨胀封隔器 1 为 4741.827m；压裂滑套 1 为 4867.776m；浮箍 2 为 4947.280m；浮箍 1 为 4949.260m；筛管为 4951.680m；圆头盲堵为 4951.920m。

二、井筒积液与气井动态分析的案例分析

（一）产气情况

2014 年一季度××区 684 口气井日均开井 528 口，日均外输 630.7×10^4 m^3，年生产天然气 5.98×10^8 m^3，交接气量 5.68×10^8 m^3，完成 19.6×10^8 m^3 产量任务的

30.2%。自进入 2014 年 3 月份以后，开井数量不断增加，但产量一直呈下降趋势，气井产能递减日趋明显，如图 1-68 所示。

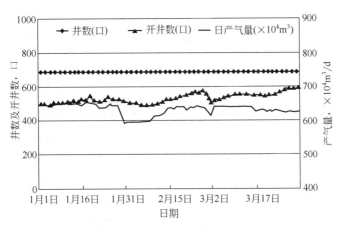

图 1-68　2014 年××区季度产量变化曲线图

（二）产液情况

从入冬以来，××区日均产量逐渐增加，但产液量逐渐减少，液气比由 2014 年 11 月份的 0.554m³/10⁴m³ 逐渐降到 2015 年的 0.472m³/10⁴m³，图 1-69 所示是近期液气对比图。

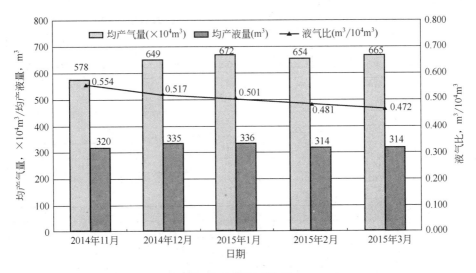

图 1-69　液气对比图

（三）气井积液判断方法

气井积液判断方法如图 1-70 所示。

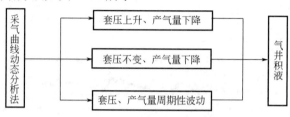

图 1-70　气井积液判断方法

1. 套压上升、产气量下降

气井中常有烃类凝析液或地层水流入井底。当气井产量高、井底气液速度大而井中流体的数量相对较少时，液体将被气流携带至地面，否则，井筒中将出现积液。积液的存在将增大对气层的回压，并影响气层产气，导致气井套压值上升，油套压差增大，同时产气量下降。

此标准为气井积液较为常规的判断方法，可用于大多数气井的积液情况判断。

1）实例井 I

该井平稳生产段套压 4.5MPa，产气量 $2.3×10^4 m^3/d$，后期套压增大至 6.0MPa，产气量下降为 $1.5×10^4 m^3/d$，判断该井产生积液。该井投产日期为 2008 年 5 月 4 日，试气无阻流量为 $14×10^4 m^3$，投产套压为 24.8MPa，目前套压为 6.0MPa，累计产气量 $2460×10^4 m^3$，如图 1-71 所示。

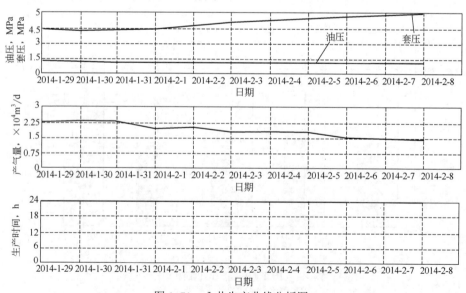

图 1-71　I 井生产曲线分析图

2）实例井Ⅱ

该井安装有气液两相流量计，可对产液量进行计量。通过分析，当套压上升、产气量下降时，其产液量也随之下降，积液无法有效排出，在井筒积聚。该井投产日期为 2008 年 6 月 27 日，试气无阻流量为 $3 \times 10^4 m^3$，投产套压为 23.8MPa，目前套压为 7.4MPa，累计产气量为 $1876 \times 10^4 m^3$，如图 1-72 所示。

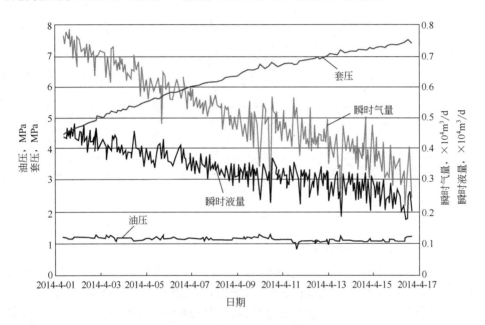

图 1-72　Ⅱ井生产曲线分析图

2. 套压不变、产气量下降

目前××区大部分气井采用井下节流器生产方式，气井产量无法进行调整，随着生产时间的延长，产气量随着地层压力的降低而下降，当气井产量降低至无法将地层产出液带出地面时形成井筒积液。气井最初积液时，液体对地层回压的影响较小，仅提高了对气井携液流量的要求。

当气井的套压值变化不明显时，可通过产气量变化情况对气井是否积液进行判断，例如，实例井Ⅲ。

该井生产初期产量呈规律性递减；生产后段出现套压无明显变化、产气量持续下降的情况，产气量持续下降至 $0.8 \times 10^4 m^3/d$，判断该井产生积液。该井投产日期为 2012 年 10 月 23 日，试气无阻流量为 $16 \times 10^4 m^3$，投产套压为 24.6MPa，目前套压为 10.0MPa，累计产气量为 $714 \times 10^4 m^3$，如图 1-73 所示。

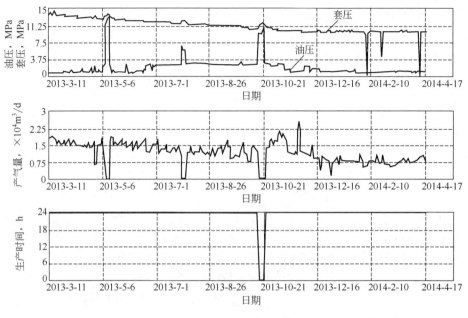

图 1-73 Ⅲ井生产曲线分析图

3．套压、产气量周期性波动

部分地层能量补给充足的气井在生产过程中可阶段性自主排液，但随着积液量的增多，气井无法一次性将积液排出，因而当气体能量消耗到不足以排出积液时，气井自行恢复，等待能量积聚到足以再次将液体举升出井筒，此过程不断循环，形成气井断断续续积液现象。

因此，可通过气井生产曲线中套压与流量的周期性波动，对气井的积液情况进行判断。

1）实例井Ⅳ

该井生产中套压及产气量出现明显波动，套压与产气量曲线呈相反的锯齿状波动，判断该井产生积液。该井投产日期为 2008 年 10 月 28 日，试气无阻流量为 $11\times10^4m^3$，投产套压为 23.0MPa，目前套压为 2.5MPa，累计产气量为 $4902\times10^4m^3$，如图 1-74 所示。

2）实例井Ⅴ

通过对气液两相流井生产曲线分析，当套压、产气量出现波动时，其产液量也随之波动，套压值较低段产气量、产液量明显较高。该井投产日期为 2008 年 6 月 26 日，试气无阻流量为 $6\times10^4m^3$，投产套压为 24.5MPa，目前套压为 2.9MPa，累计产气量为 $1631\times10^4m^3$，如图 1-75 所示。

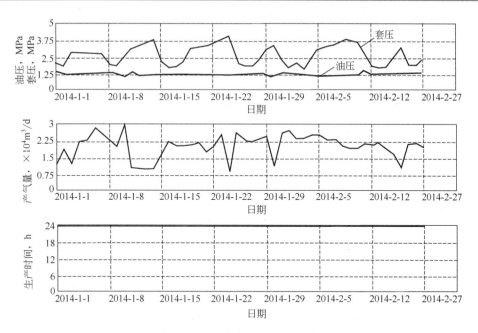

图 1-74　IV井生产曲线分析图

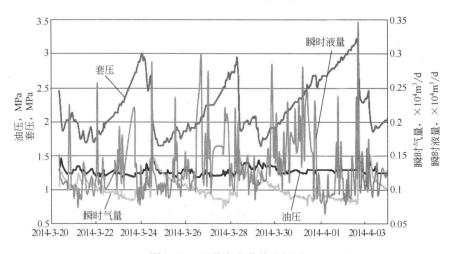

图 1-75　V井生产曲线分析图

（四）气井排液措施

随着气田开发进入后期，积液气井比例不断增大，采取有效的排水采气措施可保证气井的长期、稳定生产。

××区目前主要采用六类排水采气措施，2013 年总增产气量达到

$5930\times10^4m^3$，如表 1-13 所示。

表 1-13　排水采气措施统计表

排液措施	井数口	平均套压 MPa	井均日产 $\times10^4m^3$
泡沫排水采气	481	6.50	0.73
间歇排水采气	182	6.65	0.16
柱塞气举排水采气	41	4.67	0.38
速度管柱排水采气	32	5.35	0.68
井间互联气举排水采气	10	9.80	0.75
涡流工具排水采气	1	4.50	0.75

1. 泡沫排水采气

泡沫排水采气是××区运用最为广泛的排水采气措施，2013 年共计实施泡排措施 481 口/4472 井次，增产气量达到 $4152\times10^4m^3$，如表 1-14 所示。

表 1-14　泡沫排水采气工作统计表

泡排措施	井数口	井次次	增产气量 $\times10^4m^3$
常规注剂	393	2384	3412
常规投棒	161	884	514
自动注剂	33	998	118
自动投棒	11	206	108
合计	481	4472	4152

1）实例井Ⅵ

该井进行泡排措施前套压为 13.31MPa，日产气量为 $0.5\times10^4m^3$，加注泡排后排液效果明显，套压下降至 10.3MPa，日产气量上升至 $1.0\times10^4m^3$，气井恢复平稳生产。该井投产日期为 2008 年 6 月 25 日，试气无阻流量为 $1\times10^4m^3$，投产套压为 20.0MPa，目前套压为 10.3MPa，累计产气量为 $369\times10^4m^3$，如图 1-76 所示。

2）实例井Ⅶ

该井为智能注剂井，运行期间加注制度为 60L/d，气井排液效果较好且未出现积液现象，运行效果较好。该井投产日期为 2008 年 10 月 1 日，试气无阻流量为 $7\times10^4m^3$，投产套压为 24.8MPa，目前套压：3.6MPa，累计产气量为 $1707\times10^4m^3$，如图 1-77 所示。

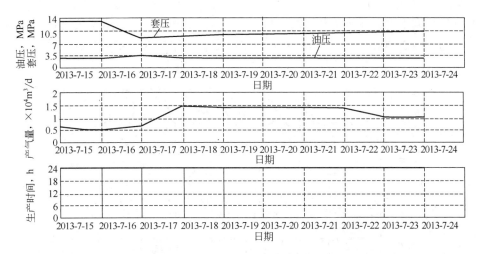

图 1-76 Ⅵ井加注泡排前后对比图

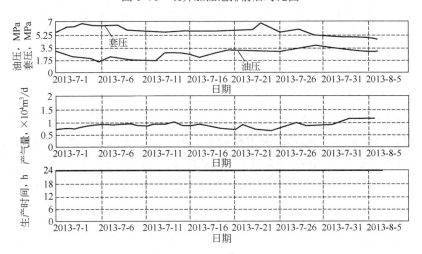

图 1-77 Ⅶ井加注泡排前后对比图

2. 间歇排水采气

间歇排水采气是气井依靠间歇生产制度排出井筒内积液，从而达到排水采气的目的。××区通过对间歇井的生产动态分析，及时对生产制度进行合理化调整，同时分别开展开井注剂、控流带液、关井投棒三项排液措施进行辅助排液，进一步加强了气井排液效果。

××区所辖间歇生产井 182 口，平均每日开关 40 井次，2013 年累计开关 1250 井次，累计增产 2030×10⁴m³，气井产能得到了有效发挥。

1）实例井Ⅷ

该井间歇制度为关 4d 开 1d，套压由 8.5MPa 降为 6.8MPa，排液效果显著，产气量较为平稳。该井投产日期为 2007 年 7 月 20 日，试气无阻流量为 $6×10^4m^3$，投产套压为 24.5MPa，目前套压为 6.8MPa 累计产气量为 $1042×10^4m^3$，如图 1-78 所示。

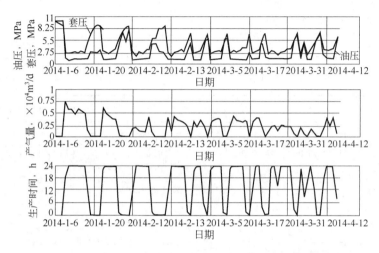

图 1-78　Ⅷ井间歇生产前后对比图

2）实例井Ⅸ

该井采用井下节流器生产，间歇制度为关 3d 开 4d，目前套压为 10.80MPa，日产气量 $0.33×10^4m^3$，但该井间歇期间套压仍呈现上涨趋势，需同时辅助泡排措施。该井投产日期为 2009 年 4 月 27 日，试气无阻流量为 $3×10^4m^3$，投产套压为 24.5MPa，目前套压为 10.8MPa，累计产气量为 $735×10^4m^3$，如图 1-79 所示。

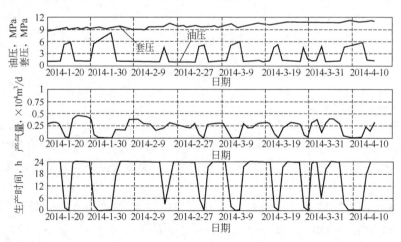

图 1-79　Ⅸ井节流器生产间歇生产前后对比图

3．柱塞气举排水采气

柱塞气举利用气井自身能量推动柱塞在油管内进行周期性举液，阻止了气体上窜和液体回落，从而减少了液体的滑脱效应，增加间歇举升效率，同时通过对柱塞生产制度的不断优化，提高了气井利用率。

××区目前柱塞气举井共计 41 口，日均贡献气量 15.84×10⁴m³，平均套压 4.67MPa，井均日产气量 0.38×10⁴m³。

1）实例井 X

该井目前日产气量 1.0×10⁴m³，生产制度为关 7h 开 5h，通过对柱塞合理生产制度的调整，减少油套压差的同时增加了周期产气量，气井生产平稳。该井投产日期为 2006 年 8 月 11 日，无阻流量为 19×10⁴m³，投产套压为 24.2MPa，目前套压为 3.4MPa，累计产气量为 3955×10⁴m³，如图 1-80 所示。

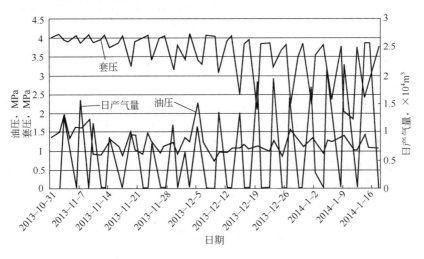

图 1-80　X 井柱塞气举排水生产前后对比图

2）实例井 XI

该井柱塞排液期间油套压差较大，柱塞排液效果不佳，转为间歇生产一段时间后油套压差明显减小。对于柱塞排液效果较差的气井可转为间歇生产助排。该井投产日期为 2003 年 11 月 18 日，无阻流量为 17×10⁴m³，投产套压为 23.5MPa，目前套压为 3.4MPa，累计产量为 3079×10⁴m³，如图 1-81 所示。

4．速度管柱排水采气

保证气井携带出积液的条件是要求产量大于气体临界携液流量，速度管柱排水采气工艺通过减小管径从而减小所需临界携液流量，以达到提高气井携液能力、保证气井连续携液生产的目的。

××区目前速度管柱生产井共计 32 口，日均贡献气量 23.56×10⁴m³，平均套压 4.45MPa，井均日产气 $0.74×10^4m^3$。

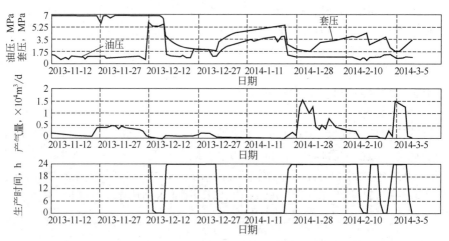

图 1-81　XI井柱塞气举转间歇生产前后对比图

1）实例井XII

该井未投放速度管柱前，油套压差达到 8.46MPa，日产气量 $0.88×10^4m^3$，投用之后油套压差明显减小，目前油套压差为 1.64MPa，日产气量 $1.40×10^4m^3$，生产平稳。该井投产日期为 2008 年 9 月 15 日，速度管柱投放日期为 2013 年 6 月 14 日，无阻流量为 $7×10^4m^3$，投产套压为 23.0MPa，目前套压为 2.9MPa，累计产量为 $2583×10^4m^3$，如图 1-82 所示。

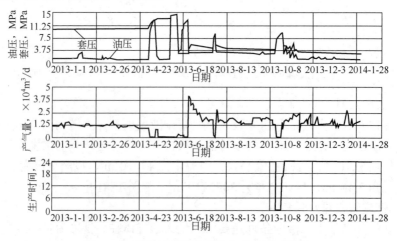

图 1-82　XII井速度管柱排水生产前后对比图

2）实例井XIII

该井生产一段时间后套压和产气量出现周期性波动，气井开始积液，短关恢复后排液效果较好，气井恢复平稳生产。该井投产日期为 2007 年 8 月 13 日，无阻流量为 $2×10^4m^3$，投产套压为 23.0MPa，目前套压为 2.0MPa，累计产量为 $1168×10^4m^3$，如图 1-83 所示。

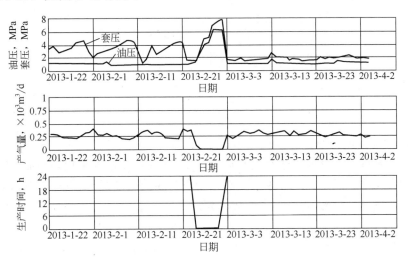

图 1-83　XⅢ井速度管柱排水周期波动前后对比图

5. 井间互联气举排水采气

××区共计井间互联气举 4 井丛/14 口气井，其中气源井 5 口，被举井 5 口，如表 1-15 所示。

表 1-15　井间互联气举排水采气井丛表

井丛	井号	井间互联气举方式	流程倒换时间	生产时长 d	目前产量 ×10⁴m³/d
××-02	××-01	气源井	2013.11.19	78	1.0
	××-02	被举井			
××-09	××-09	被举井	2013.12.08	112	0.4
	××-010	—			
	××-011	气源井			
××-05	××-05	被举井	2013.11.24	126	3.0
	××-06	气源井			
	××-06C1	—			
	××-06C4	—			

续表

井丛	井号	井间互联气举方式	流程倒换时间	生产时长 d	目前产量 ×10⁴m³/d
××61-05	××-04	气源井	2013.10.13	168	3.6
	××-05	被举井			
	××-05C1	被举井			
	××-05C2	—			
	××-06	气源井			

1）××-09 井丛

该井丛施行井间互联气举前日产气 $1.0 \times 10^4 m^3$，积液现象较为明显，2013 年 12 月 8 日转为井间互联方式生产，经过一段时间的能量积聚后井丛开始周期性排液生产，气举效果较好，如图 1-84 所示。

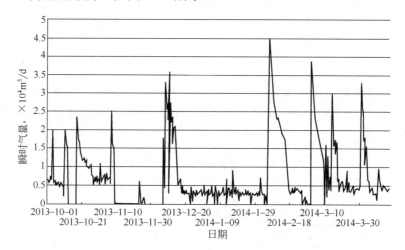

图 1-84　××-09 井丛井间互联气举排水生产前后对比图

2）××-05 井丛

该井丛施行井间互联气举前日产气 $3.8 \times 10^4 m^3$，产量平稳，转为井间互联方式生产后，产气量增加且排液现象明显，气举效果较好，如图 1-85 所示。

3）××61-05 井丛

该井丛施行井间互联气举前日产气 $3.5 \times 10^4 m^3$，转为井间互联方式生产后，产气量明显增加。近期该井丛产气量下降且排液效果不明显，可对气源井进行关井恢复，如图 1-86 所示。

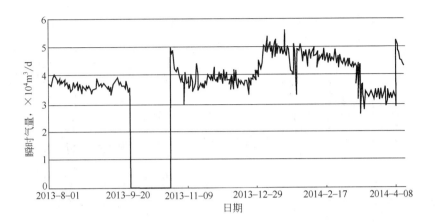

图 1-85　××61-05 井丛井间互联气举排水生产前后对比图

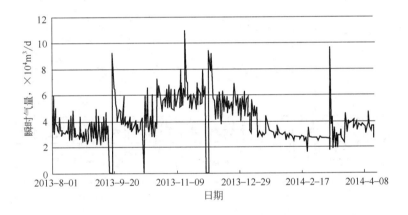

图 1-86　××61-05 井丛井间互联气举排水生产前后对比图

4）××-01 井丛

该井丛由于××-02 井已水淹，气举效果较差且影响到气源井生产。目前××-02 井套压为 17.8MPa，相邻气源井套压只有 8.7MPa，无法实施气举，如图 1-87 所示。

6. 涡流工具排水采气

实例井××-×，投放涡流工具后产气量增加，配合间歇生产一段时间后油套压差明显减小，排液效果较好，但近期该井排液周期增长，需结合间歇排液。该井投产日期为 2008 年 6 月 27 日，无阻流量为 $3×10^4m^3$，投产套压为 23.8MPa，目前套压为 7.4MPa，累计产量为 $1876×10^4m^3$，如图 1-88 所示。

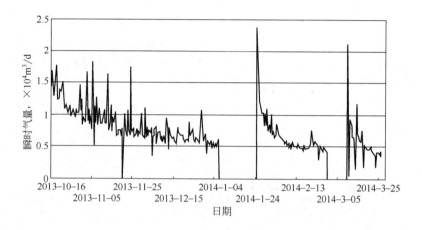

图 1-87　××-01 井丛气举排水示意图

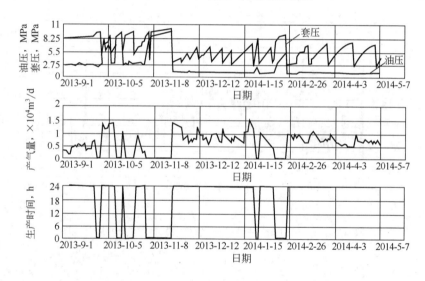

图 1-88　××-×井涡流工具排水采气前后对比图

三、气井管线水合物堵塞判断及分析

　　气井在生产过程中，最常见的堵塞故障为地面管线冻堵、油管冻堵、针阀冻堵、高低压截断阀（电磁阀）冻堵、导压管路冻堵等，统计数据如表 1-16 所示。在进行单井生产监控时，若发现单井生产不正常，要及时根据油套压、外输流量、温度等远传数据判断故障，并及时将异常情况上报相关部门。

表1-16　单井常见堵塞故障参照表

故障类型	油压	外输流量	计量温度	计量压力	备注
油管冻堵	下降	下降	下降	不变	
地面管线冻堵	上升	下降	下降	上升	
针阀冻堵	上升	下降	下降	不变	
高低压截断阀（电磁阀）冻堵	上升	下降	下降	不变	
导压管路冻堵	不变	不变	不变	不变	单井生产正常，压力数据显示异常

（一）地面管线冻堵案例分析

以×-×-5气井为例，2012年12月8日16：30，该井油压显示1.04MPa，外输压力显示1.15MPa，外输流量显示$0.6606×10^4m^3/d$，2012年12月10日16：30至2012年12月10日17：00，该井油压、外输压力上升，瞬时流量由$0.5494×10^4m^3/d$下降至0，判断该井为地面管线冻堵，如表1-17所示。

表1-17　地面管线冻堵数据表

井号	日期	油压 MPa	套压 MPa	外输温度 ℃	外输压力 MPa	瞬时流量 ×10⁴m³/d
×-×-5	2012-12-08 16：30	1.04	9.37	10	1.15	0.6606
	2012-12-10 16：30	3.44	9.37	9	3.71	0.5494
	2012-12-10 17：00	5.66	9.36	9	.4.93	0

（二）油管冻堵案例分析

从××-16气井2012年12月9日到10日的生产动态实时数据中可以看出其油压明显下降，瞬时流量从$7.8119×10^4m^3/d$下降到$5.8234×10^4m^3/d$，由此判断发生了油管冻堵，数据如表1-18所示。

表1-18　油管冻堵数据表

井号	日期	油压 MPa	套压 MPa	外输温度 ℃	外输压力 MPa	瞬时流量 ×10⁴m³/d
××-16	2012-12-09　12：40	12.58	14.25	37	1.1	7.8119
	2012-12-10　4：20	10.49	14.11	39	1.15	6.4839
	2012-12-10　4：30	9.88	14.11	40	1.14	6.0814
	2012-12-10　4：40	7.89	14.11	43	1.13	5.8234

（三）单井油压导压管路阀门冻堵分析

从××-13气井在2012年12月8日14：50到16：40期间的远传数据变化，可判断该井为油压导压管路阀门冻堵，数据如表1-19所示。

表1-19 单井油压导压管路阀门冻堵数据表

井号	日期	油压 MPa	套压 MPa	外输温度 ℃	外输压力 MPa	瞬时流量 ×10⁴m³/d
××-13	2012-12-08 14：50	18.18	19.27	25	1.19	5.9036
	2012-12-08 16：00	17.60	19.23	28	1.19	5.6816
	2012-12-08 16：10	14.48	19.22	28	1.18	5.753
	2012-12-08 16：20	12.30	19.19	27	1.19	5.7833
	2012-12-08 16：30	11.45	19.18	26	1.19	5.7179

四、井下节流器在生产中的应用案例分析

（一）长庆气田××区块节流器应用现状分析

1. 井下节流器投放情况

截至2010年，长庆气田××区块共接入流程气井643口。节流器投放气井638口，节流器未投放气井有5口；失效气井7口，问题气井13口。节流器投放率为99.2%。具体情况如表1-20所示。

表1-20 截至2010年××区块节流器投放使用情况分析

项目	接入流程	已投放	未投放	失效井	问题井
苏××	421	418	3	2	5
苏××	80	78	2	3	3
桃××	142	142	0	2	6
合计	643	638	5	7	13
备注	问题井包含失效井				

2. 节流器失效情况

随着气田的发展，节流器投放数量增多，但是节流器失效较为普遍，具体情况如表1-21所示。

表 1-21 近年来节流器投放、失效及解决情况统计

项目		苏××	苏××	桃××
2012 年	已投放，口	309	58	55
	失效气井，井次	28	2	15
	已解决，井次	23	2	12
2013 年新井	已投放，口	109	20	87
	失效气井，井次	8	2	8
	已解决，井次	5	1	6
2008 年至 2012 年	共投放，口	418	78	142
	共失效，井次	93	19	31
	共解决，井次	86	13	24

通过表 1-21 对比可知，2012 年失效率为 10.67%，2013 年失效率约为 8.3%，证明失效率明显降低，反映出气井的管理水平有所提高。节流器失效原因主要表现在以下两个方面：一是节流器投放后，长时间不开井，一般开井间隔在 20d 左右，部分气井长达几个月，这样突然间开井造成节流器失效；二是油管内较脏，给节流器的投放、生产和打捞都造成了不同程度的影响，部分问题井就是因为气嘴堵，导致节流器卡死在油管内。

（二）不同型号节流器的应用

1. 节流器型号及使用情况

截至 2013 年，在××区块节流器投运已规模化，进入××区块的节流器型号主要有三种型号，具体情况如表 1-22 所示。

表 1-22 ××区块节流器使用情况

型号	投放，口	失效，井次	失效率，%
CQX	614	140	22.80
CQZ	6	0	0
HY-4	18	3	16.7

2. 应用效果及分析

三种型号的节流器在××区块的投产应用效果对比如表 1-23 所示。

表 1-23　三种节流器的应用效果对比

项目		CQZ 型节流器	CQX 型节流器	HY-4 型节流器
投放井数，口		6	129	12
设计深度，m		3200	1900	2500
失效井次，井次		0	8	1
解决问题井次，井次		0	3	1
遗留问题井次，井次		0	5	0
深度实验（2800m）	投放井数，口	—	31	12
	失效井次，井次	—	7	1
	失效率，%	—	22.6	8.3
调产实验	总井次，井次	—	7	4
	成功更换井次，井次	—	4	4
	成功率，%	—	57.1	100
	打捞时间，h	—	7	4
	最高张力，kg	—	550	250

3. 分析及优选

（1）CQX（卡瓦式）型节流器打捞时密封胶筒不回缩，继续与油管壁接触，摩擦阻力很大，密封胶筒对高温、高压、腐蚀等因素要求较高，因此不易投放于较深的井段，且打捞颈容易拉断。

（2）CQZ（工作预置筒式）型节流器要在下油管时把工作筒安装在设计位置后才能进行节流器投放，投放对地面施工设备要求较高，需要专门的设备，且投资费用较高。

（3）HY-4 型节流器打捞筒销钉易断，节流器易掉入井内，造成事故井无法继续打捞，需重新投放。

综合评定认为，HY-4 型节流器投放较少，使用时间短，初步运行效果较好，但还不能判定该节流器的具体信息，需要进一步增加实验次数，进一步进行评价。CQZ 型节流器投资费用较高，对施工设备要求较高，不适合苏里格气田降低成本的开发模式。CQX 型节流器已在长庆气田大量推广，投放井数较多，实用效果较好，但该型号节流器不适于较深井段投放。

（三）节流器的投放

针对××区块流器的应用现状，对节流器的投放、打捞及问题气井的解决，是开发××区块气井生产的主要任务之一。

1. 节流器的投放操作

节流器投放前应对气井进行预注醇，排除井筒内水合物对节流器的影响。井下节流器投放如图1-89所示，连接好工具串，自上而下为：绳帽＋加重杆＋震击器＋节流器，下入井内设计位置。坐封前投放工具与节流器通过钢销钉连接，卡瓦松弛，密封胶筒处于自然收缩状态；坐封后投放工具丢手，卡瓦撑开坐于油管内，密封胶筒被撑开坐封，节流嘴上、下形成一定的压差，促使节流器坐封紧固。

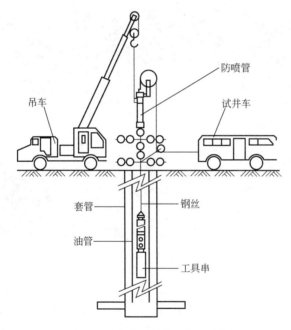

图1-89　节流器投放现场示意图

2. 节流器投放问题及解决措施

1）操作过快

节流器投放操作要求缓慢、匀速进行，达到设计深度后向上震击丢手。实际施工过程中存在下放速度过快、销钉强度低、轻微遇阻等现象，造成节流器坐封位置未能达到设计位置，或坐封不稳，容易造成节流器失效。如××气井节流器下放至设计深度后丢手，但因操作速度过快，卡瓦坐封不稳，下探发现节流器位置下移，开井生产 20d 后失效。

解决措施：对操作人员要进行定期培训、考核；监督人员严格监督，严格按施工要求进行施工。

2）井筒不干净

个别井筒内水合物堵较严重，注醇效果不明显。如××气井，在 2013 年 6 月之前进行多次节流器投放但都失败，多处遇阻，注醇时，压力迅速升高，甲醇注不进去，改用铅印下探，在 4m 处遇阻，无法继续下放，初步认为是水合物堵塞。将 1 号阀全开，4 号阀打开一部分，喷出气流带有水和白色泡沫状物质（图 1-90），喷出气流并不连续，关闭阀门结束作业。根据前几次作业情况综合判断为井内水合物堵塞严重，进行多次井口注醇、站内放空排液后，该井于 5d 后成功投放节流器，目前正常生产。

图 1-90 ××气井喷出的白色泡沫状水合物

解决措施：提前 1～2d 进行预注醇，防止井筒内形成水合物。部分井筒内壁较脏，有大量地层砂，导致通井不能达到设计深度，需要进行放空，让气流冲洗井筒，把井筒内的水合物和泥砂等杂物排出井筒。放空后还要进行预注醇，防止井筒内因地层等因素再次形成水合物。

（四）节流器的失效

造成节流器失效问题的主要原因如下。

1. 气井方面的影响

1）气井压力的影响

（1）气井投放井下节流器后，实际产量受到气嘴入口、出口端面压力的影响。

（2）节流器气嘴太大，则会导致气井井底压力下降速度过快，影响采收率；气嘴太小，则不能很好地发挥气井产能。

（3）在确定气井配产和节流器气嘴时，应考虑气井无阻流量和压降速率。

2）产出水的影响

（1）节流器运行：

① 产出水量较少时，节流器有助于气井地层水的排出。

② 产出水量较大时，节流器阻碍地层水的排出，加剧产出水在地层或节流器上方的积聚。

③ 根据气井生产数据，判断积液情况，及时打捞出节流器。

（2）节流器打捞：

① 气井井筒积液量较大时，节流器上方也会存在积液。

② 节流器解封后，积液的重量将节流器下压掉落至井筒底部。

③ 上提节流器的同时还需要上提上方积液的重量，如果操作不当，可能出现钢丝拉断、打捞颈拉断的情况，甚至拉动绞车前翻，如图 1-91 所示。

图 1-91　积液的影响

④ 解封节流器前，关井一段时间，待上方积液慢慢流至下方。

⑤ 节流器增加排液机构。

3）泥、砂的影响

（1）节流器在坐封时卡瓦处有砂，会导致坐封不稳，卡瓦卡不住管壁，开井时出现节流器上窜。

（2）节流嘴失效：主要指节流嘴的节流功能部分或完全丧失。产生的原因主要是由于气井产液量大，或地层出砂严重，开井瞬时气量过大，气、液和地层砂在高速气流的带动下，造成较薄弱的气嘴腔外延部分脱落或刺坏节流器嘴，这种情况相当于气嘴增大，造成气井产量偏大，节流未达到设计效果，也被认为节流器失效（图 1-92）。

图 1-92 ××气井被冲蚀后的气嘴

（3）在生产过程中，泥、砂可能堵塞气嘴、防砂罩，导致无流量，也可能刺坏气嘴和节流器。

（4）泥、砂通过节流器气嘴后落至节流器上，泥、砂量很少时，长时间后将打捞颈、卡瓦、主体黏附在一起，无法解封卡瓦；泥、砂量大时，则掩埋打捞颈，如图 1-93 所示。

图 1-93 泥、砂的影响

解决方法：

（1）对于出砂量非常大的气井，在试采阶段尽量将泥、砂排出来。

（2）在投放节流器前注醇，清洗管壁，化解水合物。

（3）对已经砂埋的节流器，则需进行吹砂作业，清除积砂再打捞。

4）油管变形的影响

部分气井油管由于各种原因出现了油管变形，影响节流器施工。

（1）通井遇阻：部分气井的油管会有变形，变形较大时，通井规无法通过，不能进行变形段以下的节流器打捞，也不能投放节流器至变形段以下。

（2）打捞遇阻：打捞上提节流器时，若密封胶皮完好，即使油管变形较小，也会出现打捞遇阻。当阻力较小时，可以通过不断震击上提节流器，但震击频繁易造成节流器打捞颈处金属疲劳，从而拉断打捞颈；如果上提节流器速度较大，突然遇到油管变形段，也有可能发生打捞颈拉断，或者发生钢丝拉断的事故，如图 1-94 所示。

图 1-94　油管变形的影响（打捞颈拉断）

5）腐蚀脆化的影响

节流器主要部件为金属，长期处于井筒中，受到地层气体、液体的腐蚀，部分部件腐蚀脆弱，承受能力降低。在打捞过程中，受节流器打捞颈和主体连接部位变脆弱的影响，上提节流器时，打捞颈卡瓦处受力大即断裂开，卡瓦掉落，在油管内卡住节流器主体，最终导致打捞颈拉断，如图 1-95 所示。

6）井下节流器密封胶筒失效

现场失效节流器打捞上来后发现密封垫都出现不同程度的损坏。节流器上提时，密封垫与井壁发生摩擦，有时会卡死节流器，增大节流器的打捞难度，部分密封垫会掉入井底。

如××气井，对该井进行节流器打捞投放，用盲锤探至 1890m 发现节流器，以 250m/min 的速度砸击两次，下移 2m，下放打捞筒，顺利抓住节流器，但上提比较困难，需来回冲击，最大张力达 350kg，经过 3h，终于将节流器捞出，发现节流器密封胶筒出现不同程度的破损（图 1-96）。

图 1-95　腐蚀脆化的影响

图 1-96　节流器密封胶筒失效示意图

2. 节流器结构与材质的影响

1）大卡瓦片

坐封时卡瓦被主体锥体撑开卡住管壁。

优点：卡瓦卡住管壁力度较大，不易上窜，即使发生上窜，也容易在上窜过程中再次卡稳。

缺点如下：

（1）早期的节流器打捞受力集中在卡瓦和打捞颈上，容易出现打捞颈或卡瓦拉断问题。针对这个问题，年节流器制造商加强了打捞颈强度，增加了挡环，如图 1-97 所示。

（2）解封打捞难度较大，解封后掉落井底的可能性也较高。

2）打捞颈及卡瓦的影响

节流器打捞颈和卡瓦有两种结构，两种结构各有优劣。

3）小卡瓦片

坐封时卡瓦受机械力和锥面挤压向外突出卡住管壁。

优点如下：

（1）打捞时受力点较厚实，受力较均匀，一般不会出现打捞颈或卡瓦拉断问题。

图 1-97　增加了挡环的节流器打捞颈

（2）解封打捞难度较小，一般不会掉落

井底。

缺点如下：

（1）卡瓦卡住管壁力度较小，在生产时容易上窜。

（2）打捞上方有积液的节流器时，解封时风险较大，如图1-98所示。

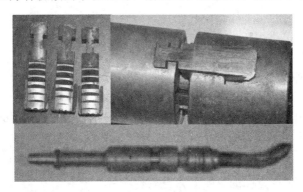

图1-98 小卡瓦片

4）密封胶筒的影响

无论是早期的挤压成锤形密封的胶筒，还是现在的向中间膨胀的胶筒，虽然在设计的时候，考虑了解封卡瓦的同时解封胶筒，但是事与愿违，在实际使用过程中，部分节流器卡瓦解封后，密封胶筒仍处于完好状态，仍卡在油管壁上，造成打捞上提过程中阻力大。也有部分节流器卡瓦解封后，密封胶皮"粘"不住油管壁，节流器直接掉落至油管底部。现在一些水平井投放节流器时，为防止打捞时节流器掉落至井筒底部造成打捞困难，部分施工队伍在下入节流器前先下一个防下滑装置，如图1-99所示。

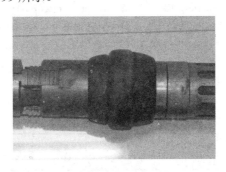

图1-99 防下滑装置

3. 施工工艺和人员

1）作业方式的影响

井下节流器施工是一项钢丝作业，作业时受施工设备、工器具的制约比较大，采用的录井钢丝的大小决定了投放和打捞作业中钢丝张力的最大值，下入井筒内的工具只能通过钢丝操控，对工具的要求较高。同时，对井筒内节流器的状态、详细情况也只能依靠经验和少数几种探测方法进行分析。因此，在对施工队伍设备、工器具提出一定要求的同时，也在不断地探寻其他的施工工艺和方法，以便适用不同井筒情况的施工作业。

2）作业人员的影响

（1）施工作业人员。

① 节流器组装人员将各个部件是否组装到位影响坐封时卡瓦能否卡稳管壁，密封胶筒能否顺利膨胀达到良好的密封效果。

② 绞车操作人员影响施工过程中对钢丝张力、速度、震击力度的控制及操作时机把握。

③ 技术人员影响对井筒内节流器具体情况的判断以及应当采取的措施，当井筒内情况较复杂时这方面的影响尤为重要。

（2）开井作业人员。

① 在投放节流器后，应在一定时间内开井，以实现节流器的二次坐封。在实际管理过程中发现，节流器投放后 3d 内开井，一般节流器不会失效，而在一个星期后开井，节流器一般均会失效。

② 在开井过程中，如果流量过大，新坐封的节流器上下压差增大过快，密封胶筒不能适应前后压差增大的情况，会造成二次密封时胶筒与管壁出现间隙从而造成胶筒破碎的情况。

判断气井节流器是否失效，主要是参照气井油套压、外输压力、外输流量，当发现某集气站产量突然增加，应迅速浏览单井数据，如发现某井的流量突然增加，套压下降速度明显加快，可判断该井节流器失效，举例如下。

以××-××气井为例，2012 年 6 月 19 日 16：13 至 2012 年 6 月 19 日 16：53，该井套压从 9.28MPa 下降至 3.66MPa，外输压力从 3.22MPa 上升至 3.64MPa，外输流量从 0.1932×10⁴m³/d 上升至 5.2575×10⁴m³/d，判断该井节流器失效，数据如表 1-24 所示。

表 1-24　××-××气井生产参数表

井号	日期	油压 MPa	套压 MPa	外输温度 ℃	外输压力 MPa	瞬时流量 ×10⁴m³/d
××-××	2012-6-19（16：13）	9.19	9.28	26	3.22	0.1932
	2012-6-19（16：53）	3.61	3.66	12	3.64	5.2575
	2012-6-19（17：13）	3.39	3.46	13	3.41	4.2517

（五）节流器的打捞及存在的困难

节流器打捞时，需提前进行预注醇。先通井至节流器所在位置，并用震击器敲击节流器，节流器松动后再更换成打捞筒进行打捞，当打捞工具抓住节流器打捞头后，密封胶筒收缩，卡瓦打开，提出节流器。

在节流器打捞过程中，会出现以下几种困难情况：

（1）打捞时经常会遇到节流器卡死在井筒内的情况，震击后，节流器未发生移动，用打捞筒抓住后上提，张力增大，胶筒摩擦大，造成打捞难度增加。

（2）抓住节流器后，因节流器上部液位较高，压力较大，上提时节流器滑脱或拉不动。

（3）震击力过大，导致节流器发生较大位移，有时会出现节流器掉入井底的情况。

解决措施如下：

（1）节流器出现滑脱、抓不住或拉不动等情况时，先进行放空排液、排气，冲洗井筒后再进行下一步施工。

（2）节流器打捞要缓慢施工，如果节流器掉入井底，直接进行新节流器投放工作，避免出现工具串掉入井底的情况。

例如××气井节流器失效后，第一次注醇打捞通井至10m遇阻，打捞失败；第二次打捞通井至50m遇阻打捞失败；第三次通井至68m遇阻打捞失败；第四次通井至79m打捞失败。通井规较脏，无法更换节流器，初步判定为井底泥砂过多导致井筒被卡死。之后再次通井，先后注入甲醇600L后关井2h，进行放空、排污2~3h，带出大量水合物和泥砂，再次通井成功至1907m，经震击后，节流器下降5~10m，经过3次打捞，无法抓住节流器，携带上来大量碎胶皮。初步认为油管内积液较多，进行为期2周的间开井排液工作，每天开井1~2h。再进行节流器打捞工作，提前注入甲醇600L，顺利将节流器打捞并投放成功，次日开井。目前××气井生产正常。

（六）节流器打捞风险及问题气井

1. 存在风险

在失效井节流器的打捞、更换过程中，因地质、人为等因素导致节流器打捞不一定顺利，节流器的打捞存在以下几个方面的风险：

（1）钢丝绳老化、断裂，携工具串掉入井底：抓住节流器后上提遇组，阻力大于上提张力，导致张力大于钢丝绳的自身承重力，造成钢丝绳断裂，携工具串掉入井底，形成事故井。

（2）节流器发生断裂：节流器在井底，受到地层温度和压力等条件的影响，还有自身材质的影响，在打捞时，出现节流器断裂，增大了节流器的打捞难度。在打捞××-×-×井时，起出工具串后发现节流器从打捞颈处断裂，如图 1-100 所示。

图 1-100　节流器打捞颈断裂

（3）节流器掉入井底：节流器失效通井时，因速度和张力未把握好，导致震击节流器的张力过大，把节流器敲入井底，导致无法打捞节流器，则需重新投放节流器。

2. 问题气井及解决建议

（1）通井多次遇阻，打铅印发现部分气井的油管在地层因素的影响下发生变形，造成节流器投放失败。

如××气井，2013 年 10 月 31 日，选用 ϕ59mm 通井规、35kg 加重杆进行通井。通井至 385m 处遇阻，反复震击 3 次，无效果。提出通井工具串后，发现震击锤有明显的划痕、凹陷。2013 年 11 月 3 日，开展该井遇阻段打铅印工作，速度控制在 35m/min，震击 1 次，震击张力 220kg。提出通井工具串后，发现铅锤有破损及严重变形，如图 1-101 所示。

 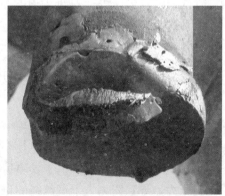

图 1-101　铅锤投放前后对照图

解决措施：通过铅印初步认为在 385m 处油管发生轻微变形，导致通井失败。通知井队撑开变形处，方便节流器投放。

（2）多次震击后节流器未发生移动，用打捞筒抓住节流器后上提，张力较大，节流器销钉被拉断，节流器卡死在油管内。

如××气井，通井至 1980m，下放打捞筒至 2123m 抓住节流器上提，张力达到 380kg，提不动，经过两个多小时震击，震断打捞筒销钉，再次下放盲锤（48mm）解卡，多次以 330m/s 速度下击解卡都无效，因无法解卡，打捞失败。

解决建议：初步方案是，增加加重杆重量，通井、震击节流器，使节流器失效，再间歇开井，冲洗井筒，然后进行打捞。

（3）打捞时，张力过大，节流器打捞颈处被拉断，发现节流器本身材质还存在一定的不足。

如××气井失效于 2012 年 8 月 30 日，用 58mm 盲锤通井至 680m，张力由 70kg 降为 35kg，速度由 220m/min 降为 130m/min，有明显受阻现象，可能遇到液面。下探至 1907m 遇原节流器，58mm 盲锤受阻较大，换用 48mm 盲锤解卡，多次以 300m/min 的速度下击，仍无法解卡。3 次更换打捞筒抓住节流器，但无法上提，最大张力达 370～380kg，经多次震击，切断销钉，上提工具串，结束作业。2012 年 9 月 1 日，用小盲锤通井解卡，以 300m/min 速度下击 20 余次，节流器下移 8m。下放打捞筒抓住节流器，向上提至 1908m 遇阻后下放至 1916m 时无法再下放，向上提时张力达 380kg 都无法将节流器松动，一直震击上提，后来震击时张力突然减小，由 300kg 降至 130kg，认为销钉被切断，起出工具串后发现节流器从打捞颈处被拉断。

解决建议如下：

方案一：先设法将井筒内水抽出，再更换特殊打捞工具打捞。

方案二：进行压井作业，更换油管，并打捞出节流器。

3．节流器打捞注意事项

对于节流器的打捞，存在的不稳定因素较多，因此在节流器打捞过程中应该注意细节，在操作过程中要注意以下方面。

1）正常打捞

一般情况下因频繁开关井导致节流器失效的气井，进行打捞时，先用盲锤通井进行震击，反复震击 5～8 次，如果发现节流器下移，则卡瓦已松动，再上提通井规更换成打捞筒进行打捞。通井速度要慢，震击张力要从小到大逐步增加，防止因速度过快、张力过大造成事故井。

2）冲洗打捞

有些气井因试采时未试采干净，井筒内较脏，导致节流器气嘴被堵，在施工过程中，先通过盲锤敲击 8～12 次，如果节流器位移较小时，上提遇阻则证明节流器已卡死在油管内，需多注醇，震击节流器，让密封胶筒在油管内发生摩擦，使密封胶筒失效。这时要开井冲洗井筒，使节流器附近的泥砂等杂质被较大气流从油管内带出。每天开井 1～2h，持续 1～2 个星期后，再进行节流器的打捞。这时节流器附近的泥砂等杂质消除较多，井筒也较为干净，打捞时较为轻松。

3）倒压后打捞

节流器气嘴被堵住，导致节流器上下压差不平衡，压差过大致使在使用盲锤敲击的时候，很难敲动节流器。因此，要先从套管处缓慢泄压，使节流器上下压差平衡后，才可进一步进行施工。但这样操作有一定的危险性，有可能会导致节流器因压力不平衡而发生移动或掉入井底，给节流器打捞带来一定的困难。一般情况下不建议使用这种方法。

（七）定向井和水平井投放打捞的建议

随着气田的不断开发，定向井和水平井也不断增多，这些特殊井节流器的投放也存在一定的困难和风险。

水平井节流器一般都放置在直井段内，很少放置在斜度段和水平段内，这样为了避免出现投放和打捞风险，增加安全性。斜井的节流器一般放置于在井深1750～1950m 的位置，如果有特殊情况可根据现场情况而定。

斜井节流器的投放、打捞存在以下几个方面的问题。

1．投放、打捞问题

斜井节流器投放主要考虑到斜度，斜度的大小严重影响节流器的投放和打捞。如果下放深度过深，斜度过大，油管内壁对节流器的摩擦将增大，很容易造成节流器失效；如果油管内壁不干净，那么节流器与之摩擦将增大，则失效率也随之增大。

2．操作问题

节流器投放操作时要缓慢，要控制速度，如果速度过快，会导致节流器与井筒发生剧烈摩擦，从而导致节流器失效。

失效打捞时也要控制速度，因节流器卡瓦经震击后松动，速度过快，可能导致卡瓦与油管内螺纹处发生碰撞，造成堵、卡，还有可能造成节流器各部分承受压力不均，出现局部或节流器主要部位卡死，形成问题井。在斜井投放节流器前，如果通井发现较脏时，要提前进行放空冲井，方便节流器投放、打捞。

3．设备问题

斜井施工时，施工工具串要短些，在加重杆上增加万向节，来达到一定的灵活性，防止因工具串过长在斜度过大的层段遇卡。

五、井下作业实际案例分析

（一）××井衬管段通井遇阻

1. ××井的基本情况

××井的基本情况见表 1-25。

表 1-25 ××井的基本情况

地理位置	四川省阆中市××乡
构造位置	四川盆地川东北巴中低缓构造元坝区块东区长兴组①号礁滩带
钻井日期	2012.04.02—2013.06.17
钻井井队	胜利钻井公司 70112SL 队
井　别	开发评价井
井　型	水平井
完钻井深	7749m
完钻层位	长兴组
完井方式	衬管完井

2. 井身结构

××井井身结构如图 1-102 所示。

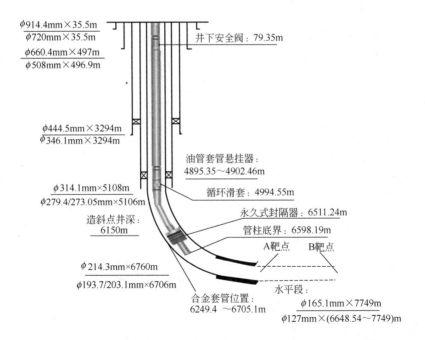

图 1-102 ××井井身结构图

3. 施工及处理过程

采用ϕ102mm 钻头通井，在衬管顶部反复划眼循环后，进入衬管段，探得人工井底为 7748.5m；在衬管通井后起钻至井深 6750m 遇卡；接方钻杆开泵循环，上提下放活动、旋转管柱，未解卡；用密度 1.30g/cm³ 钻井液正循环，下放管柱至悬重 120t，分别正传 5、8、10、13 圈，每次静止 5min，后释放扭矩，在悬重 100～170t 间上提下放活动管柱，未解卡；再次使用密度 1.30g/cm³ 钻井液正循环，在悬重 80～170t 间上提下放活动管柱，均未能解卡。正替酸液 5m³ 至井深 6750m 浸泡后解卡成功。

4. 原因分析

衬管段井内钻井液长时间未循环，钻井液老化，并依附在井壁上，在起钻过程中不断被刮下，并在钻头台阶面堆积，在起钻过程中不断进入钻头与套管间空隙（空间只有 3.3mm），造成上提和下放均未能解卡。

5. 认识及建议

（1）衬管段通井作业期间，采用大排量循环洗井及上下划眼，确保井筒循环干净后再起钻。

（2）可采用泡酸的方式，破坏沉淀物的黏附力，降低钻具与沉淀物的摩擦力，从而解卡。

（二）××井封隔器坐封失败

1. ××井的基本情况

××井的基本情况见表 1-26。

表 1-26　××井的基本情况

地理位置	苍溪县××镇
构造位置	九龙山背斜西南翼近轴部
钻井日期	2012.08.29—2013.06.08
钻井井队	70579SL
井　别	开发评价井
井　型	水平井
完钻井深	5480m
人工井底	5480m
完钻层位	须家河二段
完井方式	裸眼完井

2．井身结构

××井井身结构如图 1-103 所示。

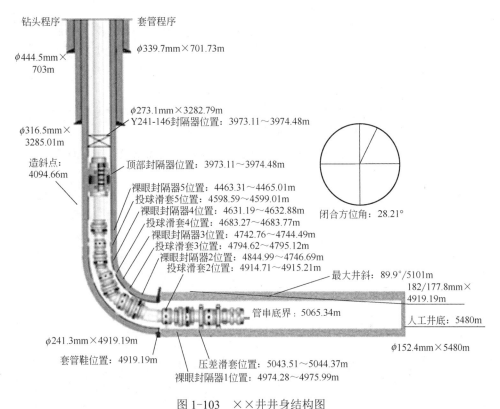

图 1-103　××井井身结构图

3．施工及处理过程

该井组下裸眼封隔器至裸眼段内遇阻，上提遇卡，经反复活动未能解除阻卡；丢手后采用专用工具及震击器进行打捞未提动；光油管回接后多次坐封均未成功，且经 3 次试压裂未能压开地层。最后重新组下 Y241-146 封隔器。

酸压施工低压顶替前置酸 0.5m³（泵压由 12.1MPa 上升至 22.1MPa）时封隔器有坐封迹象（出口不返液），后转为环空补液 6m³，高压挤入酸液，泵压为 70MPa，环空压力由 44.9MPa 突然上升至 53.8MPa，判断封隔器失效，采用大排量坐封封隔器不成功（出口连续返液）。提高环空限压至 70MPa，起泵后环空压力快速达到限压值，低压顶替 35m³ 酸液静止浸泡地层，再次起泵后环空压力快速达到限压值，再次进行试挤时发现封隔器突然坐封。而后在施工油管限压 95MPa 条件下试挤无法压开地层。

4．原因分析

（1）组下裸眼封隔器前按设计进行了磨铣、刮管、通井作业，井筒作业得到工具方认同，裸眼井段的不稳定性导致工具组未下到位。

（2）多次试坐封裸眼封隔器均未成功，证明裸眼封隔器存在质量问题。

（3）顶封丢手后采用专用工具及震击器进行打捞未成功，分析双向卡瓦未能收回，导致管柱卡死。

5．认识及建议

（1）完井作业前需对裸眼水平井进行充分预处理，控制井壁垮塌风险。

（2）加强对裸眼井技术攻关，制订关键控制措施。

（3）加强工具应急处理预案工作，出现异常情况对现场应有指导性。

第二章 采气井井口装置及地面管线故障诊断与处理

在生产过程中，气液混合物从井下流至地面，井口装置作为井下与地面管线的中间"纽带"，在生产过程中发现问题及故障需要及时判断与处理。故障排除后，要及时观察效果，总结经验，以保证采气井的正常生产。本章主要内容为高低压采气井、含砂气井井口装置及地面管线常见生产故障的诊断与处理，仅供大家参考。

第一节 气井井口装置

气井井口装置由套管头、油管头和采气树组成。其主要作用是：悬挂油管；密封油管和套管之间的环形空间；通过油管或套管环形空间进行采气、压井、洗井、酸化、加注防腐剂等作业；控制气井的开关，调节压力、流量。气井井口装置如图 2-1 所示。

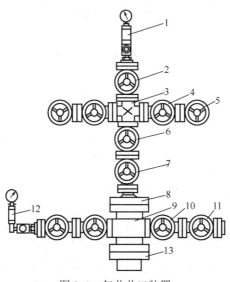

图 2-1　气井井口装置

1，12—压力表缓冲器；2—测压闸阀；3—小四通；4—油管闸阀；5—节流阀；
6，7—总闸阀；8—上法兰；9—大四通；10，11—套管闸阀；13—底法兰为便于操作、维护和管理，井口装置上的阀门按"逆时针从中至左至右"的原则，进行编号。井口装置的编号顺序：正对采气树，按逆时针方向从内向外依次编号为1号阀、2号阀、3号阀，4号阀、5号阀、6号阀，7号阀、8号阀、9号阀，10号阀、11号阀（图2-2）。

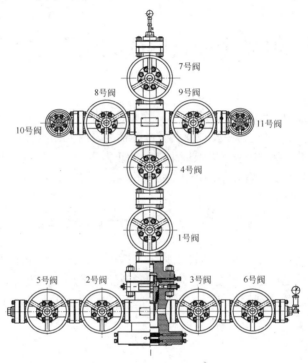

图2-2 井口装置阀门标注示意图

井口装置的表示方法见图2-3。

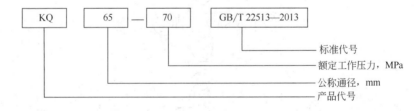

图2-3 井口装置的表示方法

产品代号用汉语拼音字母表示，公称通径用数字表示，单位为mm，额定工作压力单位为MPa，标准代号通常可以省略。例如KQ65-70 GB/T 22513—2013抗硫采气井口装置，其中K代表抗硫，Q代表采气，65代表井口装置通径为65mm，70代表井口装置的额定工作压力为70MPa，采用GB/T 22513—2013《石油天然

气工业 钻井和采油设备 井口装置和采油树》标准生产的采气井口装置。

通常采气井口装置按额定工作压力分为 14 MPa、21 MPa、35 MPa、70 MPa、105 MPa、140 MPa 六个压力等级。

一、套管头

套管头是为了支持、固定下入井内的套管柱，安装防喷器组、采气树等其他井口装置，而以螺纹或法兰盘与套管柱顶端连接并坐落于外层套管的一种特殊短接头。在套管头内还设置套管悬挂器，用以悬挂相应规格的套管柱，并密封环空间隙。

套管头由套管头本体、套管悬挂器、套管头四通、密封衬套、底座五部分组成。套管头的分类方式较多，其中：

按密封环空的方式分为：橡胶密封套管头、金属密封套管头。

按悬挂套管的层数分为：单级套管头、双级套管头和三级套管头。

按本体的组合形式分为：单体式、组合式。

按悬挂套管方式分为：卡瓦式套管头和芯轴式套管头。

（一）芯轴式套管头

芯轴式套管悬挂器是由芯轴、主密封金属环、主密封压环、卡簧等组成。芯轴式套管悬挂器和芯轴式套管头如图 2-4 所示。

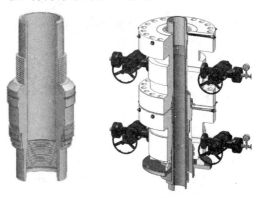

图 2-4　芯轴式套管悬挂器和芯轴式套管头

与卡瓦式悬挂器相比，它结构简单、不需要在井口切割套管和磨削破口，而且不存在挤扁套管、卡瓦牙咬伤套管的问题，对于井口稍微偏斜、卡瓦不易卡紧套管的气井尤为适用。但它的悬挂能力较小，对套管的安装长度要求严格。

目前芯轴式套管悬挂器下部一般设计成与套管相应的特殊内螺纹，上部扣型与联顶节扣型一致。芯轴中部外圆加工有与套管头四通内孔相适应的承载台肩，用于在套管头四通内坐挂套管柱。当套管头四通上部法兰上的 10 条顶丝旋紧后，通过主密封压环对主密封金属环产生下压楔紧力，通过特制的异型主密封金属环弹性变形来实现刚性密封。芯轴上部外圆还加工有副密封装置的安放位置，与油管头二次副密封组件配合，实现套管环空的二次增强密封。

（二）卡瓦式套管头

卡瓦式套管悬挂器主要由卡瓦、补芯、导向螺钉、压板、胶圈、垫板、连接螺栓等组成。套管柱自身重量所产生的轴向载荷，通过卡瓦背部锥斜角产生一个径向分力，这个径向分力使卡瓦卡紧套管。在套管头设计中，把这个径向分力达到挤毁套管时的值定为悬挂器极限载荷，如果能减小这个分力，又不使套管滑脱，就可增大悬挂器承载能力。卡瓦悬挂器对套管安装长度要求不严，高出井口多余套管可用专用工具割掉，这给安装井口带来很多方便。CS-3 型卡瓦悬挂器和卡瓦式套管头如图 2-5 所示。

图 2-5　CS-3 型卡瓦悬挂器和卡瓦式套管头

二、油管头

油管头用来悬挂油管和密封油管和套管之间的环形空间，其结构有锥座式、直座式两种。

油管头由大四通、油管悬挂封隔机构（油管挂）、平板阀等部件组成（图 2-6），在油管头的一侧旁通可安装压力表，以观察和控制油管柱与套管柱之间环形空间内的压力变化，在两侧旁通都安装有闸阀，以便进行井下特殊作业。

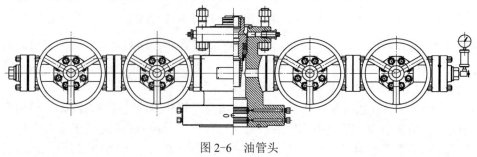

图 2-6　油管头

油管挂下端加工有内螺纹，可直接挂接 88.9mm 外加厚油管，或通过油管短节挂接 73mm 油管。油管挂上端加工有内螺纹，可挂接钻杆后取出油管柱。为保护油管挂上部内螺纹，在油管挂上端内还旋有一个护丝。

油管挂通过油管头四通上的顶丝固定在油管头上，顶丝孔内安装有 V 形填料和压环，通过填料压盖压紧填料使顶丝和孔壁达到密封。顶丝的主要作用是防止油管挂在井内压力的作用下被顶出。

油管头两侧安装有套管阀门，用于控制油、套管的环空压力。套管阀门一端接有压力表，可观察采气时的套管压力。从套管采气时，套管阀门可用于开关气井。修井时，套管阀门可作为循环液的进口或出口。

（一）锥座式油管头

如图 2-7 所示，锥座式油管头由 10 个部分组成，油管挂是一个锥体，外面有三道密封圈，油管挂坐在大四通的内锥面上，在油管自重作用下密封圈和内锥面密合，隔断了油管和套管之间的环形空间。顶丝顶住油管挂的上斜面，以防止在上顶力的作用下油管挂位移。锥座式堵塞器投入油管通道后即可更换总阀门，如果卸掉上法兰以上部分，装上不压井起下钻装置即可起出油管。

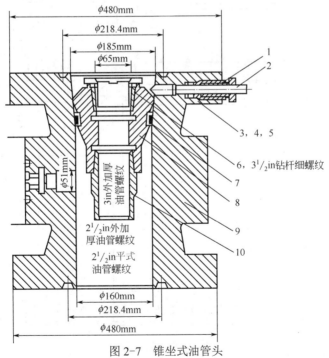

图 2-7　锥坐式油管头

1—压帽；2—顶丝；3，4，5—密封圈座；6—护丝；7—O 形密封圈；
8—油管柱；9—大四通；10—油管挂

锥座式油管头的缺点是锥面密封压得很紧，上提油管时要较大的起重力，同时密封圈容易损坏。为了克服这些缺点，目前设计的采气井口多采用直座式油管头。

（二）直座式油管头

直座式油管头由 12 个部件组成，油管挂和上法兰的孔之间也装有两道复合式自封密封填料（图 2-8）。上法兰有小孔与油管挂上部环形空间连通，通过此孔可以测出环形空间的压力，以了解油管挂密封圈和油管挂上复合式密封圈的密封是否良好。直座式油管头的油管挂和大四通两侧的侧翼阀孔道中，设计有安装堵塞器的座子，必要时可送入堵塞器堵塞油管或侧翼阀孔道，在不压井的情况下更换总阀门或套管阀门。

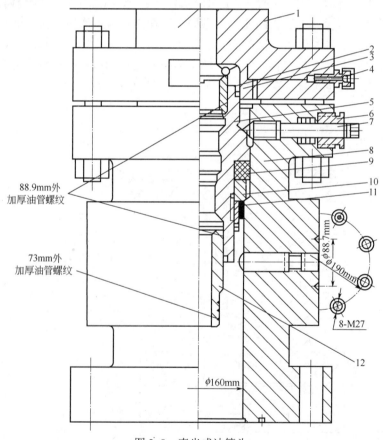

图 2-8　直坐式油管头

1—上法兰；2—护丝；3—自封密封填料；4—测压接头；5—油管挂；6—压帽；7—顶丝；

8—大四通；9—密封圈；10—金属托圈；11—圆螺母；12—油管短节

三、采气树

油管头以上部分称为采气树，由闸阀、角式节流阀和小四通组成。通过采气树可以进行开关气井、调节压力、调节气量、循环压井、下井下压力计测量气层压力和井口压力等作业。

（一）采气树各部件的作用

总闸阀：安装在上法兰上，是控制气井的最后一个闸阀。总闸阀非常重要，一般处于开启状态，如果要关井，可以关采气树侧翼油管闸阀。总闸阀一般有两个，以保证安全。

小四通：安装在总闸阀上面，通过小四通可以采气、放喷或压井。

油管闸阀：当气井用油管采气时，用来开关气井。

节流阀（针型阀）：用于调节气井的生产压力和气量。

测压闸阀：通过测压闸阀使气井在不停产的情况下，进行井底测压、测温、取样作业。其上接压力表可观察采气时的油管压力。

压力表缓冲器：装在压力表截止阀和压力表之间，内装隔离液，隔离液对压力表启停起压力缓冲作用，以防止压力表突然受压损坏。在含硫气井上，隔离液能防止硫化氢进入压力表造成压力表的腐蚀。

套管闸阀：用于控制套管的闸阀，一端接有压力表，可观察采气时的套管压力。从套管采气时，套管闸阀用于开关气井。修井时，套管闸阀可作为循环液的进口或出口。

（二）采气树各部件的结构

1. 闸阀

采气树闸阀按闸板形式分为楔形闸板阀和平行闸板阀两种。

1）楔式闸板阀

阀门两侧密封面不平行，密封面与垂直中心线成某个角度，阀板呈楔形，楔形闸阀是靠楔形金属闸板与金属阀座之间的楔紧实现密封（图2-9）。阀杆为明杆结构，能显示开关状态。采用轴承转动，操作轻便灵活。轴承座上有加油孔，可给轴承加油润滑。在轴承座和阀杆螺母之间加有O形密封圈，密封圈采用聚四氟乙烯，配合金属密封环，具有密封可靠和抗硫化氢腐蚀的性能。

2）平行闸板阀

平行闸板阀是井口装置上最常用的阀门，密封面与垂直中心线平行，是两个密封面互相平行的闸阀，主要由阀体、阀杆、尾杆、闸板、阀座、阀盖等零部件构成（图 2-10）。

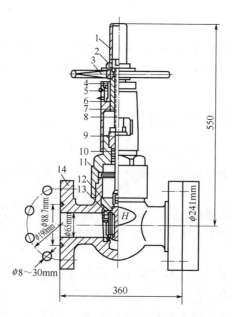

图 2-9　KQ-350 型采气井口楔式闸板阀

1—护罩；2—螺母；3—手轮；4—轴承盖；5—轴承；6—阀杆螺母；7—轴承座；8—阀杆；

9—压帽；10—密封圈；11—阀盖；12—闸板；13—阀座；14—阀体

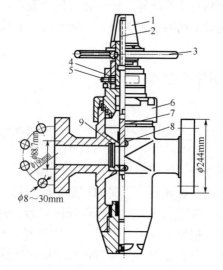

图 2-10　采气井口平行闸板阀

1—护罩；2—阀杆；3—手轮；4—止推轴承；5—黄油嘴；

6—阀盖；7—闸板；8—阀座；9—密封圈

平行闸板阀是一种有导流孔的平板闸阀，靠金属阀板与金属阀座平面之间的自由贴合实现密封作用。需要注意的是平板阀的闸板、阀座是借助介质压力作用在波行弹簧的预紧作用力下使其处于浮动状态而实现密封，因此阀门开关到位以后，一定要回转 1/4～3/4 圈使闸板、阀座处于浮动状态，不能把平板阀当楔形阀使用。该阀为明杆结构，并带有平衡尾杆，从而大大降低了操作力矩。

2．角式节流阀

节流阀也称为针形阀，用于井口节流调压，主要由阀体、阀针、阀座、阀杆、阀盖、传动机构组成（图 2-11）。节流阀的安装具有方向性，一般为针尖正对气流方向。

旋转传动机构，带动阀杆及与相连的阀针上下运动，进入和离开阀座，从而达到对天然气进行节流降压的目的。通过调节节流阀的开度，改变阀针和阀座之间间隙的大小，进而改变天然气气流的流通面积，起到调节天然气流量的作用。为抗高压、高速流体冲蚀，阀杆的阀针和阀座套采用硬质合金材料，以提高使用寿命。

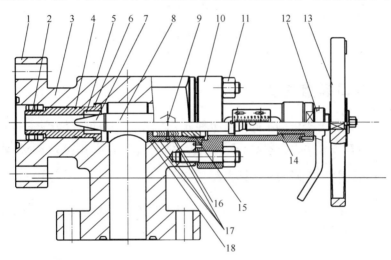

图 2-11　节流阀结构图

1—法兰；2—阀座压套；3—阀体；4—O 形圈；5—阀座；6—密封钢圈；7—针尖；
8—阀杆；9—注脂器；10—阀盖；11—螺母；12—锁紧螺栓；13—手轮；14—轴承；
15—填料压帽；16—V 形填料；17—O 形密封圈；18—密封圈下座

3．压力表截止阀和缓冲器

缓冲器内有两根小管 A、B，缓冲器内装满隔离油（变压器油），当开启截止阀后，天然气进入 A 管，并压迫隔离油（变压器油）进入 B 管，并把压力值传递到压力表（图 2-12）。由于隔离油（变压器油）作为中间传压介质，硫化氢不直接接触压力表，使压力表不受硫化氢腐蚀。泄压螺钉起泄压作用，当更换压力表时，关闭截止阀，微开螺钉，缓冲器内的余压由螺钉的旁通小孔泄掉。

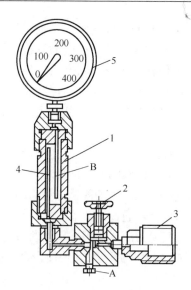

图 2-12 压力表缓冲器

1—缓冲器；2—截止阀；3—接头；4—泄压螺钉；5—压力表

四、井口装置种类

井口装置根据分类依据不同，有多种分类方法。常见的分类方法有按井口装置外形划分、按额定工作压力划分、按额定工作温度划分、按所用材料级别划分等。

（一）根据井口装置外形分类

根据井口装置外形可分为十字双翼井口采气树、Y 形双翼井口采气树、整体式采气树（图 2-13）。

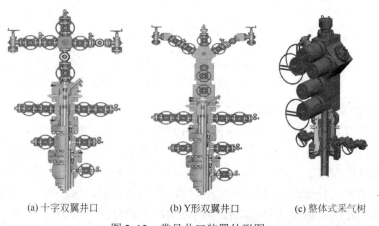

(a) 十字双翼井口   (b) Y 形双翼井口   (c) 整体式采气树

图 2-13 常见井口装置外形图

（二）根据井口装置额定工作压力分类

根据井口装置额定工作压力可分为 14MPa、21MPa、35MPa、70MPa、105MPa、140MPa 六种压力级别。采气井井装置零部件的额定工作压力应按其端部或出口连接的额定工作压力确定。当端部或出口连接的额定工作压力不同时，应按其较小的额定工作压力来确定。

（三）根据井口装置额定工作温度分类

根据井口装置额定工作温度可分为 K、L、P、R、S、T、U、V 8 种类型（表 2-1）。

表 2-1　井口装置按额定工作温度分类表

温度类型	作业范围，℃	
	最小值	最大值
K	−60	82
L	−46	82
P	−29	82
R	室温	
S	−18	66
T	−18	82
U	−18	121
V	2	121

（四）根据井口装置所用材料分类

根据井口装置所用材料可分为 AA、BB、CC、DD、EE、FF、HH 7 种类别（表 2-2）。

表 2-2　井口装置按所用材料分类表

材料类别	材料最低要求	
	本体、盖、端部和出口连接	阀杆、芯轴、悬挂器
AA（一般使用）	碳钢或低合金钢	碳钢或低合金钢
BB（一般使用）	碳钢或低合金钢	不锈钢
CC（一般使用）	不锈钢	不锈钢
DD（酸性环境）	碳钢或低合金钢	碳钢或低合金钢

续表

材料类别	材料最低要求	
	本体、盖、端部和出口连接	阀杆、芯轴、悬挂器
EE（酸性环境）	碳钢或低合金钢	不锈钢
FF（酸性环境）	不锈钢	不锈钢
HH（酸性环境）	抗腐蚀合金	抗腐蚀合金

五、其他

（一）井口保护器

井口保护器是气井井口的一种安全装置，可降低和避免高压采气管线在运行过程中出现破裂等异常情况造成的危害。它可以通过设定关闭差压（保护器前、后差压），在采气管线发生破裂时自动切断气源，避免事故扩大。

1. 井口保护器的结构

井口保护器的结构如图 2-14 所示，装置主要由壳体、可调锥体（孔板）、浮动芯体、弹簧等组成。

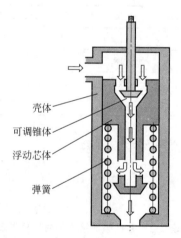

壳体
可调锥体
浮动芯体
弹簧

图 2-14　井口保护器的结构图

2. 井口保护器的工作原理

井口保护器作为气井井口的一种安全保护装置，是通过设定关闭压差来实现紧急情况下的自动关闭。气井在正常生产情况下，弹簧的作用力使可调锥体与浮动芯体保持敞开状态，当高压集气管线破裂或出现异常情况漏气时，保护器下游压力突然降低，保护器前后压降增大，进而压缩弹簧，推动浮动芯体，直至浮动芯体封堵可调锥体，天然气断流。

（二）YKJD 型远程控制紧急截断阀

在正常工作条件下，由于使阀瓣关闭的回坐弹簧力与平衡块对控制杆的钩嵌约束力，以"月牙"偏心轴的轴线为轴心构成了一对平衡力矩，因而维持阀门的开启状态。当装置采集到的控制压力信号超越了设定的上限或下限值，那么由压力传感器的液压力、上限弹簧力、下限弹簧力构成的平衡关系即被打破，平衡块的挂钩将释放对控制杆的约束；在回坐弹簧力的推动下阀瓣将快速向阀座运动，切断管线气流，起到保护作用，如图 2-15 所示。

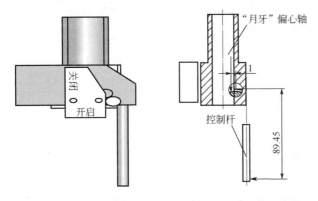

图 2-15　YKJD 型远程控制紧急截断阀正常工作示意图

借助单井数据无线远程传输技术，生产指挥中心和集气站可远程控制截断阀开关。同时，可将阀门的开关状态反馈到生产指挥中心和集气站。图 2-16 所示为井口 YKJD 型远程控制紧急截断阀实物图片。

图 2-16　井口 YKJD 型远程控制紧急截断阀实物图

1．超压保护

如图 2-17 所示，当压力传感器（YGM314）中的推杆力（Ftg）大于由压缩弹簧（Hg）所设定的值时，挺杆向下运动，使得平衡杆（Gph）围绕销轴（Ogz）顺时针转动，销钉（XDsx）被推着向上运动，使平衡块（Kph）绕销轴（Okz）顺时针旋转。平衡块的挂钩失去对控制杆（Gkz）的约束，控制杆被释放，回坐弹簧力推动阀瓣快速向阀座运动，切断管线气流，起到保护作用。

图 2-17　压力传感器（YGM314）

2．欠压保护

当压力传感器（YGM314）中的推杆力（Ftg）小于由压缩弹簧（Hd）所设定的值时，挺杆向下运动，使得平衡杆（Gph）围绕销轴（Ogz）逆时针转动，销钉（XDxx）被推着向下运动，使平衡块（Kph）绕销轴（Okz）顺时针旋转。平衡块的挂钩失去对控制杆（Gkz）的约束，控制杆被释放，回坐弹簧力推动阀瓣快速向阀座运动，切断管线气流，起到保护作用。

3．紧急按钮的操作

紧急按钮如图 2-18 所示。按下紧急截断按钮时，紧急截断按钮推杆下顶急断销钉（XDjd），急断销钉拨动平衡块顺时针转动，回坐弹簧力推动阀瓣移向阀座，截断管道气流，起到保护作用。

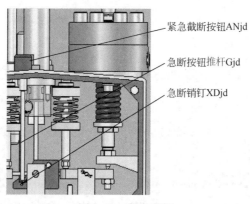

图 2-18　紧急按钮

4．远程控制开井

在具备开井条件下，截断阀控制系统接收到开阀指令后，截断阀提升气缸进气，活塞上移，带动齿条、阀杆、阀瓣向上动作。上升到位后，复位气缸进气，活塞上移，带动提升跷板拨动复位挡销，挡销带动气动转臂绕月牙形支撑轴旋转，控制杆在气动转臂的带动下嵌入平衡块挂钩内，完成开井动作，如图2-19所示。

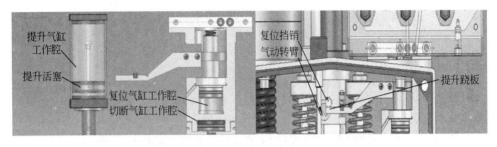

图2-19　截断阀的远程控制开井

5．远程控制关井

截断阀控制系统接收到关阀指令后，切断气缸进气，带动活塞下行，通过挺杆使平衡杆旋转，打破原有平衡状态，平衡块挂钩释放控制杆，回坐弹簧力推动阀瓣快速向阀座运动，完成关井动作，如图2-20所示。

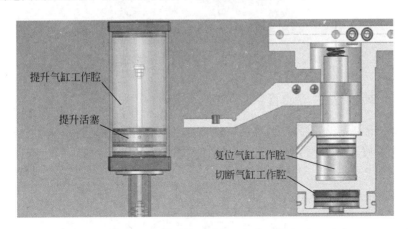

图2-20　截断阀的远程控制关井

井口、地面的压力变送器、流量计等在此节不赘述，本书的第四章、第五章会详细讨论。

第二节 采气井井口装置常见故障的
诊断与处理

本节内容主要包括采气树、井口阀门、井口保护器的故障判断、分析及处理。

一、采气树泄漏

（一）双公短节下部卡瓦处泄漏

泄漏原因：因表层套管与油层套管环空已经过正注反挤水泥作业，所以泄漏原因只有可能是油层套管有破损，导致卡瓦处泄漏。

处理方式：将泄漏部位进行封固，图2-21所示为现场施工图片。

图2-21 封固双公短节下部卡瓦现场施工图片

（二）转换法兰与油管头连接处泄漏

泄漏原因：该部位为法兰连接，依靠法兰间钢圈进行密封，属于金属密封，密封效果最好，该处泄漏则是因为该处法兰螺栓松紧度不均匀，即一侧高一侧低。油管头见图2-22、图2-23。

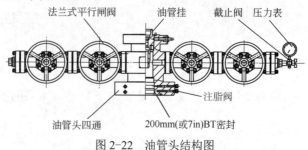

图2-22 油管头结构图

图 2-23　油管头实物图片

处理方式：将泄漏部位周围的对角螺栓调均匀并拧紧。调整后如果仍然泄漏，则必须进行压井，更换此处钢圈，严重时还需更换法兰。

（三）油管头顶丝处泄漏

泄漏原因：油管头顶丝（图 2-24）上部有两道 O 形圈密封，下部有一道方形密封圈与一道 O 形密封圈，正常情况下不可能泄漏。如果主密封发生泄漏，可拧紧顶丝，使主密封的方形密封圈膨胀进行密封，同时通过采油树变径法兰上的试压孔注入大量的密封脂补偿泄漏间隙。如果副密封发生泄漏，只能通过采油树变径法兰上的试压孔注入大量的密封脂补偿泄漏间隙。如果仍然泄漏，只能将顶丝卸下缠绕密封胶带，利用顶丝自身来进行密封。

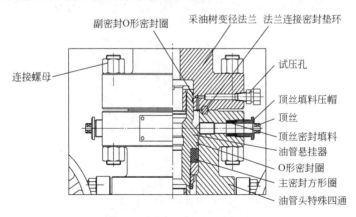

图 2-24　油管头顶丝结构图

处理方式：拧紧顶丝无效后，则需加注密封脂进行密封。若仍然无效，则必须使用顶丝自身缠绕密封胶带进行密封，严重情况下需要压井，更换主副密封件及顶丝。

（四）油管头上法兰与采气树连接处泄漏

泄漏原因：该部位为法兰连接，依靠法兰间钢圈进行密封，属于金属密封，密封效果最好，该处泄漏则是因为主副密封有一项或两项密封失效，同时法兰面不均匀或者钢圈密封面损坏。经过采气树泄漏处理（油管头顶丝处泄漏的处理）仍泄漏，则可判定为钢圈密封面损坏。

处理方式：拧紧顶丝无效后，则需加注密封脂进行密封。若仍然无效，则必须实施压井，更换主副密封件及钢圈。视顶丝是否泄漏决定是否更换顶丝。

（五）油管头上法兰与采气树连接处试压孔泄漏

泄漏原因：如果是试压孔螺纹泄漏，说明油管挂的主密封或者是副密封泄漏，还有可能是主、副密封均发生泄漏，可通过主、副密封处理方式进行处理。试压孔螺纹泄漏，可通过拧紧试压孔上注脂阀螺纹解决。

处理方式：拧紧顶丝无效后，则需加注密封脂进行密封。若仍然无效，则必须实施压井，更换主副密封件。视顶丝是否泄漏决定是否更换顶丝。试压孔螺纹泄漏时，只需拧紧即可。

（六）采气树各法兰连接处泄漏

泄漏原因：采气树（图 2-25）为法兰连接，依靠法兰间钢圈进行密封，属于金属密封，密封效果最好，该处泄漏则是因为该处法兰螺栓松紧度不均匀，即一侧高一侧低。

图 2-25　采气树实物图片

处理方式：将泄漏部位周围的对角螺栓调均匀并拧紧。调整后如果仍然泄漏，则必须进行压井，更换此处钢圈，严重时还需更换法兰。

二、阀门故障

（一）楔形阀故障

1. 阀门操作力矩较大

故障原因：由于楔形阀结构（图2-26）的特殊性，造成故障的原因可能是阀杆与填料接触部位有毛刺或传动部位被异物卡阻或者阀杆弯曲。

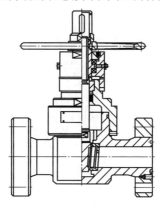

图 2-26　楔形阀结构

处理方法：检查有可能产生故障的部位；清除毛刺，添加润滑脂或者更换阀杆。

2. 阀杆密封填料泄漏

故障原因：由于阀杆使用时间长或因介质腐蚀性强而阀杆被严重腐蚀造成泄漏，或填料压缩量不足、磨损（图2-27）。

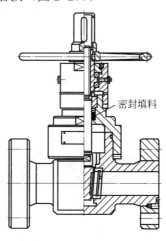

密封填料

图 2-27　阀门填料位置图

处理方法：检查可能产生故障的部位；查清故障原因，更换阀杆或增加、更换填料。

（二）针形阀故障

针形阀（图2-28）属于易损件，其缺点是节流嘴容易被介质冲刷而造成不能节流。日常生产中，要时刻观察针形阀下部流程压力变化，及时更换针形阀或针形阀上的节流油嘴，避免介质压力过高损坏针形阀以下的设备。

图2-28　针形阀示意图

（三）平板闸阀故障

1. 阀门内漏（闸板与阀座之间渗漏）

如果闸板与阀座之间发生渗漏现象（图 2-29），可通过阀盖上注脂阀注入密封脂。如果泄漏严重，就必须更换阀门。

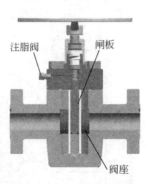

图2-29　阀门填料位置图

2．阀盖与阀杆之间密封圈泄漏

阀盖与阀杆之间密封圈若发生泄漏（图 2-30），可对密封圈进行更换，或通过阀盖上注脂孔注入密封脂，以补偿泄漏间隙。

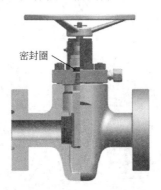

图 2-30　阀门密封圈位置示意图

3．阀体与阀盖之间泄漏

井口在使用过程中，由于介质作用会发生振动，阀门螺栓有可能会由于振动、氧化引起退扣、松动现象，这样就会引起阀盖与阀体之间的泄漏。此故障解决的方法只需将阀盖上的螺母拧紧即可，如图 2-31 所示。注意拧紧螺母时一定要对称拧紧，在拧紧前要仔细检查阀盖与阀体之间有无间隙，如果没有间隙（密封垫环是单面密封）就不要再拧螺母，以防止泄漏越来越严重。

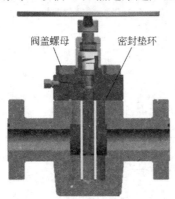

图 2-31　阀体、阀盖、密封垫环位置图

如果需更换密封垫环，应先关闭阀门或主阀；然后依次拆卸手轮、止动螺钉、轴承座、阀杆螺母、连接螺栓；取出密封垫环，检查有轻微损伤时，可用细油石打磨；若密封垫环损伤严重时，应更换新的密封垫环。更换新的密封垫环后，应将该密封垫环的标记记录下来。当阀体密封垫环槽损伤严重时，则需要更换主阀。

更换非主控阀时应先关闭主控阀，然后更换阀门。

三、井口保护器的常见故障及处理

常见的井口保护器有图 2-32、图 2-33 所示两种类型的阀芯。井口保护器的常见故障点及排除方法见表 2-3。

图 2-32　KQB2½-B 型保护器阀芯

图 2-33　KQB2½-A 型保护器阀芯

表 2-3　井口保护器的常见故障及排除方法汇总

常见故障	排除方法
保护器频繁坐封	(1) 通道聚集污物过多，过流压降增大，致使阀芯频繁坐封，应彻底清洗阀芯； (2) 弹簧使用时间过长，材料性能降低，应更换新弹簧； (3) 关闭灵敏度过高，可适当调大调节杆开度，降低灵敏度，或者更换刚度稍大的弹簧； (4) 气流中含水，波动压力较大，致使阀芯坐封，可适当调大调节杆开度或者更换刚度稍大的弹簧
坐封不严阀芯漏气	(1) 拆下保护器，检查所有密封圈，更换破损的密封件； (2) 阀芯变形，无法密封，更换阀芯
保护器不坐封	(1) 检查阀芯是否断裂、变形，如有，应及时更换； (2) 污物堵塞阀芯滑行通道，阀芯无法动作，应取出阀芯，进行彻底清洗； (3) 调节杆开度过大，少量泄漏产生的压降不足以压缩弹簧致使阀芯坐封，可适当调小调节杆的开度

四、管线的常见故障及处理

井口管线（图 2-34）冻堵是井口管线常见的故障。若气井套压大幅度上升，油压大幅度上升，流量计无流量显示，外输压力为地面管线压力，针形阀下游压力与外输压力相同，则井口生产针形阀堵塞。如果气井井口针形阀至流量计套压大幅度上升，油压大幅度上升，流量计无流量显示，地面管线压力上升，则地面管线某处发生堵塞。

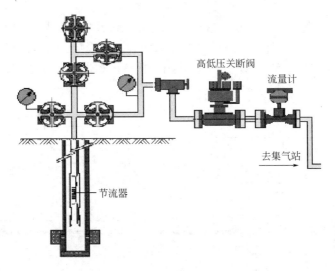

图 2-34　井口管线示意图

天然气解堵的方法有化学试剂解堵法（甲醇）、天然气加热法（加热炉）、放空降压解堵法。目前最常用的是放空降压解堵法和化学试剂解堵（甲醇解堵）。

放空降压解堵是利用集气站火炬通道进行泄放，通过降低压力，增大堵点压差，达到解堵的目的。此方法的不足之处在于需要集气站内人员配合倒换流程，风险较大，控制难度较大，容易造成环境污染或火雨。

注醇解堵是利用甲醇的低凝固点，与天然气混合后在低温环境中不易形成水合物，通过降低天然气在低温环境中的凝点达到解堵的目的。其缺点是甲醇具有较高的毒性，会导致操作人员失明。

第三节　采气井井口装置及地面管线的故障案例分析

本节内容就实际生产过程中采气井井口装置及地面管线出现的故障案例进行具体分析。

案例 1　气井井筒积液

（一）异常情况描述

气井生产过程中产出的地层水、凝析水，在气井自身携液能力不足的情况下，不能随气流带出地面，逐渐在气井井筒或近井地带聚集，引起回压上升，井口压力降低，产气、产水量下降，气井生产能力受到严重影响。气井井筒出现积液时，由于静液柱自身重力产生的压力，反映出气井套压缓慢上升，油压、套压差呈增大趋势，产气量、产水量下降（图2-35）。

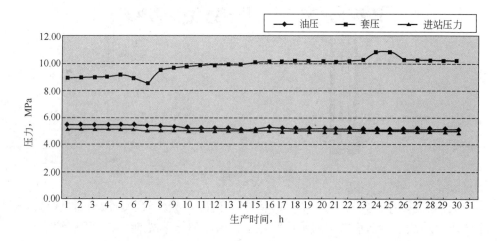

图2-35　××井压力变化情况

（二）判断方法

目前判断气井井筒积液程度的方法主要有以下两种：

（1）利用连通器原理：气井生产时油压、套压呈正常的生产压差，井筒内出现积液时，油压、套压差相当于静液柱自身重力产生的压力，通过 $\Delta p = \rho g h$ 可以估算，一般油压、套压差每增大1MPa，井筒内积液深度增大100m。

（2）下压力计探液面：在井筒内下压力计，监测井筒内压力变化情况，当压力计下入液面以下后，压力数据出现异常，通过数据回放，折算出液面部位的压力梯度，从而计算出液面深度。

（三）处理措施

针对气井井筒积液这一问题，着重动态分析气井的生产状况，制定合理的生产制度，定期提产带液，气井生产不稳定时，及时调整生产制度，使气井能够正常、稳定携液生产。对产气量较小、携液能力较低的气井，采取站内连续加注起泡剂、井口间歇加注低密度泡排棒、放空带液等助排措施，改善或恢复气井的生产能力。

案例2　气井采气树或油管堵

（一）异常情况描述

低产气井由于产气量较小，近井地带热损失增大，在冬季环境气温较低时，容易在油管内或采气树阀门、弯头处节流形成水合物堵塞。间歇井生产至系统压力时，需关井恢复压力，气井产出的部分地层水停留在采气树部位，导致采气树冻堵（图2-36）。

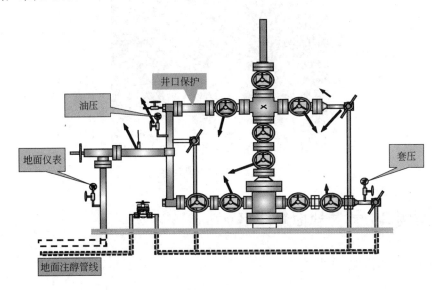

图2-36　采气树

另外，气井加注的缓蚀剂在井底高温、高压环境下变质，与气井产出的泥砂等脏物混合在一起堵塞油管，这种情况相对很少见，在这里不做详细分析。

（二）判断方法

采气树或油管堵塞后，气井反映出的生产情况是油压、进站压力、产气量、产水量下降，但与气井井筒积液情况相比，各参数的下降速度要快得多。因此，在确认保护器没有坐封的情况下，可以根据气井油压下降速度来判断气井采气树或油管是否堵塞。另外，气井采气树泄压时打开7号阀门没气出来、关井口阀门过程中听到有挤压冰的声音，都可以判断为气井采气树冻堵。

（三）处理措施

由于气井采气树或油管堵塞后，只能倒为油管注醇流程，加注甲醇进行浸泡，解堵难度较大。因此，针对采气树或油管频繁堵塞的气井，加强日常管理力度，重点关注气井各项生产数据；生产过程中注醇方式倒为油管注醇流程，适当提高注醇量；采取对气井采气树进行保温的措施（图 2-37），尽量减少热损失，降低气井采气树或油管堵塞的频次。

图 2-37　采气树保温效果图

案例 3　气井地面管线堵

（一）异常情况描述

冬季低温环境下，由于气井采气管线中有游离水的存在，在高压、低温条件下，容易生成水合物，进而堵塞采气管线，影响气井正常生产。目前主要采用加注甲醇作为抑制剂防止气井水合物的生成。

地面管线由于注醇量不足而堵塞的主要影响因素如下：

（1）注醇泵连续不断向地面管线注入定量的甲醇，但是气井产水不能保持连续性，在气井突然产液的情况下，相对于单位水量的注醇量是不足的。

（2）由于注醇泵自身各种原因导致上量不好或不上量时，气井注醇量跟不上，导致地面管线堵塞。

（二）判断方法

水合物的生成与管线起伏程度、弯头及管线埋深有很大的关系，站内是通过对进站压力、产气量、注醇压力相互对比来判断地面管线是否堵塞，当注醇方式为地面注醇时，进站压力不断下降，直至与站内系统压力相平衡，注醇压力不断上升，产气量持续下降，直到产气量为零，如图 2-38 所示。

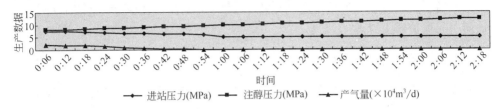

时间

→ 进站压力(MPa)　■ 注醇压力(MPa)　▲ 产气量(×10⁴m³/d)

图 2-38　地面管线堵塞时的压力、产气量与时间关系曲线

（三）处理措施

发现气井地面管线有堵塞现象时，及时采取有效措施是最主要的。因为水合物形成有一个过程，在水合物形成初期，站内采取加大注醇量和站内合理放空的措施进行解堵，一般可以解开；若站内无法解堵，则根据实际情况当天或次日安排人员、车辆及时解堵，避免长时间导致地面管线冰堵，给解堵工作带来困难（图 2-39）。还需要特别注意的是，冬季由于站内设备故障或降产需要关井时，在条件允许的情况下，最好安排人员关井，对地面管线积液进行吹扫，防止地面管线积液在低洼处聚集冻堵。

图 2-39　井口放空解堵图

案例 4　井口保护器频繁坐封

（一）异常情况描述

当气井高压集气管线破裂、出现异常刺漏时，气井井口保护器可以自动而可靠地关井，迅速截断井口气源，避免生产事故的发生。

冬季在生产过程中，由于调产相对比较频繁，产气量波动较大，导致保护器上、下游产生压力差，引起保护器坐封；地面管线积液或产生轻微堵塞现象时，集气站员工采取放空或解堵措施，气流突然增大，保护器孔板上、下游压差增大，从而引起保护器坐封。

（二）判断方法

判断井口保护器坐封主要是通过对进站压力、产气量、注醇压力相互对比的方式。

（1）当注醇方式为地面注醇时：进站压力不断下降，并且注醇压力也同步下降，产气量也不断下降，并且关小产气量时，进站压力和注醇压力不上升，见曲线图2-40。

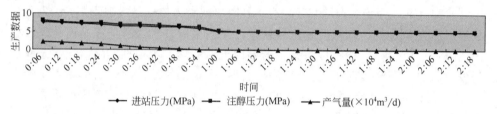

图2-40　井口保护器坐封时的压力、产气量与时间关系曲线

（2）当注醇方式为油管注醇时：进站压力不断下降，并且注醇压力也同步上升，产气量不断下降，并且关小产气量时，进站压力继续下降，注醇压力不断上升，见曲线图2-41。

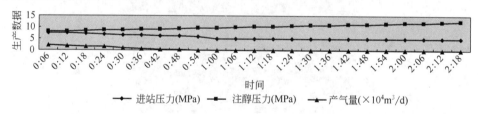

图2-41　井口保护器坐封或地面管线堵塞时的压力、产气量与时间关系曲线

出现此情况时，不要盲目地判断是保护器坐封或是地面管线堵塞，要到井口落实情况后方能确定，当井口地面压力和进站压力相平衡时为保护器坐封，当井口地面压力和油管压力相平衡时为地面管线堵塞。

（三）处理措施

针对保护器坐封原理进行相关专业知识培训，集气站员工在气井保护器坐封时，要根据气井生产情况分析坐封原因，总结经验；站内气井调产、提产带液操作时尽可能平稳、缓慢、合理控制阀门开度；站内放空解堵过程中，应注意控制放空气量及压力，禁止迅猛操作。针对坐封相对频繁的保护器，从气井产液情况、站内操作情况入手，认真分析坐封原因，及时进行拆卸检查，加强保养；对孔板为可调式的井口保护器，可适当调整孔板尺寸，减少产气量、产水量等正常生产波动造成的保护器频繁坐封。

案例5　二代保护器调节杆处漏气

（一）异常情况描述

二代保护器调节杆处漏气。

（二）查找原因

解体保护器后，发现保护器传动杆密封 V 形密封圈及 O 形密封圈全部损坏（图 2-42），无法密封。

（三）处理措施

采用注醇泵的柱塞密封 V 形密封圈替代原有密封圈（图 2-43），由于二代保护器无配件，且拆卸、检查、维修不便，若条件成熟可进行更换。

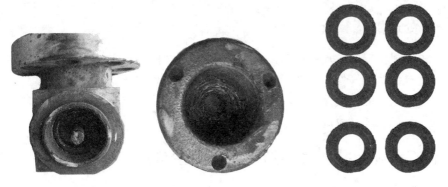

图 2-42　损坏图片　　　　　　　　　　图 2-43　原有密封圈

案例6　三代保护器灵敏度调整导致坐封问题

（一）问题描述

目前逆时针调整三代保护器灵敏度时，当手轮转不动时，保护器芯子过气量最大，保护器却常常处于节流或坐封状态。

（二）查找原因

调查发现，目前许多三代保护器（图2-44）无限位器，逆时针调整灵敏度时，当弹簧刚处于压缩状态时，如果继续转动手轮，此时过气量最大，但保护器芯子却处于坐封状态。

图2-44 三代保护器

（三）处理措施

对于没有限位器的三代保护器，安装时拆下保护器芯子，逆时针手动调节保护器灵敏度至弹簧刚好处于自然状态时，停止调节，此时保护器灵敏度最低。

对于有限位器的三代保护器，安装时不应该调节手轮至转不动，因为此时保护器已处于坐封状态，应拆下芯子按上述方法调节灵敏度。

案例7 ××井井口针形阀下游法兰刺漏

××井于1998年11月21日投产，投产至今累计生产天然气$1.5×10^8m^3$，累计产水6104.44m³。目前油压为13.00MPa，套压为10.60MPa，日配产$8×10^4m^3/d$，日均产水4.8m³。

为更换油管生产管柱、分析管柱腐蚀等目的，2011年7月，计划对该井实施气井大修作业，由于气井套管存在破损或穿孔等原因，压井作业未能成功，从而放弃修井作业，但期间拆装井口2次。2011年9月28日，该井按上级要求恢复生产，由于发现井口大四通法兰存在轻微渗漏，便将油管生产改为套管放压生产。

截至 2012 年 1 月 20 日刺漏事件发生前，该井井口生产流程如图 2-45 所示。

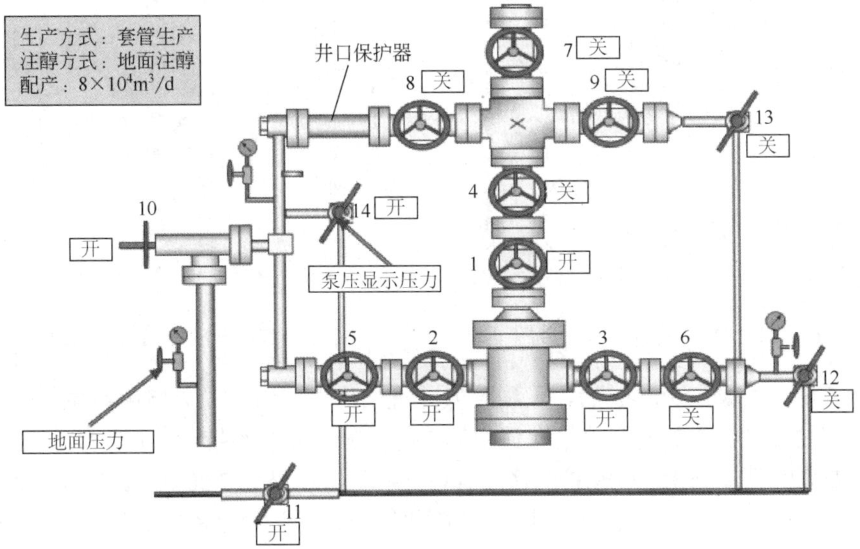

图 2-45　××井套管生产时井口流程

1，2，3，4，5，6，7，8，9，10，11，12，13—阀门

（一）事件经过

2012 年 1 月 20 日 15 时左右，集气站值班员工发现××井进站压力由 5.61MPa 缓慢降至 5.01MPa，泵压从 10.0MPa 缓慢降至 7.0MPa，对应外输瞬时流量从 18.57× $10^4m^3/d$ 下降至 14.43× $10^4m^3/d$（表 2-4、图 2-46、图 2-47），当班员工初步判断为地面管线微堵。

表 2-4　2012 年 1 月 20 日××井压力和对应外输流量数据表

时间	14：06	14：12	14：18	14：24	14：30	14：36	14：42
进站压力，MPa	5.61	5.62	5.6	5.58	5.49	5.35	5.32
外输流量，×10^4m^3/d	18.57	18.74	18.6	18.46	17.98	17.08	16.83
时间	14：48	14：54	15：00	15：06	15：12	15：18	15：24
进站压力，MPa	5.33	5.3	5.22	5.18	5.14	5.04	5.01
外输流量，×10^4m^3/d	16.66	16.24	15.63	15.18	14.76	13.82	14.43

20-Jan-12	15:24:00		5.01
20-Jan-12	15:18:00		5.04
20-Jan-12	15:12:00		5.14
20-Jan-12	15:06:00		5.18
20-Jan-12	15:00:00	进	5.22
20-Jan-12	14:54:00	站	5.30
20-Jan-12	14:48:00	压	5.33
20-Jan-12	14:42:00	力	5.32
20-Jan-12	14:36:00	下	5.35
20-Jan-12	14:30:00	降	5.49
20-Jan-12	14:24:00		5.58
20-Jan-12	14:18:00		5.60
20-Jan-12	14:12:00		5.62
20-Jan-12	14:06:00		5.61

图 2-46　××井进站压力截图

20-Jan-12	15:00:00		15.63
20-Jan-12	14:54:00		16.24
20-Jan-12	14:48:00	外	16.66
20-Jan-12	14:42:00	输	16.83
20-Jan-12	14:36:00	气	17.08
20-Jan-12	14:30:00	量	17.98
20-Jan-12	14:24:00	下	18.46
20-Jan-12	14:18:00	降	18.60
20-Jan-12	14:12:00		18.74
20-Jan-12	14:06:00		18.57
20-Jan-12	14:00:00		18.60

图 2-47　对应外输气量截图

当班员工观察 30min 后，发现××井进站压力、泵压及外输瞬时气量持续下降，于 15 时 30 分对××井采取放空解堵的措施，放空约持续 2h，但××井进站压力未见回升，仍为 5.00MPa（图 2-48），泵压显示仍为 7.00MPa。17 时 30 分放空结束，导入生产流程生产，此时外输瞬时气量显示为 $13×10^4 \text{m}^3/\text{d}$，1 月 20 日再未采取措施。

Numeric History	X01PI101		THE FIRST WELL PRESSURE		
et	00:00:00	Interval	6 min avg	View History Summary	
20-Jan-12	18:00:00	5.00	20-Jan-12	16:00:00	4.98
20-Jan-12	17:54:00	4.98	20-Jan-12	15:54:00	5.00
20-Jan-12	17:48:00	4.96	20-Jan-12	15:48:00	4.98
20-Jan-12	17:42:00	4.96	20-Jan-12	15:42:00	4.89
20-Jan-12	17:36:00	4.92	20-Jan-12	15:36:00	4.90
20-Jan-12	17:30:00	4.88	20-Jan-12	15:30:00	4.96
20-Jan-12	17:24:00	4.88	20-Jan-12	15:24:00	5.01
20-Jan-12	17:18:00	4.88	20-Jan-12	15:18:00	5.04
20-Jan-12	17:12:00	4.88	20-Jan-12	15:12:00	5.14
20-Jan-12	17:06:00	4.88	20-Jan-12	15:06:00	5.18
20-Jan-12	17:00:00	4.88	20-Jan-12	15:00:00	5.22
20-Jan-12	16:54:00	4.89	20-Jan-12	14:54:00	5.30
20-Jan-12	16:48:00	4.89	20-Jan-12	14:48:00	5.33
20-Jan-12	16:42:00	4.89	20-Jan-12	14:42:00	5.32
20-Jan-12	16:36:00	4.98	20-Jan-12	14:36:00	5.35
20-Jan-12	16:30:00	4.97	20-Jan-12	14:30:00	5.49
20-Jan-12	16:24:00	4.97	20-Jan-12	14:24:00	5.58
20-Jan-12	16:18:00	5.02	20-Jan-12	14:18:00	5.60
20-Jan-12	16:12:00	4.99	20-Jan-12	14:12:00	5.62
20-Jan-12	16:06:00	4.98	20-Jan-12	14:06:00	5.61

图 2-48　××井放空解堵情况

1 月 21 日 8 时，××井进站压力下降至 4.88 MPa（系统压力），泵压下降至

5.00 MPa，外输瞬时气量下降至 $12.88 \times 10^4 \text{m}^3/\text{d}$。

　　1月21日10时40分，分析判断井口出现异常，并立即安排大班员工落实井口压力，11时大班人员到达××井，发现井场有大量油污，井口有大量天然气刺出（图2-49、图2-50）。

图2-49　××井刺漏现场

图2-50　井场污染照片

　　11时大班人员发现××井险情后，立即通知集气站关闭××井进站截断阀、闸阀，并停关××井注醇泵，打开××井进站放空旋塞阀对采气管线泄压，同时安排人员对××井进站道路进行警戒，其余人员立即返回集气站领取抢险应急物资。

　　11时30分大班人员携带抢险物质到达现场，在佩戴好防护用具的情况下进入井房，关闭井口2号及5号套管生产阀门；12时20分地面管线泄压至零，险情得到控制。随后抢险人员对现场进行了仔细检查，发现井口10号针形阀下游法兰焊缝靠近采气树方向开裂（图2-51）。

图 2-51　焊缝开裂照片

2012 年 1 月 30 日，采气队组织人员对××井井口进行了整改，动火更换了刺漏法兰及其以下长约 80cm 的管线，1 月 31 日××井恢复油管生产，油压为 14.2MPa，套压为 12.6MPa，进站压力为 10.8MPa，注醇泵压为 12.8MPa，日产气量 $8 \times 10^4 m^3/d$，生产正常（图 2-52、图 2-53）。

图 2-52　现场整改照片　　　　　　　图 2-53　恢复生产后照片

（二）事件原因分析

事件发生后，安全部门及工艺研究所对此事故进行了讨论分析，根据 GB 50683—2011《现场设备、工业管道焊接工程施工质量验收规范》（表 2-5），认为对导致法兰焊缝开裂可能有以下几个方面原因。

表 2-5　管道焊缝外观质量表

检查等级		I	II	III	IV	V
无损检测要求		100%检验	≥20%检验	≥10%检验	≥5%检验	不要求
缺陷名称	裂纹、未焊透、未熔合	不允许	不允许	不允许	不允许	不允许
	表面气孔	不允许	不允许	不允许	不允许	不允许
	外露夹渣	不允许	不允许	不允许	不允许	不允许

续表

缺陷名称					
未焊满	不允许	不允许	不允许	不允许	不允许
咬边	不允许	深度：纵缝不允许，其他焊缝≤0.05t且≤0.5mm；连续长度≤100mm，两侧咬边总长度≤10%焊缝全长	深度：纵缝不允许，其他焊缝≤0.05t且≤0.5mm；连续长度≤100mm，两侧咬边总长度≤10%焊缝全长	深度：纵缝不允许，其他焊缝≤0.05t且≤0.5mm；连续长度≤100mm，两侧咬边总长度≤10%焊缝全长	深度：纵缝不允许，其他焊缝≤0.1t且≤1mm；长度不限
根部收缩（根部凹陷）	不允许	深度≤2+0.02t且≤0.5mm，长度不限	深度≤2+0.02t且≤1.0mm，长度不限	深度≤2+0.02t且≤1.0mm，长度不限	深度≤2+0.04t且≤2.0mm，长度不限
角焊缝厚度不足	不允许	不允许	≤0.3+0.05t且≤1.0mm；每100mm焊缝长度内缺陷总长度≤25mm	≤0.3+0.05t且≤1.0mm；每100mm焊缝长度内缺陷总长度≤25mm	≤0.3+0.05t且≤2.0mm；每100mm焊缝长度内缺陷总长度≤25mm
角焊缝焊脚不对称	差值≤1+0.1t	差值≤1+0.15t	差值≤1+0.15t	差值≤1+0.15t	差值≤2+0.2t

注：t为板厚，单位mm。

（1）焊缝焊接质量可能存在缺陷。从焊口整体开裂的程度分析，不排除焊缝存在未焊透及咬边等焊接质量缺陷。同时也可能是焊前未预热，焊缝的冷速过快，产生了较大应力，导致焊缝局部产生变形甚至产生裂纹。

（2）焊缝开裂的原因可能受到腐蚀的影响。××井管线使用年限已达13年，单井硫化氢含量高达6244.23mg/m³，矿化度含量高达113289.69mg/L，长期的氢脆及电化学作用，可能使焊缝位置产生局部腐蚀，致使焊缝开裂。

（3）井口拆装作业可能使焊缝存在应力集中。××井在2011年7月1日—9月27日先后因修井问题进行了两次井口拆装作业，在井口阀门拆卸或紧固过程中，可能使该法兰焊缝处存在应力集中，在外界环境温度变化等诱因下，导致焊缝发生开裂。

虽然导致××井井口针形阀焊缝开裂有以上三个方面的客观原因，但分析该事件的经过，也发现采气队在生产异常处置、员工技能培训、岗位职责落实、生产信息反馈响应等方面还存在着以下漏洞：

（1）生产异常信息处置程序有待完善和规范。××井从进站压力异常到井口抢险结束，累计时间长达20h。岗位员工在气井生产明显出现异常，采取放空解堵措施后生产问题未能有效解决的情况下，并未将异常情况上报至采气队队部。作业区视频监控人员在××井进站压力、外输气量多次出现异常报警的情况下，并未及时分析异常情况原因，也未将异常情况及时向值班技术员反馈，导致异常信息得不到及时处理。以上问题都暴露出采气队在生产出现异常信息时处置程序上还存在漏洞，有待规范。

（2）岗位员工技能培训不够，欠缺对生产异常问题的分析判断、处理能力。通常气井在出现地面管线堵塞的情况下，表现为进站压力和气井瞬时气量持续降低，对应的注醇泵压力（地面注醇）将缓慢上升。××井发生进站压力和外输气量持续降低，对应的注醇压力也同时降低的异常现象后，当班员工做出"气井地面管线堵"的错误判断，并在采取放空解堵措施后进站压力没有回升的情况下，仍然认为是"气井地面管线堵"，从而错失了在第一时间解决××井刺漏问题的时机。这也暴露出部分员工技能水平较低，分析处理问题的能力还有待加强。

（3）员工岗位职责落实不到位，日常巡回检查质量有待加强。通过查看集气站 2012 年 1 月巡回检查记录表，发现有 10 个工作日没有××井注醇泵的泵压巡检记录。冬季生产时，气井注醇泵压是分析井口是否正常生产运行的重要参数。这一现象反映出岗位员工对关键运行参数、关键生产环节日常管理不到位，岗位职责不能有效落实。

（4）视频监控岗位职责不统一，监控记录不规范。通过查看采气队视频监控记录发现，每日 8 时—20 时时段无参数监控数据记录，无法持续监控集气站重要参数的异常变化。同时通过调查发现，采气队视频监控岗位职责划分不统一，视频监控记录也未形成统一规范的模板，对关键时段、关键参数缺乏有效的监控，无法充分发挥视频监控员"队部眼睛"的作用。

（5）井口安全设施未能充分发挥作用。一是在 2011 年 9 月，××井由于井口大四通渗漏问题，将油管生产改为套管放压生产后，井口保护器失去保护作用。二是井口截断阀由于质量问题，导压管出现多次泄漏问题，导致截断阀不能使用，而将其更换为直管段（图 2-54）。以上两个关键保护设施的缺失也是××井发生刺漏事故的原因之一。

图 2-54　井口截断阀更换为直管段

案例 8　井口压力变送器无显示（安森系列）

（一）问题描述

井口远传压力变送器无显示，压力无法传输到站。

（二）查找原因

井口压力变送器线路由电源线和信号线共 4 根线路组成，出现压力变送器无显示的原因可能是变送器未供上电。打开后盖检查，发现信号线和电源线连接错误，如图 2-55 所示。

图 2-55　信号线、电源线连接图片（电源线为红、黑；信号线为黄、蓝）

（三）解决措施

重新对线路进行连接：电源线"+、-"（红+，黑-），信号线"AB"（黄 A，蓝 B）。重新接线后，压力变送器显示正常。

（四）建议及预防措施

（1）正确了解线路连接方法。

（2）拆卸压力变送器过程中，每一根导线缆裸露金属部分必须用绝缘胶布单独包起来，不要发生电极短路，否则将直接损坏传输设备，使系统彻底瘫痪。

第三章 采气井站设备故障诊断与处理

采气井站是采气的一个基本单元，它管理着天然气收集、加热、初步处理、计量、输送的各种设备，同时还承担天然气资料录取、保障气井正常生产的任务，当气井与站内设备运行出现异常时，还要实现放空泄压、注醇等功能。设备管理是采气井站生产的基础工作，而判断设备运行时出现的各种故障及正确处理故障则是保证生产正常运行的重要手段。本章主要介绍了集气站工艺流程中所涉及的各种设备的基础知识及现场故障案例。

第一节 气液分离设备管理基础知识及故障案例分析

一、分离器基础知识

（一）分离器的适用条件

分离器是分离气液（固）的重要设备，集气站多采用重力式分离器（图 3-1）和强吸式分离器（图 3-2），重力式分离器应用最多。

图 3-1 重力式分离器

图 3-2 强吸式分离器

（二）分离器的工作原理及结构

1. 作用原理

如图 3-3 所示，重力式分离器主要是利用液（固）体和气体之间的重度差分离液（固）体的。气液混合物进入分离器后，液（固）体被气体携带一起向上运动，但是，由于液（固）体的重度比气体大得多（如在 5MPa 时，水的重度是甲烷重度的 28 倍），同时液（固）体还受到重力的作用向下沉降，如果液滴足够大，以致其沉降速度大于被气体携带的速度，液滴就会向下沉降被分离出来（对固体颗粒也一样）。

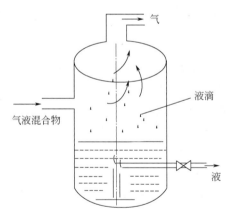

图 3-3 重力式分离器原理图

为了提高重力式分离器的效率，进口管线多以切线进入，利用离心力对液体作初步分离。在分离器中还安装一些附件（如除雾器等），利用碰撞原理分离微小的雾状液滴。雾状液滴不断碰撞到已润湿的捕丝网表面上并逐渐聚积，当液滴直径增大到其重力大于上升气流的升力和丝网表面的黏着力时，就会沉降下来。

2．结构

重力式分离器是根据重力分离原理设计的，因而其结构大同小异，根据安装形式和内部附件的不同可分为立式、卧式及三相重力分离器三种。前两种用于分离气液（固）两相，第三种是把液体再分开（如油和水、油和乙二醇等）。

1）立式重力分离器

立式重力分离器由分离段、沉降段、除雾段、储存段几部分组成。

分离段：气液（固）混合物由切向进口进入分离器后旋转，在离心力作用下重度大的液（固）体被抛向器壁顺流而下，液（固）体得到初步分离。

沉降段：沉降段直径比气液混合物进口管直径大得多（一般是 1000：159），所以气流在沉降段流速急速降低，有利于较小液（固）滴在其重力作用下沉降。

除雾段：用来捕集未能在沉降段内分离出来的雾状液滴。捕集器有翼状和丝网两种。翼状捕集器是由带微粒收集带的平行金属盘构成的迷宫组成。

丝网捕集器是用直径 0.1～0.25mm 的金属丝（不锈钢丝、紫铜丝等）或尼龙丝、聚乙烯丝编织成线网，再不规则地叠成网垫制成（图 3-4）。它可分为高效型、标准型、高穿透型三种。

高效型丝网编织密集，用于除雾要求高的场合；标准型丝网编织次之，用于一般除雾；高穿透型丝网编织稀疏，用于液体或气体较脏的场合。丝网捕集器是利用碰撞原理分离液滴的，其作用原理如图 3-5 所示。捕集器一般能除去 10～30μm 直径的微粒。

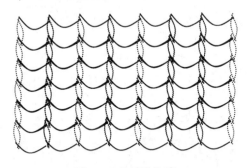

图 3-4　丝网捕集器

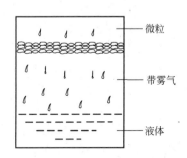

图 3-5　丝网捕集器原理图

储存段：储存分离下来的液（固）体，经由排液管排出。排污管的作用是定期排放污物（如泥砂、锈蚀物等），防止污物堆积堵塞排液管。

影响重力式分离器效率的主要因素是分离器的直径。在气量一定、工作压力一定时，分离器直径大，气流速度低，对分离细小液滴有利。

2）卧式重力分离器

目前多用于集气站的为卧式重力分离器（图 3-6、图 3-7），气液混合物进入后碰到导向板而改变流向，在惯性力作用下大直径液滴被分离下来，夹带较小液滴的气流继续向下运动。由于分离器直径比进口管直径大得多，气流速度下降，在重力作用下较小直径液滴被分离下来。接着，气流通过整流板，紊乱的气流被变成直流，更小的液滴与整流板壁接触、聚积成大液滴而沉降。最后，雾状液滴在捕集器中被捕集下来。

　　在分离器直径和工作压力相同的情况下，卧式重力分离器处理气量比立式多，但卧式重力分离器占地面积大，清扫困难。目前卧式重力分离器多用于处理量大的集气站和用以对脱硫装置前的气体进行分离。

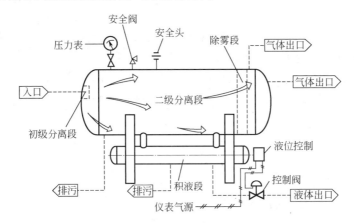

图 3-6　双筒卧式重力分离器结构图

图 3-7　双筒卧式重力分离器实物图

（三）注意事项

（1）严禁超压使用，以防超压引起爆炸。

（2）分离器或紧挨分离器的输气管线上应安装安全阀，安全阀的开启压力应控制在分离器工作压力的 1.05～1.1 倍，并定期检查。

（3）分离器的实际处理气量应符合分离器的设计处理能力，保持高效率的分离。对于重力式分离器，实际处理能力不得超过设计通过能力；对于旋风式分离器，实际处理能力应在其设计的最小和最大通过能力之间。

（4）严格控制分离器内的液面。将液面控制在合适的高度，使排液连续，又不使液面过高，以免产生气流挟带液体的现象。对于产水量大的井，可适当调节阀门开度，保持连续排液；对于产水量少的井，应摸索排水周期，定时排液。

（5）开井要慢，防止分离器猛然升压，引起震动或突然受力；关井时要将分离器压力卸掉，积液排净。

（6）使用中如发现焊缝或法兰连接处漏气，应立即停止使用并修理。

（7）定期测量分离器壁厚，如发现壁厚减薄，应做水压试验后降压使用。

（四）日常维护

（1）加强磁浮子液位计的维护保养。

（2）加强液位变送器维护。

（3）加强电动球阀的维护保养。

（五）常见故障与处理方法

1. 计算机显示液位不准

（1）液位变送器仪表故障。

处理措施：上报自控中心、计量标定站，联系配合整改。

（2）变送器导压管故障。

处理措施：

① 高压端堵塞，对高压端进行吹扫清理堵塞物。

② 高压端某个活接头处聚乙烯垫子压得过紧，堵塞通道。

③ 若低压端管线积液，进行排液。

（3）三阀组故障。

处理措施：

① 三阀组平衡阀未关或平衡阀阀芯损坏，关闭平衡阀开关，更换平衡阀。

② 高低压端某个排液铆钉密封不严，渗漏，维修或更换。

（4）对于屏膜远传式液位计，膜盒上有脏物，形成附加压力；导压管内传压油漏失。

处理措施：打开膜盒清理脏物；整改导压管漏点。

（5）磁浮子液位计故障。

① 浮筒被油污卡死。

处理措施：清洗浮筒。

② 浮筒腐蚀穿孔。

处理措施：检查、更换浮筒。

③ 传感器线路松动。

处理措施：检查传感头线路。

（6）气井加起泡剂后泡沫对液位计浮筒有影响。

处理措施：

① 加注消泡剂。

② 降低电动球阀开阀液位设置。

2．电动球阀只开不关

（1）计算机设置的关阀液位太低。

处理措施：手动排净储液包内的液体，重新设定关阀液位。

（2）电动球阀故障。

处理措施：关闭自动排污阀，上报仪表员进行处理。

（3）自动排污管线堵塞。

处理措施：检查电动球阀前变径大小头处是否有脏物堵塞并进行清理。

（4）气井大量产水。

处理措施：进行手动排液。

3．电动球阀不动作

（1）阀体传动杆锈死。

处理措施：进行阀体传动杆除锈保养。

（2）球体长时间不动作锈死。

处理措施：

① 维修或更换。

② 定期进行手动开关。

（3）电动头故障。

处理措施：检查电动头，上报仪表员进行处理。

4．电动球阀阀体渗漏

（1）阀体传动杆处渗漏，聚乙烯垫子或O形密封圈损坏。

处理措施：检查、更换聚乙烯垫子或O形密封圈。

（2）阀体两侧渗漏

处理措施：检查两侧密封垫子，若密封垫子坏则更换垫子。

5．现场液位与计算机显示液位不符

处理措施：

（1）检查现场液位计浮子是否存在消磁、乱磁现象。

（2）检查浮筒是否完好，是否有浮筒腐蚀穿孔现象。

（3）检查浮筒周围是否油泥太多阻碍浮筒上下移动，并及时进行冲洗。

（4）检查分离器内是否有大量泡沫（主要是气井加注起泡剂后大量泡沫被带入分离器内）。

6．电动球阀内漏

处理措施：

（1）拆开检查阀体内部是否有球体损伤，若损伤不严重，进行研磨；若损伤严重无法修复，则更换阀体。

（2）检查球体两侧密封面是否有损伤，若损伤则更换两侧密封面垫子。

二、故障案例分析

案例1　分离器液位计和计算机上的液位显示不符

1．问题描述

分离器在中控室计算机上液位显示为 629，但现场液位计显示液位为 20，正常情况下计算机上 600 所对应的现场液位为 60 左右，如图 3-8、图 3-9 所示。

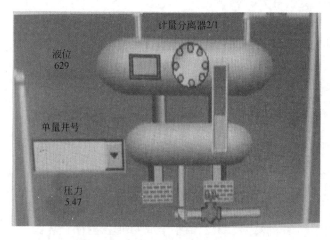

图 3-8　计算机显示分离器液位

图 3-9　分离器现场液位计

2．分析原因

（1）可能是导压管堵塞或传输信号有问题。

（2）可能是液位计被清管物堵塞或磁浮子出现错乱。

（3）可能是液位计里的浮筒出现问题。

3．解决措施

（1）吹扫导压管，打开平衡阀看计算机上液位计是否落零。

（2）关闭液位计上、下游控制阀门，对液位计进行吹扫，之后看液位是否正常。

（3）拆卸浮筒进行检查，若发现浮筒锈蚀穿孔，更换新浮筒，如图 3-10 所示。

图 3-10　液位计内浮筒出现穿孔

4．跟踪验证

检查后发现浮筒腐蚀进水，更换浮筒后运行正常，计算机上液位数值和现场液位数值相符，液位显示正常。

5. 建议

每次巡检时观察现场液位与计算机上液位并进行对比，看是否正常。定期对液位计吹扫，发现问题及时整改，避免出现假液位。

案例 2　电动球阀频繁烧熔断管的处理方法

1. 问题描述

某站有一台分离器上的电动球阀（图 3-11）只能实现开阀动作，而无法实现关阀动作。

图 3-11　分离器电动球阀

2. 查找原因

（1）手摇电动球阀判断球阀是否卡死，如图 3-12 所示。

图 3-12　手摇电动球阀判断球阀是否卡死

（2）检查线路是否短路、电动头是否接地，如图 3-13 所示。

（3）检查熔断管选择是否合适。

（4）检查手动排液阀是否正常。

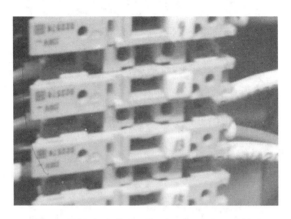

图 3-13　检查线路是否短路、电动头是否接地

3．临时措施

改自动排液为手动排液，进行手动排液。

4．具体做法

对以上四个原因逐一进行判断、排除：

（1）球阀转动灵活，如图 3-14 所示。

图 3-14　球阀转动灵活

（2）检查线路无接地和短路现象，如图 3-15 所示。

图 3-15　线路无接地和短路现象

（3）手动排液阀正常。

（4）检查发现熔断管为 1A 熔断管，不符合要求，如图 3-16 所示。

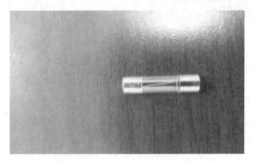

图 3-16　1A 熔断管

5．结论

1A 熔断管不符合电动球阀使用要求。

6．整改措施

将 1A 熔断管更换为 3A 熔断管（图 3-17）。

图 3-17　3A 熔断管

7. 跟踪验证

更换熔断管后分离器运行正常。

案例3　电动球阀电动头及手轮处排液时刺漏

1. 问题描述

电动球阀在排液时，电动头与球阀连接处及电动头开关手轮处刺漏，如图3-18、图3-19所示。

图3-18　电动头与球阀连接处　　　　　　　　图3-19　刺漏

2. 查找原因

球阀与电动头连接杆（图3-20）处密封垫子损坏，且油污过多，致使电动头与球阀阀体上下贯通，电动球阀每次动作时使部分液体从连接处及手轮处漏出。

图3-20　球阀与电动头连接杆

3. 解决措施

将球阀压帽取下，将损坏垫子取下，清理连接杆周围油污，如图3-21所示。将合适的O形密封垫子（图3-22）装入凹槽之中，然后装上球阀压帽，对角压紧上平螺栓，装上电动头（图3-23）即可。

图3-21　清理连接杆处油污

图3-22　O形密封垫子　　　　　　　图3-23　电动头

4．跟踪验证

更换O形密封垫子后，电动球阀正常排液时未出现液体刺漏现象。

5．建议及预防措施

（1）安装密封垫子时，因是几个叠加在一起，一定要安装平整。

（2）紧固球阀压帽时，要用合适的内六方同时将两边螺栓上紧压平。

案例4　排污截断阀开关不到位

1．问题描述

分离器排污截断阀（图3-24）电磁阀、气动部分均工作正常，但阀体开关较为缓慢或开关不到位，经手动开关活动后仍无法解决该问题。

2．查找原因

截断阀阀体开关不动，最常见的原因是传动机构内部已经生锈，且较为严重；或者传动机构内有冰存在，导致机构卡死，使得气动部分作用力无法推动阀体转动或转动角度较小（图 3-25）。

图 3-24　分离器排污截断阀

图 3-25　分离器排污截断阀内部

3．解决措施

（1）手动关闭排污截断阀、氮气球阀。

（2）卸下气缸连接传动机构的四条螺栓，将气缸晃松后从传动机构上取下。

（3）卸下齿轮箱上盖的四条螺栓并将上盖撬开取下，打开后情况如图 3-26 所示。

（4）运用大活动扳手反复转动执行机构手柄（图 3-27），直至阀体开关灵活后恢复截断阀。

注意事项如下：

维修工作结束后需将各部件按原顺序组装，组装过程中注意确保齿轮箱和阀体的开关位置与气缸开关一致，即为关闭状态。

图 3-26　排污截断阀气缸传动齿轮箱内部　　　　　图 3-27　执行机构手柄

4. 跟踪验证

安装好截断阀阀体和气缸部分后，打开氮气源，通过计算机开关测试、现场验证发现截断阀运行良好。后续冬季生产运行过程中，其他分离器排污截断阀出现同样的问题后，运用同样的方法顺利解决。

5. 经验总结

在今后截断阀出现类似问题时，先通过此种简单方法进行处理，若问题仍无法解决，可将齿轮箱内涡轮取出后，分别对涡轮及齿轮箱内与涡轮接触磨损部分进行除锈并加黄油处理，大部分问题均可解决。

案例5　电动球阀上游管线堵塞

1. 问题描述

某站计量分离器（图 3-28、图 3-29）每次到排液液位时，电动球阀能够正常打开，但分离器液位不下降。

图 3-28　分离器电动球阀上游管线

图 3-29　分离器排污系统流程

2．查找原因

经检查排污系统流程正常，现场磁浮子液位计、导压管及各仪表工作正常，经排除判断，最终确定为计量分离器电动球阀上游管线堵塞（图 3-30）。

图 3-30　分离器电动球阀上游管线堵塞处

3．处理措施

（1）将所有进分离器的单量井倒入混合分离器，之后手动排净计量分离器内的污水。

（2）关闭计量分离器进、出口阀门，点燃火炬，对计量分离器进行卸压至零，然后关闭分离器放空旋塞阀。

（3）关闭闪蒸分液罐的排污总管来水阀门，打开计量分离器电动球阀，再缓慢打开混合分离器电动球阀，从中压向低压进行反顶，解除计量分离器电动球阀上游管线堵塞。

4．跟踪验证

用此办法处理分离器电动球阀上游管线堵塞故障后，分离器排液正常。

5．建议

对于平时排液少的分离器，建议定期手动打开电动球阀，对排污管线检查吹扫，以保证排污系统畅通。

案例6 电动球阀只开不关

1. 问题描述

站内部分电动球阀存在只开不关的现象（图3-31）。

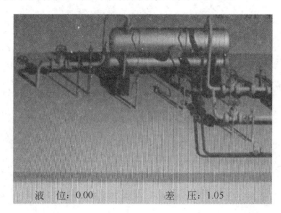

图3-31 分离器电动球阀只开不关

2. 查找原因

（1）可能是由于熔断管损坏所致。

（2）可能是由于接线不牢靠所致。

3. 解决措施

（1）若是熔断管损坏所致，更换新熔断管（图3-32、图3-33）。

图3-32 损坏的熔断管位置　　　　　　　图3-33 更换新熔断管

（2）若是接线不牢靠所致，则断开电动球阀电源（图3-34），拆卸电动球阀接线端盖（图3-35），检查信号线连接是否松动（图3-36），将松动的信号线紧固（图3-37）后，安装并紧固电动球阀接线端盖（图3-38），打开电动球阀电源并投运（图3-39）。

图 3-34　断开电动球阀电源

图 3-35　拆卸电动球阀接线端盖

图 3-36　检查信号线连接是否松动

图 3-37　将松动的信号线紧固

图 3-38　安装并紧固电动球阀接线端盖

图 3-39　投运电动球阀

4．跟踪验证

经过整改电动球阀能够正常开关（图3-40）。

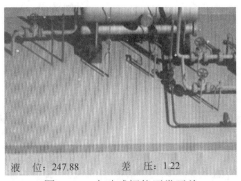

图 3-40　电动球阀能正常开关

案例7　电动球阀内漏

1. 问题描述

电动球阀运行过程中内漏，大量气体从污水罐喷出。

2. 查找原因

拆开电动球阀阀体后，发现球体和易损密封件损伤（图3-41）。

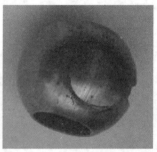

图3-41　损坏的垫圈与球体

3. 解决措施

（1）更换易损密封件。

（2）对损坏不严重的球体进行研磨，若损伤严重球体不能继续使用，更换球体。

4. 建议

备用一些球体和球体密封件等易损配件。

第二节　三甘醇脱水设备管理
基础知识及故障案例分析

一、三甘醇脱水设备基础知识

从气井井口采出来的天然气几乎都被水汽所饱和，含饱和水的天然气进入管线常常造成一系列的问题，甚至阻塞整个管路。天然气中所含的腐蚀性介质（如二氧化碳和硫化氢）溶于游离水，对管道、阀件形成强烈的腐蚀，极大地降低管线所能承受压力，大大降低了管线的使用寿命。由于天然气中所含水分存在的种种危害，天然气均需脱水橇装置（图 3-42）脱水后再进行集输。

图 3-42 脱水橇装置

（一）系统工艺流程

1．天然气脱水流程

天然气脱水系统包括原料气分离器（除去液体、固体杂质）、吸收塔（与贫甘醇逆流接触脱水）（图 3-43）、干气—甘醇热交换器以及调压计量等装置。

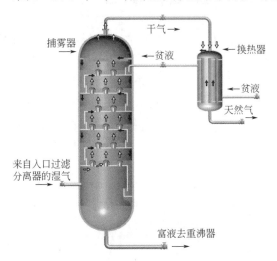

图 3-43 吸收塔工作流程

湿天然气通过过滤分离器（原料气分离器），除去液态烃和固态的杂质后进入吸收塔的底部。在吸收塔内自下往上通过充满三甘醇的填料段或一系列的泡罩与三甘醇充分接触，被三甘醇脱去水后，再经过吸收塔内顶部的捕雾网将夹带的液体留下。脱水后的干气离开吸收塔，经干气—甘醇热交换器（换热器）后进入集输气干线，如图 3-44 所示。

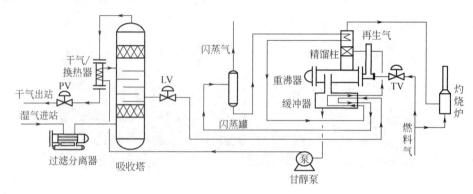

图 3-44　脱水装置工艺流程图

2．三甘醇再生系统流程

三甘醇循环再生系统包括吸收塔、三甘醇循环泵、闪蒸罐、过滤器（固体和活性炭过滤器）、重沸器、精馏柱、缓冲罐等装置。

三甘醇贫液不断被循环泵泵入吸收塔顶部，在塔内自上而下依次流过每一个塔盘或填料段，吸收自下而上流动的天然气的水分后变为三甘醇富液从吸收塔底排出。

对于采用能量泵（如 KIMARY 循环泵等）作为三甘醇循环泵的脱水装置此时的流程为：从吸收塔流出的高压三甘醇富液流经循环泵与低压三甘醇贫液交换热量后，进入闪蒸罐除去甘醇内溶解的液态烃类后，进入过滤器。

三甘醇经过滤器（固体和活性炭过滤器），除去三甘醇中固体和溶解性的杂质后进入缓冲罐（器）内，换热后进入精馏柱中部，流入重沸器内完成再生。

重沸器内产生的蒸气，将通过精馏柱中填料层向下流动的三甘醇富液中的水蒸气带走，上升蒸气夹带的三甘醇在精馏柱顶部回流段冷凝后重新进入重沸器，未被冷凝的蒸气则由精馏柱顶部的管线进入灼烧炉补烧掉，避免污染环境。

再生的三甘醇贫液经过重沸器内的堰板（挡板）进入缓冲罐（器），然后通过甘醇循环泵进入吸收塔，开始新的循环过程。

（二）注意事项

1．三甘醇的取样

为了保证脱水装置运行良好，必须保持三甘醇溶液的质量，因此要常取样分析以检查三甘醇的质量。通过分析下列指标以确定三甘醇溶液是否符合作为脱水溶剂的要求。

1）含水量

分析三甘醇溶液的含水量可以知道再生器是否运行正常，高含水量意味着再生温度太低，可能需对温度测量值进行校正。

2）沸点

三甘醇的沸点异常意味着低分子质量的甘醇存在于甘醇溶液中，可能是三甘醇在重沸器中分解。在重沸器的条件下，三甘醇存在分解的趋势，先分解成较低分子质量的甘醇和大量的降解产物，最后变成酸。降解通常是由于局部过热并造成薄膜蒸发温度。

3）pH 值

低 pH 值预示着三甘醇可能降解，特别是有焦糖气味时，说明再生加热器温度太高。对低 pH 值甘醇腐蚀性研究证明，其能明显增强对低碳钢的腐蚀作用。为了防止腐蚀设备，pH 值应该为 7 或稍微偏碱性。pH 值大于 9 也不好，在有碳氢化合物存在的情况下会导致乳化，产生发泡等问题。pH 值的最佳范围为 7～8.5。

4）碳氢化合物及其他杂质的含量

黑色的焦油溶液可能是碳氢化合物被天然气带进入口过滤分离器的表现。较轻的碳氢化合物在重沸器中被蒸出，重的焦油状残渣留下来使溶液黏度增加，发泡的趋势更明显。固体杂质可能是腐蚀的产物，如溶液与容器和管线反应生成的硫化铁等。

5）无机盐

三甘醇中存在碱金属卤化物或碳酸钙等无机盐是有游离水被带出过滤分离器的原因。当溶液在重沸器中加热时，这些盐在三甘醇溶液中的溶解度变小并沉积在加热管上，引起堵塞、过高的温度和过早的管损坏。

如果三甘醇不从吸收塔中返回再生系统，原因可能是吸收塔出现液泛，也就是气体将三甘醇溶液阻止在塔盘上，三甘醇流不下来。

解决措施：停止原料气体进装置，停止三甘醇循环泵，使集中于塔盘上的三甘醇溶液自流至塔底，重新启动循环泵并慢慢增加原料气进装置的流量。

2．出口干气的取样

1）出口气体中含水量高

可能造成装置脱水效果不佳的原因：甘醇的循环量少，每 1000m³ 天然气需要 16g 的三甘醇。如果三甘醇的流率低，则应增加其流率。重沸器的温度低，检查再沸器的温度是否为 200.7℃。进口天然气温度超高，检查是否是 40℃。塔内脱水系统可能被水和馏出物饱和。

2）出口干气中三甘醇含量高

如果出口天然气中的三甘醇含量超高，可能的原因是吸收塔内发生了液泛。

（三）常见故障与处理方法

1. 生产现场脱水橇运行正常的判断方法

（1）在监控计算机上打开重沸器温度点的变化曲线，曲线变化规律如图 3-45 所示。

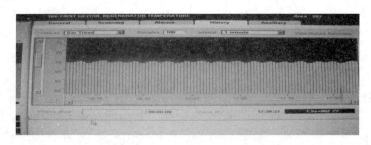

图 3-45 重沸器温度变化曲线

（2）精馏柱冷凝管出口有规律地排出水蒸气（图 3-46）。

图 3-46 精馏柱冷凝管排出蒸汽

（3）听三甘醇泵的声音，有明显的三甘醇在管线中流动的声音，三甘醇泵在运行过程中两端没有明显的金属敲击声。

（4）摸三甘醇泵主活塞两侧，单流阀、速度阀两侧的 L 管以及贫富液的进出口管线温度的变化。

（5）观察三甘醇泵出口压力表指针的变化，指针有规律地摆动，到低点后上升缓慢。

（6）听闪蒸罐液位控制盒排气是否有规律；观察闪蒸罐液位控制盒输出压力，

在输出压力表有压力显示时，观察液位控制阀的开关指示是否被顶起，看闪蒸罐液位是否下降。

（7）站在重沸器燃烧器侧能明显听到主火点火的声音。

（8）检查缓冲罐液位、吸收塔底液位以及活性炭过滤器、滤布过滤器是否正常。

2．脱水系统故障现场处理

1）重沸器温度烧不起来

（1）系统超负荷并被馏出物饱和。

处理措施：在允许范围内尽可能减少吸收塔进气量（脱水橇最大处理量是设计处理量150%）；保证露点要求下，降低泵次，减少三甘醇循环量。

（2）主火压力过低。

处理措施：检查主火压力表是否在0.05～0.07MPa之间；检查主火减压阀是否正常（减压阀过滤器是否有堵）、压力设置是否正常；检查燃料气管线是否畅通；检查电动机阀是否有故障；检查控制器是否正常。

（3）主火燃烧不充分。

处理措施：检查主火压力是否过大，减压阀是否失灵；检查风门滤网是否畅通；重新调节主火一、二次风门，使主火尽可能燃烧充分；检查烟道是否大量积炭造成烟道不畅，影响主、母火燃烧。

（4）温控器故障。

处理措施：检查温控器好坏（通过正、反调节温控器旋钮观察主火压力是否变化）；检查温控器温度是否设置过低，并重新调整置温度在190～204℃之间。

（5）高温截断阀故障。

处理措施：检查高温截断阀好坏（通过正、反调节温控器旋钮观察主火压力是否变化）；检查高温截断阀温度设置是否正常，并重新设置（不超过204℃）；检查火焰探测器输出压力是否正常。

（6）三甘醇泵泵次过高，甘醇循环量太大。

处理措施：测三甘醇泵泵次，对照相应的排量表，根据处理天然气的露点要求，若泵次过高，则重新调整降低泵次，监测重沸器温度。

（7）进塔天然气含水量高（精馏柱有连续不断的大量水蒸气，主火连续不断地燃烧）。

处理措施：检查分离器液位设置是否正常，排液是否正常，防止天然气携带大量游离水进塔（检修时检查分离器捕雾丝网）；检查塔底液位是否正常，是否能正常排液，防止塔底集液包内的污水进入甘醇循环系统；在允许范围内降低节流后天然气的温度（建议不低于10℃左右）。

（8）重沸器太脏或其内结垢严重，传热效果差。

处理措施：检查 U 形火管外壁是否结垢严重影响传热效果（一般在检修脱水橇时检查）。

2）三甘醇流不进泵

（1）三甘醇泵进口管线中有气，产生了气锁。

处理措施：打开三甘醇泵进口过滤器排气，直到有连续的三甘醇流出。

（2）泵进口管线（Y 形过滤器）堵塞。

处理措施：

① 检查、清洗三甘醇泵进口 Y 形过滤器滤网。

② 检查进口管线是否有三甘醇流出，若三甘醇流出不畅，则清洗进口管线。

③ 检查两组贫液进口单流阀是否卡死，若卡死则进行清理。

3）三甘醇泵运行不正常

（1）泵不运行。

处理措施：检查泵的进、出口阀门是否处于开启状态，进、出口流程是否畅通；检查速度阀是否开启；检查吸收塔压力是否高于 2.20MPa（根据闪蒸罐压力确定）——利用脱水橇现场实际确定；检查三甘醇泵进口 Y 形过滤器滤网是否堵死；检查三甘醇泵贫液出口单流阀是否能正常开启；检查三甘醇管线是否被结晶盐等堵死；若大循环不正常，小循环正常，检查吸收塔与三甘醇泵连接的贫、富液管线是否堵塞；检查泵内各部件安装是否正确、完好。

（2）泵运行一次后不再运行。

处理措施：检查吸收塔压力是否高于 2.20MPa——利用脱水橇现场实际确定；关闭三甘醇泵贫液出口阀门，打开三甘醇泵贫液出口放空阀门放空，直至有连续的三甘醇流出，排除气锁。

（3）泵次开始时正常，然后泵次加快，抽空并停止运行。

处理措施：检查三甘醇泵贫液进口管线及 Y 形过滤器是否畅通（图 3-47）。

图 3-47　脱水橇 Y 形过滤器

（4）泵次开始时正常，然后变慢，最后停止运行。

处理措施：检查贫液进口 Y 形过滤器是否堵塞（清洗过滤器）；检查贫液进口管线是否堵死；检查泵出口至塔进口贫液管线是否堵塞（包括出口单流阀）；检查散热片流程是否关闭，旁通是否打开。

（5）三甘醇泵空转不上量。

① 泵窜气。

判断依据为打开贫液出口放空阀有大量气体连续排出。

处理措施：检查缓冲罐内三甘醇液位，若吸入液位太低使泵管线窜气则补液；若缓冲罐液位正常，关闭三甘醇泵贫液出口，打开贫液出口排空阀排空，直至有连续的三甘醇流出后，关闭排空阀，打开贫液出口继续使用；若排空后仍不正常则停泵拆开维修。

② 三甘醇泵内部某个密封圈损坏（三甘醇泵理想操作温度为 65～93℃时，密封圈的寿命最长）。

处理措施：停泵维修，更换泵内密封圈（主要是主活塞两侧的密封圈）。

③ 泵内某个单流阀密封不严。

处理措施：停泵检查单流阀组、阀密封圈是否完好齐全。

④ 三甘醇泵缸套部分划伤，密封不严。

判断依据为关闭三甘醇泵贫液出口阀后，泵运行一两次后不再动作，但打开贫液出口排空阀观察，泵在运行过程中有大量气体排出。

处理措施：停泵检查缸套、密封圈及活塞杆是否有损伤，若有则更换。

⑤ 缓冲罐内无三甘醇或液位过低，贫液不能正常吸入。

处理措施：检查缓冲罐内三甘醇液位，若液位低则补加三甘醇。

⑥ 三甘醇发泡严重。

判断依据为观察闪蒸罐内三甘醇是否为沫状。

处理措施：向缓冲罐加入少量磷酸三丁酯。

（6）三甘醇泵速度阀关闭后泵的富液出口管线内有气流通过。

判断依据为关闭速度阀后，摸富液出口管线能明显感觉到气流流过，闪蒸罐出口 630R 减压阀长时间处于泄压状态。

处理措施：检查泵的 D 形滑块密封面是否有损伤；检查 D 形滑块与 D 形阀座密封面间是否有污物；检查 D 形阀座密封面是否有损伤。

（7）泵速不稳定。

处理措施：检查三甘醇泵的富液进口管线是否堵塞；检查三甘醇富液进口管线是否有结晶盐；检查富液进口 Y 形过滤器是否有堵塞现象，造成三甘醇流动不畅；检查吸收塔压力是否稳定，若波动大则调整尾阀控制塔压；检查两个速度阀开度是否一致，重新调整速度阀开度至需要的泵次；检查闪蒸罐压力是否稳定在

0.28～0.62MPa 之间某一设定压力值。

4）闪蒸罐液位不正常

（1）液位控制盒故障。

处理措施：检查控制盒输入压力是否为 0.1～0.17MPa；检查液位控制盒设置是否合适，并重新调整设置液位；检查液位控制盒是否完好（压下或抬起连杆观察输出压力是否变化，若无变化则需维修控制盒或更换控制盒）。

（2）气动薄膜阀坏。

处理措施：检查 1in-357 系列控制阀是否内漏，若内漏打开阀体底部堵头检查是否有异物，阀芯是否有损伤；检查 1in-357 系列控制阀旁通的开关状态；通过调整控制盒连杆，观察气动薄膜阀是否能正常开、关，若控制盒有压力输出、薄膜阀打不开，则可能是薄膜阀膜片破损，检查膜片是否完好；检查控制盒输出压力是否为 0.1～0.17MPa；检查仪表风供气管线是否有漏气现象。

（3）泵次不稳定。

处理措施：检查三甘醇泵泵速是否稳定。

（4）闪蒸罐的压力不正常。

处理措施：检查闪蒸罐压力是否在 0.28～0.62MPa 之间某一设定压力值，若压力过低，则会造成闪蒸罐液位高。

（5）系统的三甘醇量不正常。

处理措施：检查系统内的三甘醇量是否合适；检查三甘醇是否建立起正常循环（若缓冲罐液位持续下降，则说明塔盘脏，三甘醇不能从塔盘返回，也可能是吸收塔内气流速度过快导致三甘醇不能回流；若缓冲罐液位无变化，则说明三甘醇泵不上量，塔内无三甘醇）。

（6）以上 5 项检查都正常，闪蒸罐液位还不正常。

处理措施：对闪蒸罐浮筒及附件进行检查，对污垢进行清理。

5）重沸器、缓冲罐液位不正常

（1）吸收塔塔盘脏，导致三甘醇不能回流。

处理措施：若吸收塔有人孔，最好进行人工清理；若人不能进入塔内，可用化学清洗剂进行冲洗（一般用 3%的碱液进行水循环清洗）。

（2）吸收塔内天然气流速过快，造成三甘醇不能回流。

处理措施：尽可能减少吸收塔的进气量（降产）；在允许范围内提高吸收塔压力（通过尾阀控制塔压）；尽可能降低进吸收塔的气体温度（不低于 15℃）。

（3）吸收塔底集液器换热盘管破（塔底取样化验三甘醇含量）。

处理措施：若塔底集液器有大量的三甘醇，则在吸收塔底换热管线加设（开启）旁通。

（4）缓冲罐内换热盘管破。

处理措施：停运脱水橇，更换缓冲罐内换热盘管。

（5）气醇换热器内管线破裂。

判断方法为关掉气流程出口阀，继续循环三甘醇，然后在燃料气分配罐压力表放空口处检查是否有三甘醇。

处理措施：上报队部，与相关部门联系。

（6）闪蒸罐排污阀门、排油阀未关。

处理措施：检查流程，关闭闪蒸罐排污阀门、排油阀。

（7）贫液精馏柱堵塞。

处理措施：停运脱水橇，疏通贫液精馏柱堵塞。

6）外输气露点高

（1）三甘醇循环量不足。

处理措施：检查、维修三甘醇泵；测三甘醇泵泵次，对照三甘醇循环量对照表，提高泵次；关闭三甘醇泵贫液出口，看泵是否连续运转，若泵连续运转就停泵检修；检查小循环阀门是否处于打开状态，若是开的状态就关闭。

（2）三甘醇再生效果不好（三甘醇循环良好的情况下）。

检查重沸器再生温度是否合适，若温度低，则采取如下措施：

① 检查主火压力是否为 0.05～0.07MPa。

② 检查温控器设置是否合理。

③ 检查主火燃烧是否充分。

④ 检查 U 形火管换热效果是否良好。

⑤ 检查贫、富液换热器，看是否有富液流到贫液中去。

⑥ 检查并确认从重沸器流出的气体不会回流。

⑦ 检查富液精馏柱和气体出口管线，以确保重沸器内无回压。若重沸器内有回压，不能连续运行，直至产生的回压消失。

⑧ 检查汽提气量是否合适。

⑨ 检查分离器排液是否正常

⑩ 检查塔底集液箱器位是否正常。

⑪ 取贫、富液进行化验，看三甘醇是否被污染，若污染则需更换新的三甘醇。

（3）操作条件与设计不符。

处理措施：在允许的条件下提高吸收塔的压力，通过调节尾阀控制吸收塔压力；尽可能降低进吸收塔的气体温度（不低于 15℃）；在允许的条件下提高三甘醇的循环量，但循环量也不能过大，根据循环量对照表适当提高；尽可能提高三甘醇再生温度到 198～204℃，不要超过 204℃（三甘醇的推荐可靠再生温度为190～204℃）；尽可能对缓冲罐和重沸器供给更多的汽提气气量（三甘醇所需的汽提气量正常情况下为 $15\sim25m^3/m^3$）。

（4）塔顶捕雾丝网破。

处理措施：检查塔顶捕雾丝网有无损坏，根据情况修补或更换。

（5）进塔天然气分离不彻底。

处理措施：检查分离器的液位是否过高并设置分离器液位；检查节流后天然气温度是否过高，并控制节流后温度，一般进塔天然气温度为 $20\sim30℃$，不低于 $15℃$。

7）三甘醇的损失

（1）发泡（发泡常常是由于三甘醇被盐、碳氢化合物、污泥、不恰当的腐蚀抑制剂及化学物质污染造成的）。

处理措施：加强三甘醇过滤，清除污染源，如果三甘醇污染严重，需更彻底清洗系统并更换新的三甘醇；加入适量的消泡剂（磷酸三丁酯）；在可能的范围内增大吸收塔压力。

（2）吸收塔内流速过快。

处理措施：尽可能减少吸收塔的进气量（降产）；在允许范围内提高吸收塔压力（通过尾阀控制塔压）；尽可能降低进入吸收塔的气体温度（不低于 $15℃$）。

（3）塔盘上有泥、渣等。

处理措施：若吸收塔有人孔，最好进行人工清理；若人不能进入塔内，可用化学清洗剂进行冲洗。

（4）精馏柱的三甘醇损失。

处理措施：若精馏柱填料脏，造成堵塞严重，使三甘醇不能回流，应清洗或更换填料；检查重沸器再生温度是否过低或重沸器火是否熄灭；判断是否是游离水随气流进入吸收塔，从而使重沸器的再生负荷过大；检查重沸器温度是否过高，造成大量水蒸气携带三甘醇；检查汽提气量是否过大，造成携带损失；检查精馏柱内换热盘管是否破损；调节主火燃料气量，控制精馏柱顶端出口温度在 $215\sim225℃$ 之间。

（5）塔底换热盘管破。

判断方法为吸收塔底排污水中含有三甘醇。

处理措施：吸收塔底换热管线加设（开启）旁通。

（6）天然气、三甘醇换热器内换热管线破裂。

判断方法为关掉气流程出口，检查仪表风管线中是否有三甘醇。

处理措施：根据实际情况进行整改。

（7）三甘醇循环量过大。

处理措施：降低泵次，在允许条件下减少循环量。

（8）重沸器温度过高。

处理措施：调整温控器设置，控制重沸器温度为190～204℃。

（9）操作不当造成的三甘醇损失。

处理措施：提产、降产时缓慢操作。

8）装置脱水效果不佳

（1）三甘醇的循环量太低。

处理措施：测三甘醇泵泵次，对照相应的排量与处理量对照表看是否合适，逐步调整泵次，直至检测的露点在要求范围内。

（2）重沸器的温度设置过低。

处理措施：检查重沸器的温度，若温度不在190～204℃范围内，重新设置温控器在要求的再生温度范围内，并检查主母火是否能正常燃烧。

（3）系统可能被水及馏出物饱和（三甘醇浓度不够）。

处理措施：对贫液取样化验，若是三甘醇被馏出物饱和，则更换新的三甘醇；若是三甘醇被水饱和，则吸收塔停止进气，设置重沸器温度在190～204℃之间，三甘醇继续循环蒸发水分，同时检查吸收塔底液位和分离器的液位，确保天然气不带太多水进塔。

（4）吸收塔进口天然气温度过高。

处理措施：检查加热炉节流后温度是否过高，若温度过高，则在允许范围内降低节流后天然气温度（一般建议控制在15℃左右，最低不低于10℃）。对于多井加热炉来说，一般以产量最高或进站压力最高的井节流后的温度为参照控制加热炉温度来实现进塔天然气温度的控制。

（5）处理量过大系统超负荷运行。

处理措施：在允许的情况下降低吸收塔进气量以减小负荷；若不能降低进气量，则在可能范围内尽量保证三甘醇的再生温度和三甘醇的循环量，以保证较好的处理效果。

（6）未使用汽提气或汽提气量不足。

处理措施：在三甘醇的循环量、再生温度、贫液浓度等参数都正常的情况下检查汽提气量。

（7）三甘醇溶液太脏，发泡严重，运行不平稳，再生效果差。

处理措施：取三甘醇样化验，若是三甘醇发泡，则吸收塔停止进气，向缓冲罐内加适量的磷酸三丁酯消泡，三甘醇加强过滤继续循环，脱除三甘醇中的杂质，无效果则更换三甘醇。

（8）分离器分离效果不好，大量游离水被带入脱水系统。

处理措施：检查吸收塔底排液是否正常，确保塔底液位在1/2以下；检查各分离器液位是否在允许范围内（一般不超过积液包的2/3）且分离器电动球阀是否能正常打开排液。

9）重沸器母火常熄灭

（1）母火火管堵塞。

处理措施：检查母火火管（图3-48）是否有脏东西堵塞，若火管堵塞则清除堵塞物（清理堵塞物时切忌将火管的孔捅得太大，以保证母火的喷射力）。

（2）母火压力未调节好（过大或过小）。

处理措施：调节母火减压阀，设置母火压力为0.05MPa。

(a) 母火火管总成　　　　　　　　　　(b) 母火火管

图3-48　母火火管

（3）母火风门调节（图3-49）不合适。

处理措施：重新调节母火风门（母火风门过大或过小，母火喷射力太大或太小，在主火熄灭时都可能造成母火熄灭，另外大风天也会造成母火被吹灭）。

图3-49　母火风门

（4）火焰探测器失灵。

处理措施：检查并调整火焰探测器设置。

（5）主火火力太猛把母火吹灭。

处理措施：检查母火的喷射力是否足够（通过调整母火风门测试，若火焰明显无喷射力，则可能是母火的火管孔开得太大，节流效果不好，需更换火管）。

10）出塔天然气三甘醇含量过高

（1）吸收塔拦液效果差。

处理措施：吸收塔停止进气，停泵使塔盘上的三甘醇自流至塔底，然后重新启动三甘醇泵，待三甘醇循环正常后，吸收塔缓慢进气生产；若三甘醇不能正常循环，则停运脱水橇，清洗吸收塔。

（2）塔顶捕雾丝网烂。

处理措施：检查、更换塔顶捕雾丝网。

（3）装置超负荷运行，携带损失增大。

处理措施：在允许的范围内降低运行负荷。

（4）气醇换热器内三甘醇管线破裂。

判断方法为关掉气流程出口，检查仪表风管线中是否有三甘醇。

处理措施：上报队部，与相关部门联系。

二、故障案例分析

案例1　重沸器温控器连接部位漏气

1. 问题描述

脱水橇重沸器温控器因固定螺栓松动导致连接部位漏气，漏气点如图 3-50 所示。因内六角螺栓打滑，无法直接进行紧固。

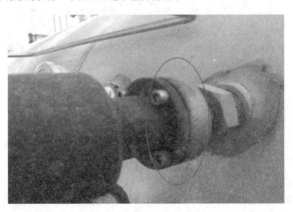

图 3-50　重沸器温控器连接处漏气

2. 查找原因

连接处内部密封圈老化。

3．处理措施

（1）关闭去该路的仪表风气源。

（2）用锯条在内六角螺栓上锯一个槽。

（3）用大平口螺丝刀将该螺栓拧下。

（4）检查内部密封圈是否完好，如果出现老化、破损等现象，更换密封圈。

（5）更换新内六角螺栓并紧固。

4．跟踪验证

对连接部位进行验漏，已正常。

5．总结经验

（1）日常紧固内六角螺栓时勿用力过大。

（2）出现螺栓打滑不能拆卸时，可配合使用锯条、大平口螺丝刀将其拆下。

（3）出现平口螺丝刀拧不动的情况，可用平口螺丝刀抵住缺口逆时针转动拆下。

案例2　三甘醇泵贫液出口放空口无放空管

1．问题描述

三甘醇泵贫液出口放空口及取样处未安装放空管，且放空口朝上（图3-51）。每次在倒换三甘醇泵进行泄压操作和泵窜气排空操作时无法回收三甘醇，高压三甘醇飞溅，存在污染环境和伤人风险。

图3-51　三甘醇泵贫液出口放空口

2．临时措施

（1）放空操作时缓慢进行。

（2）做好风险辨识，站在上风口正确放空，防止三甘醇飞溅伤人。

（3）放空后及时用棉纱清理现场卫生，防止污染环境。

3．处理措施

（1）根据现场实际距离测量尺寸，上报材料组加工放空管所需材料。

（2）加工好放空管后进行安装。

4．跟踪验证

安装放空管后，放空和排空操作更方便，减少了工作量，降低了安全风险，杜绝了环境污染。

5．经验总结

（1）现场操作过程中经常存在放空端没有安装专用放空管的情况，一定要提高安全意识，做好风险辨识，选择正确站位，做好防护措施。

（2）检查现场设备放空口朝向，调整放空口朝向安全区域，防止操作过程中造成人身伤害。

案例3　闪蒸罐液位控制器薄膜阀阀杆密封圈处渗醇

1．问题描述

在正常运行过程中，发现闪蒸罐液位控制器薄膜阀阀杆密封圈处有三甘醇渗漏（图3-52），存在安全隐患，不符合设备现场管理的安全要求。

渗漏三甘醇

图3-52　闪蒸罐薄膜阀渗漏处

2．查找原因

经过对薄膜阀拆开检查，发现三甘醇渗漏的主要原因是阀杆与阀座之间的密封圈长时间磨损老化损坏，不能很好的密封。

经过现场观察和分析，发现闪蒸罐液位控制器的控制方式为开关式。这样的控制方式使薄膜阀开关频繁，阀门长期频繁开关会造成密封圈损伤，降低密封效果。由此可见，控制方式的不合理是造成三甘醇渗漏的次要原因。

3. 解决措施

将闪蒸罐液位控制方式改为手动控制，关闭薄膜阀进出口阀门，通过旁通阀门手动控制闪蒸罐液位。拆开薄膜阀检查、更换密封圈。

4. 跟踪验证

整改后运行正常。

5. 建议及预防措施

根据现场实际情况及时观察和调试设备运行状况，力争使每台设备在最佳状态运行，延长设备使用寿命。

案例 4 重沸器温度烧不起来

1. 问题描述

大风天或三甘醇泵上量不稳，导致重沸器主母火频繁熄灭，造成重沸器温度烧不起来。

2. 查找原因

重沸器主母火熄灭，造成重沸器温度达不到额定的设置温度，影响脱水效果。经过观察，发现重沸器燃烧温度达到温控器的设置时，主火突然熄灭并将母火带灭。

3. 解决措施

（1）停运脱水橇燃烧系统。

（2）查找母火管线的压力设定值及管线是否堵塞。

（3）母火燃烧点火器前有一个锥形的调节旋钮（图 3-53），通过调节此旋钮来改变母火气源大小，并与主母火的风门配合调试。

图 3-53 重沸器及母火调节旋钮

4．跟踪验证

调整后，重沸器燃烧系统到目前为止运行平稳。

5．建议及预防措施

平时多观察研究设备的构造及原理，以便在出现故障时及时解决处理。

案例5　脱水橇吸收塔底薄膜阀关不严

1．问题描述

吸收塔底薄膜阀打开后关不严，需借助外力进行复位后才能正常关闭。

2．查找原因

拆开薄膜阀（图 3-54）仪表风供风管线，发现管线内有大量含醇液体，打开薄膜阀盖发现阀盖内也有大量液体（对膜片形成一个附加压力），打开仪表供风减压阀排空时也有大量液体。通过检查流程发现，这些液体来自闪蒸罐。

图 3-54　吸收塔底薄膜阀

3．解决措施

（1）停运脱水橇，闪蒸罐泄压。

（2）拆开闪蒸罐减压阀阀芯检查，有大量污物，清洗后检查阀芯、阀座无损伤。拆开单流阀，发现单流阀阀芯与阀座间有大量固体污物，清洗后恢复。

（3）进行闪蒸罐减压测试。

4．跟踪验证

对减压阀、单流阀清洗后运行恢复正常，吸收塔底薄膜阀开关控制灵活。

5．建议及预防措施

检修时对减压阀、单流阀等控制部件进行彻底的清洗保养。

案例6　重沸器火管腐蚀穿孔

1．问题描述

脱水橇重沸器温控器正常，但重沸器温度持续升高，关闭主母火后，重沸器温度下降不明显，甚至有升高趋势，在观火孔处可看见火管内有明火燃烧。

2．查找原因

根据上述问题现象描述，推测重沸器火管穿孔。打开重沸器火管，发现腐蚀穿孔（图3-55）。

图3-55　重沸器火管腐蚀穿孔

3．解决措施

（1）上报值班室，全站关井，停运脱水橇。

（2）打开重沸器，找到重沸器火管漏点，进行更换。

4．跟踪验证

对穿孔火管进行更换后，启运脱水橇，重沸器工作正常，温度恢复正常，运行平稳。

5．建议及预防措施

（1）加强巡检，注意重沸器温度等参数变化。

（2）年度检修时仔细检查火管。

案例7　三甘醇贫液流不进泵

1．问题描述

某站设备检修完后投用脱水橇，启动三甘醇泵运行，但几个小时后重沸器温度高于190℃，而缓冲罐温度只有20℃左右，三甘醇未循环起来，且泵运行不正常。

2．查找原因

停运三甘醇泵，关闭贫液进口阀门，拆下贫液进口端滤芯，检查后发现滤芯干净，但打开贫液进口阀门时发现贫液流出量很少，基本为细流，判断为缓冲罐至泵进口管线堵塞，造成泵吸入不良，三甘醇无法循环。

3．解决措施

取下三甘醇泵进口滤芯（图3-56），用潜水泵对贫液进泵管线进行反冲洗，观察缓冲罐液位急剧上升时，停潜水泵，关泵进口阀门，装入滤芯，重新启泵运行。

图 3-56　三甘醇泵进口滤芯

4．跟踪验证

经过对泵进口管线进行冲洗，三甘醇泵运行正常。

5．建议及预防措施

检修时打开缓冲罐观察，发现缓冲罐底部下醇口与罐底平齐，颗粒沉积物容易被带入泵进口管线，造成管线堵塞，建议加高缓冲罐下醇口，使下醇口高出罐底。

案例8　重沸器母火小且易灭

1．问题描述

重沸器母火点着后，火很小，而且每次主火熄灭时母火随之熄灭。

2．查找原因

首先对母火管线进行吹扫，未发现堵塞现象。随后清洗母火火嘴，也未发现堵塞现象。最后经过仔细观察，发现火嘴与母火火管连接处凹凸不平，并且连接火嘴和母火火管后，打开气源，连接处有气体漏出，判断是火嘴与母火火管连接处漏气而造成母火很小且易灭（图3-57）。

3．解决措施

找一个DN20mm的加热炉液位计旋塞阀垫子（图3-58），垫于火嘴与母火火管连接处并上紧，连接好管线，点燃重沸器母火，点燃后母火很大，并有明显的喷射力，经过验漏，连接处无渗漏。

图 3-57　火嘴与母火火管连接处渗漏　　　图 3-58　加热炉液位计旋塞阀垫子

4．跟踪验证

通过整改，母火燃烧稳定，主火熄灭时也未出现熄灭母火的现象。

5．建议及预防措施

重沸器火易灭时，可先观察是不是母火有问题，从母火入手查找原因。另外，如果是重沸器温度升高到一个最高温度时，主母火突然熄灭，温度急速下降，可查看高温截断阀设置的温度是否比温控器设置的最高温度低或相平。

第三节　注醇设备管理基础知识及故障案例分析

一、注醇泵基础知识

（一）适用条件

从采气井口出来的天然气几乎都含有水汽，含水汽的天然气进入管线在一定的压力和温度下容易产生天然气水合物，特别是在管线或设备有节流效应的情况下更容易生成固体水合物，堵塞整个管路，影响正常生产。为抑制天然气水合物的生成，常采用注醇的办法（图 3-59）。通过注醇泵向天然气管线中注甲醇，使其与天然气充分混合，达到抑制天然气水合物生成的效果。采气厂常用注醇泵有隔膜泵和柱塞泵（图 3-60、图 3-61）。

图 3-59　注醇系统

图 3-60　双头隔膜泵

图 3-61　柱塞泵

（二）工作原理

柱塞泵是通过柱塞在柱塞孔内往复运动时密封工作容积的变化来实现吸油和排油的。由于柱塞与缸体内孔均为圆柱表面，滑动表面配合精度高，所以这类泵的特点是泄漏小，容积效率高，可以在高压下工作。

隔膜泵（图 3-62）是一种由膜片往复变形造成容积变化的容积泵，其工作原理近似于柱塞泵。电动机经联轴器与蜗杆连接，并带动涡轮、N 轴运转，N 轴通过连杆带动柱塞做往复运动。当柱塞向后移动时，液压腔内产生负压，使膜片向后挠曲变形，介质腔也产生负压，此时出口单向阀关闭，进口单向阀打开，介质从进口管线进入介质腔内，柱塞至后始点时，吸液过程结束；当柱塞向前移动时，液压腔中的液压油推动膜片向前挠曲变形，介质腔容积减小，压力加大，使进口单向阀关闭，出口单向阀打开，介质排出介质腔进入出口管路，柱塞连续往复运动，泵即可连续输送介质。

图 3-62　隔膜泵结构

1—泵头；2—电动机；3—液压油池；4—机座；5—轴承箱；

6—补油阀；7—调压阀；8—行程调节器

在运行过程中，当液压腔内压力高于额定值时，调压阀起跳，释放出来的液压油通过回油管进入油池；当液压腔内的液压油不足时，补油阀自动开启，油池内的液压油通过补油管进入液压腔。液压腔内压力始终保持平衡是膜片使用寿命长的重要因素之一。

泄压阀内的排气阀可使液压腔内少量空气排出，避免气阻现象，确保正常运行。在排气过程中，可能会有极少量液压油经回油管一起排出，属于正常现象。

（三）注意事项

（1）设备运转时不应进行任何维护、维修作业。

（2）停泵维护时，需断开电源一次线路，拆除二次线路熔断器并悬挂"禁止合闸，有人工作"安全标志牌。

（3）皮带轮无护罩或护罩松动时不应启动设备。

（4）设备吸入压力应不低于规定值。

（5）有强制润滑系统的泵，启动泵前应先启动机油泵，停泵后方可停机油泵。

（6）调节设备进出阀门时，操作者身体应位于阀门侧面，泵头正面位置应无人。

（7）安全溢流阀应每年进行一次校验，有滴漏时需重新校验。

（8）设备运转过程中出现出口压力骤升、噪声或振动突然显著增大时，应立即停泵检查，排除故障后方可使用。

（9）紧急情况下可先断开电动机电源，然后打开回流阀门泄压。

（四）日常维护

1．例行保养（24h）
（1）检查、紧固各部连接螺栓。

（2）检查润滑油品质、温度、耗油量。

（3）检查压力表、安全阀、各阀门、垫子完好情况。

（4）检查各摩擦部件的温升，应无局部温升过快现象。

（5）查听设备运动中应无异常敲击声，检查皮带松紧度。

（6）检查出口压力和排量。

（7）检查密封函体，应无泄漏、发热现象。

（8）检查控制柜电压、电流应正常。

（9）有强制润滑系统时，检查机油应处于规定范围内。

2．一级保养（500h）
（1）例行保养的各项内容。

（2）新泵、大修出厂的泵，应清洗曲柄箱，更换润滑油（每3000h更换一次）。

（3）检查进、排液阀的密封性，必要时研磨修正。

（4）检查柱塞与填料磨损情况，根据泄漏量决定调整或更换。

（5）更换损坏的易损件。

（6）检查并拧紧柱塞密封函体的压帽及连杆螺母。

（7）检查所有基础上的螺母和压紧装置的螺栓应无松动。

（五）常见故障与处理方法

1．电动机不能启动
（1）电源无电。

处理措施：检查注醇泵供电电源。

（2）电源的一相或两相断电。

处理措施：检查配电柜抽屉复位开关是否正常，抽屉触点接触是否良好。

（3）泵停运时，行程调零过程中行程调节机构将N形曲柄强行压死，将缸体内轴承顶死。

处理措施：重新调整、设定行程调节机构。

2．泵的各零件过热

（1）传动机构油箱内机油量过多、不足或机油使用时间太长而变质失效或含杂质多。

处理措施：检查油箱内机油量在合适的位置（机油刚好漫过十字头为好）；对油箱内的机油取样化验、更换机油。

（2）各运动件润滑不好。

处理措施：检查清洗各运动件的润滑油孔。

（3）密封填料压得过紧。

处理措施：调整密封填料压盖以无泄漏为准，若密封填料已压到底则更换新密封填料。

（4）N形曲柄与连杆摩擦力过大，涡轮摩擦力过大。

处理措施如下：

① 检查注醇泵机油液位是否在规定范围内，若机油不足，进行补加。

② 检查曲柄、连杆、涡轮等部件是否变形，根据情况进行维修或更换。

（5）双头泵在一台停运过程中行程未调节至零位。

处理措施：打开液压油缸检查柱塞是否有位移并调整至零位移。

3．注醇泵出口关闭，压力上升后，停泵，压力下降快

（1）注醇泵泵头单流阀密封不严。

处理措施：停泵泄压后，依次检查泵头进、出口单流阀，若密封不严，则进行维修或更换。

（2）注醇泵出口阀门关不严，内漏。

处理措施：对泵泄压后，关闭泵进口阀，打开出口压力表取压阀，看是否有甲醇流出，若有连续的甲醇流出则更换出口阀门。

（3）安全阀内漏。

处理措施：关闭泵的出口，再次启泵，压力升至一定程度后不再上升，仔细听安全阀出口管线内是否有甲醇流过，若判断有甲醇流过，则关闭安全阀上游控制阀门，待压力降至20MPa进一步确认压力是否还继续下降。

（4）注醇泵出口单流阀下游至出口阀门之间某个连接处密封不严。

处理措施：逐级检查各个连接处，整改漏点。

（5）泵头进、出口单流阀连接处、膜片未压紧，密封填料压帽渗漏。

处理措施：找出渗漏部位进行紧固密封。

4．注醇泵不上量或上量不足

（1）罐底太脏导致泵的进口管线、泵前过滤器堵塞。

处理措施：检查清洗甲醇罐或过滤器。

（2）泵的吸入管路泄漏。

处理措施：检查整改吸入管路漏点。

（3）泵头进、出口单流阀内部密封不严。

处理措施如下：

① 检查泵进、出口单流阀总成是否损伤或阀球与阀座之间是否有杂物，进行更换或清理杂物。

② 检查阀压帽并紧固，更换密封垫片。

（4）气锁。

处理措施：关闭出口阀，从压力表放空口排空直至有连续的甲醇流出；若有天然气窜入，找出窜入天然气位置并进行切断。

（5）密封填料压帽密封不严渗漏。

处理措施如下：

① 检查密封填料压帽是否紧固。

② 检查密封填料是否损伤并更换密封填料。

③ 检查柱塞面是否有损伤并进行更换。

（6）隔膜泵膜片破（液压油出现乳化现象）。

处理措施：更换膜片并更换液压油。

（7）泵头泄压阀设定的起跳压力不合适造成泄压阀起跳。

处理措施：设置合适的泄压阀起跳压力。

（8）隔膜泵液压油形不成回路。

处理措施：检查整个回路是否堵塞。

（9）泵头液压腔内有空气。

处理措施：逆时针拧松泵头泄压阀旋紧螺母，通过液压腔底部补油管加入液压油，排尽液压腔内空气。

（10）泵的行程刻度指示有误。

处理措施：将泵的行程调至零位，并对刻度重新标定。

5．注醇泵泵体漏机油

（1）泵头十字头油封破损。

处理措施：检查泵头方缸内是否有机油渗漏，更换泵头十字头油封。

（2）电动机油封损坏。

处理措施：检查电动机与泵体连接处排油孔是否有机油，更换电动机油封。

（3）泵头方缸与箱体连接处密封垫密封不严。

处理措施：检查泵头箱体连接处是否有机油渗出，紧固或更换密封垫片。

二、故障案例分析

案例1　双头泵电动机油封漏油

1. 问题描述

双头泵在正常运行过程中时，中间连接套处有漏油现象（图3-63）。

漏油

图3-63　双头泵

2. 查找原因

双头泵是由一个电动机工作，通过中间传动轴带动两边箱体内蜗轮蜗杆进行运动，箱体内有足够的机油作为润滑剂，传动轴与两边箱体靠油封进行密封（图3-64）。油封漏油可能是由于油封使用时间过长、传动轴长期高速旋转磨损致使油封内圈有间隙、油封压盖内密封圈变形等原因造成的。

油封　　　传动轴　　　油封

图3-64　双头泵油封与传动轴

3. 处理措施

（1）停泵泄压，根据漏点情况，判断是左侧箱体还是右侧箱体油封漏油，放出漏油端箱体内机油。

（2）卸掉未漏油端泵头阀总成上下活接头。

（3）卸掉泵地脚螺栓，卸掉固定套两边连接螺栓。

（4）拆掉箱体，拆除固定套，拆除油封压盖法兰。

（5）检查更换 O 形密封圈，更换油封。

（6）按照拆卸顺序装泵，完成后加机油启泵运行。

4．跟踪验证

更换油封及油封压盖密封圈后，注醇泵运行正常，无漏油现象。

5．建议及预防措施

安装油封时，将油封盘放平，用旧油封将新油封挤入油封盘；安装另外一侧箱体时，先不要安装固定套，将另外一侧箱体置于平行位置，先设定三角套的位置，然后装固定套，最后按照设定位置安装另侧箱体，可取得事半功倍的效果。

案例 2　注醇泵不上量

1．问题描述

注醇泵不上量，检查泵头泄压阀正常，更换进出口阀、泵头膜片后，问题依旧未解决。

2．查找原因

通过再次全面细致的检查发现，该台注醇泵进口阀的紫铜垫片未正确安装（图 3-65），导致进口阀的各密封部件未压紧，有内漏现象，从而造成注醇泵不上量。

密封垫安装错误

图 3-65　注醇泵进口阀

3．处理措施

（1）停泵泄压，拆下注醇泵进口阀。

（2）将阀密封垫进行正确安装（图 3-66）。

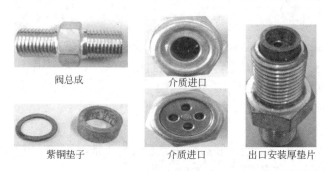

图 3-66　注醇泵进口阀密封垫安装图

（3）如安装过程中阀内的密封部件不小心倒出，可按图 3-67 所示进行安装。

依次安装

图 3-67　注醇泵进口阀密封垫安装次序图

（4）确保阀部件及密封垫片正确安装后，启运注醇泵。

4．跟踪验证

注醇泵不上量问题得到解决。

5．建议及预防措施

正常运行时，建议定期用大火对炉膛进行烘烤，特别是冬季运行时。

案例3　注醇泵电动机端密封圈漏油

1．问题描述

双头泵在正常运行过程中时，电动机与泵体连接套处有漏油现象（图 3-68）。

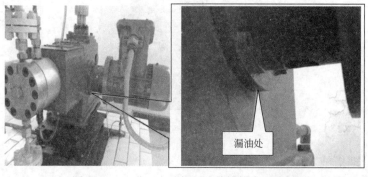

图 3-68　注醇泵电动机与泵体连接套漏油处

2．查找原因

注醇泵是由一个电动机工作，通过传动轴带动箱体内蜗轮蜗杆进行动作，箱体内需有足够的机油作为润滑剂，传动轴与箱体之间有两个密封部件：油封和密封圈（图 3-69）。经检查发现，漏油的注醇泵油封完好，漏油原因为油封壳体密封圈变形或损坏，造成注醇泵电动机端漏油。

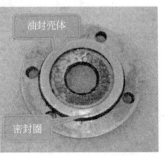

图 3-69　注醇泵传动轴与箱体密封部件（油封和密封圈）

3．解决措施

（1）停泵泄压，放出漏油端箱体内机油，卸下注醇泵电动机，取下油封壳体。

（2）更换油封壳体密封圈，原装密封圈为三角形，由于此种密封圈很难找到，可用另一种直径相同的圆形密封圈代替，安装注醇泵电动机，加机油，启泵运行。

4．跟踪验证

更换油封壳体密封圈后，注醇泵电动机端漏机油问题得到解决。

5．经验总结

注醇泵电动机端漏油时，判断问题出在油封还是密封圈的方法如下：

由盘泵口向内观察泵轴：

（1）如发现泵轴向外甩（渗）机油，则判断为油封损坏。

（2）如发现从注醇泵电动机端连接处渗漏机油，则判断为密封圈损坏。

（3）如发现泵轴向外甩（渗）机油，且从注醇泵电动机端连接处渗漏机油，则判断为油封故障、密封圈损坏。

案例 4　隔膜泵启泵时不起压

1．问题描述

隔膜泵（图 3-70）启动后，压力表正常投用，上下阀正常，但启动后不起压。

图 3-70　隔膜泵

2．查找原因

经过检查发现排气安全阀上部回油管（图 3-71）无液压油或者液压油中含有大量气泡，可判断泵头液压腔室存在空气，造成泵气锁，无法正常起压。

图 3-71　排气安全阀上部回油管

3．解决措施

将排气安全阀压帽（图 3-72）用扳手拆下，取下限流阀，取出阀内弹簧，启泵，当排气安全阀内空气排完有液压油充满后，停泵，将弹簧装入，安装上限流阀，再次启泵，待限流阀口有液压油流出后，停泵，安装上压帽，启泵，待起压后通过调整排气安全阀压帽设置最高泵压。

图 3-72　排气安全阀压帽

4．跟踪验证

通过调试后，启泵运行，起压正常。

5．建议及预防措施

（1）泵长时间停用，再次启用时若打不起压，可先采取这种方法排除。

（2）更换泵头隔膜片后，建议启泵前将补油管一头（连接液压油箱一头）拆下，用机油壶通过补油管打入液压油，以置换泵头隔膜片内空气，至回油管有液压油流动为止。

案例5　注醇泵电动机风扇异响

1．问题描述

注醇泵电动机靠风扇端（图 3-73）在运行中发出"咔嚓咔嚓"的干磨声音。

图 3-73　注醇泵电动机风扇

2．查找原因

（1）在运行中轴承偏离中心点与边上轴承套发生摩擦产生异响。

（2）密封圈老化，灰尘等通过护罩进入。

（3）夏秋两季停运时间，有些润滑部件得不到有效润滑。

3．解决办法

（1）拆下电动机风扇护罩及风扇叶轮，对电动机轴承及轴承套进行检查。

（2）更换轴承外侧密封圈，清理油污进行保养。

4．跟踪验证

整改完后运行正常。

第四节　加热设备管理基础知识及故障案例分析

一、加热炉基础知识

（一）适用条件

　　天然气从气井采出后流经节流件时，由于节流作用，使气体压力降低，体积膨胀，温度急剧下降，就有可能产生水合物而影响生产。为防止水合物的生成，广泛采用加热炉加热（图3-74）的方法来提高气体温度。其实质是通过提高节流前天然气温度，使节流后天然气温度处于其开始形成水合物的温度之上，而确保不形成水合物。

图 3-74　加热炉

（二）工作原理

SC-4-F-400／25 集气站多井式负压型天然气加热炉是气田井场专用加热炉（图 3-75），是天然气开采的必用设备。此加热炉为快装水套式加热炉，可同时给 4 口井气体盘管加热，产量可达 $26×10^4m^3／d$，在常压下运行，以天然气为燃料，配备先进的负压型火嘴、进口温度控制器及控制气阀，可实现温度自动调节和母火熄灭保护功能。它的系统坚固耐用，可在无电条件下正常运行，热效率达 84%。

图 3-75　加热炉结构示意图

1—切断球阀；2—过滤器；3—减压阀；4—供气压力表；5—气源调节阀；6—气源压力表；
7—气量压力表；8—气量调节阀；9—主火阀门；10—主火压力表；11—母火阀门；
12—点火孔；13—母火二次风门；14—主火一次风门；15—温度控制器；
16—水域温度计；17—玻璃管液位计

为使系统运行更可靠，还设有监控系统。在监控系统的监控器面板上，可以直观地看到水浴温度、水位状态、母火状态以及与 DCS 通信状态。当水位过低，母火熄灭，温度过低时，监控器便发出声音报警。

（三）系统的安装和调试

1. 燃烧器的安装调试

安装燃烧器时，先将燃烧头紧固在炉体燃烧器安装法兰上，用螺栓紧固，再连接主燃气管、母火管和母火熄灭保护器及其离子探针。离子探针的中心电极应接触母火火焰，且与燃烧器金属材料及耐火材料不能接触。燃烧器安装好后，按照下面的步骤调试：

（1）对管道及阀门进行检查，不允许漏气。

（2）检查主火嘴管道的燃气压力和母火进气管的燃气压力是否符合燃烧器的工作参数，如不符，应加以调节。

（3）开启点火装置，由点火孔插入母火嘴前，打开母火管阀门，母火即可点燃。

（4）在母火点燃后，调整燃烧器后端的一次调风板使风门关闭，然后打开主火管阀门，主火即可点燃。

（5）调整燃烧器一、二次调风板，由小逐渐开大，使主火火焰由黄色转为蓝色并能稳定燃烧为宜。

（6）在调整火焰时，如遇回火观象，应调小后端风门进风量；如遇燃烧不完全现象，应调大一、二次风门进风量。

2．母火熄灭保护器的安装调试

母火熄灭保护器用 1in NPT 连接到火嘴上，输出管接到总控阀，输入管连接燃气总管。保护器靠传感元件感受母火是否燃烧来控制总控阀是否打开。如果母火熄灭，则总控阀关闭，起到安全保护作用。

调试时，点燃母火，20min 后打开母火保护器控制钮盖，调整控制钮（逆时针旋转为打开总控阀，顺时针旋转为关闭总控阀），使母火保护压力表显示某一稳定值后，关掉母火，20s 后，熄灭保护器压力表回零位，应顺时针微调控制旋钮使压力表刚好到零位。

3．温度控制器的安装调试

温度控制器的安装是用½in 管螺纹连接在炉体上的螺纹连接口上，再接上输入和输出控制风管线，输入接口接总燃气管的控制风支管，输出接口直接连接到主控阀的 RC1/8in 控制口。将旋钮顺时针旋转到底为温度上限，逆时针旋一圈为温度下限，具体温度看刻度盘，在加热炉运行时，调节控制旋钮，设定加热炉工作温度。

4．管路及温度控制系统调试

调试前检查燃气供给压力是否正常（2.5～6 kgf/cm²）并将供气管线吹扫干净，加热炉内水位加至正常，管路中所有阀门在关闭状态。打开切断球阀，调整调压阀，使压力表指示 0.1MPa，检查管线无漏气现象后可进行点火调试，如图 3-76 所示。

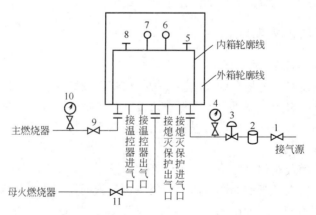

图 3-76　管路及温度控制系统调试图

1—切断球阀；2—过滤器；3—调压阀；4—压力表；5—气源调节阀；6—气源压力表；
7—气量压力表；8—气量调节阀；9—主火截止阀；10—主火压力表；11—母火针阀

点母火：首先打开气源调节阀，将火源伸入点火孔，再慢开母火针阀，即可点燃母火，调节母火针阀和母火风门。

（四）注意事项

（1）如点火失败，或因故停炉，需等足够时间（至少30min），以使炉内天然气排尽，确保炉膛内无天然气后才能重新点火。加热炉防爆门应自由开启，前方严禁站人。

（2）严格按照操作执行，以确保安全，虽然母火熄灭后会切断总气源，但操作者平时还应该加强巡视，以防万一。

（3）第一次启动加热炉时，不要急于升温，应在小功率燃烧一段时间后，再逐渐提高功率。正常生产时如发现水温过高，在检查水浴温度控制和设定温度无异常时，再关小截止阀。长时间停止生产时，应先关小截止阀，降低输出功率半小时后，再关闭主火。

（五）日常维护

1. 加热炉的维护保养

（1）要定期对加热炉进行排污，排污周期可依据情况自行决定。

（2）用户每年至少一次对加热炉进行全面检查维修。

（3）检修加热炉时，应从加热炉上拆下燃烧器，对其进行单独检修。

（4）对因燃烧而损坏了的耐火层应予及时修补。

（5）检修时应对炉体进行化学除垢，并及时清理炉室内的积垢。

2. 燃烧器的维护保养

（1）燃烧器的表面应时常保持洁净。

（2）应定期拆出燃烧器，检查离子探针，清洗污物；检查母火燃烧头是否烧损，如有应予更换。

（3）经常检查燃烧器与监控器的连线是否完好无损，如有问题应及时解决。

（4）经常检查供气压力及流量是否正常。

（六）常见故障与处理方法

1. 加热炉温度烧不起来

（1）供气压力低。

处理措施：检查炉前二级减压后压力是否为0.10MPa；若压力低于0.10MPa，但调整炉前减压阀（图3-77）压力仍达不到0.10MPa，则有可能是炉前减压阀故障或是自用气区加热炉压力过低（0.2～0.6MPa）。

图 3-77　加热炉减压阀

（2）主火燃烧不充分。

处理措施：检查主火燃烧情况，若是燃烧不充分，则调节主火一、二次风门（图 3-78）至主火燃烧最理想的状态。检查防爆门是否密封严密，若密封不严，调整防爆门密封。

（3）主火管线不畅。

处理措施：炉前二级减压后压力为 0.10MPa，但主火压力低，可能是主火管线堵塞或主火阀门截流，也有可能是主火火嘴堵塞。

（4）温控器设置温度低。

处理措施：检查温控器设置温度，顺时针旋转调节旋钮，观察气量调节阀压力表是否有压力显示，检查主火燃烧有无变化，主火是否变大。

图 3-78　加热炉二次风门

（5）马达阀故障。

处理措施：关闭气量调节阀，顺时针调节温控器旋钮，观察主火压力有无变化，若无变化，则主火马达阀故障，维修或更换马达阀。

（6）主火火嘴有问题。

处理措施：检查调整主火火嘴长度。

（7）烟道不畅。

处理措施：停炉，打开防爆门检查烟道是否畅通，若不畅通则清理烟道，如图 3-79 所示；同时检查烟囱是否畅通。

图 3-79　加热炉烟囱除尘

（8）主火一次风门设计不合理。

处理措施：改造主火一次风门。

（9）加热炉超负荷运行。

处理措施：在允许范围内降低加热炉负荷。

（10）水套炉内结垢严重。

处理措施：检查火管外壁及气盘管外壁并进行除垢。

（11）火焰探测器故障。

处理措施：逆时针调节旋钮观察是否有压力输出，顺时针调节观察输出压力是否落零。

（12）烟道积炭严重导致换热效果差。

处理措施：检查清理烟道内表面的积炭。

2．母火经常熄灭

（1）火焰探测器故障。

处理措施：检查、维修火焰探测器。

（2）母火火嘴太短。

处理措施：根据母火燃烧情况调整母火火嘴长度，若火嘴太短，主火熄灭时很容易带灭母火。

（3）母火压力太低。

处理措施：检查母火火嘴开孔，若是脏物太多堵塞，则清理脏物（切忌把孔扩得太大）；若是开孔过大，母火无喷射力，则更换火嘴。

（4）主火火力太猛把母火吹灭。

处理措施：首先检查母火的喷射力是否足够（通过调整母火风门测试，若火焰明显无喷射力，则可能是母火的火嘴孔开得太大，节流效果不好，需更换火嘴）。其次检查主、母火火嘴的间距，间距太小也会导致主火燃烧或熄灭时带灭母火。

（5）母火风门调整不合适。

处理措施：重新调整母火风门至合适的位置。

3. 加热炉回火

（1）风门调节不合适。

处理措施：重新调整主火一、二次风门。

（2）进气压力太低。

处理措施：检查主火压力是否为 0.10MPa，若是压力过低，则调节减压阀提高进气压力，重新调整风门观察火焰燃烧情况。

（3）火嘴设计有缺陷（火嘴太长或太短）。

处理措施：对火嘴进行改造或更换。

（4）烟道、烟囱堵塞。

处理措施：打开防爆门，检查、清理烟道及烟囱。

（5）烟囱下部破裂。

处理措施：检查烟囱是否有破损，根据实际情况进行更换。

（6）防爆门关不严。

处理措施：检查防爆门是否能关严。

（7）炉膛口坍塌，炉口变小。

处理措施：检查炉膛口是否破损坍塌堵塞炉膛口，若坍塌则重新做炉膛口。

4. 加热炉温度高于温控器设置温度后主火无法截断

处理措施如下：

（1）检查气量调节阀阀芯、聚乙烯垫子是否有损伤，若损伤则更换阀芯和聚乙烯垫子。

（2）检查主火马达阀是否密封严密，若密封不严，维修马达阀。

5. 烟囱冒黑烟（烟囱顶部出口有大量黑色积炭）

处理措施如下：

（1）检查主火是否完全燃烧，调整风门使主火完全燃烧。

（2）若无明显效果，则检查烟道、烟囱是否有积炭导致烟道不畅。

6. 炉膛震动强烈

处理措施：检查主火风门是否开得过大，若风门开得过大，适当调小主火风门。

7．烟道内积水

加热炉在小火燃烧时，炉膛内温度低致使水汽凝结积水。

处理措施：停炉，打开防爆门清理积水，并疏通烟道下排液口。

二、故障案例分析

案例1 加热炉温控器失灵

1．问题描述

温控器旋钮（图3-80）顺时针拧至最大仍无输出压力，马达阀不动作，主火燃烧无变化。

图3-80 温控器旋钮

2．查找原因

温控器旋钮拧进部分距离不够，导致密封面不能与小球密封，进而压缩球体连杆机构使大球离开阀座，致使气源输入压力无法输出，马达阀无输入压力而无法打开，主火气源被截断。

3．处理措施

（1）将旋钮拆下。

（2）松开旋钮固定内六方螺栓。

（3）将旋钮向外移。

（4）固定内六方螺栓。

4．跟踪验证

对旋钮进行调整后，温控器控制灵活。

5．建议及预防措施

定期保养温控器，防止各部件锈死。

案例 2　加热炉温度烧不起来

1．问题描述

加热炉温度烧不起来，检查主母火燃烧正常，但感觉炉膛无吸力，主火在燃烧器附近燃烧，燃烧器（图 3-81）很烫，调节风门依然无效。

2．查找原因

打开防爆门对烟道进行检查，发现烟道（图 3-82）堵塞，并且潮湿。

图 3-81　加热炉燃烧器　　　　　　　　图 3-82　加热炉烟道

3．处理措施

（1）停运加热炉，关闭主母火阀门，关闭总控球阀。

（2）用清理烟道工具对烟道进行清理。

（3）清理完毕后，点火，用大火对烟道进行烘烤。

4．跟踪验证

清理烟道后，主火燃烧时感觉烟道有吸力，加热炉温度能烧上去，但在低功率和高功率燃烧时存在燃烧不充分现象，需随时调节风门。

5．建议及预防措施

正常运行时，建议定期用大火对炉膛进行烘烤，特别是冬季运行时。

案例 3　加热炉在低功率下产生冷凝水

1．问题描述

某站加热炉（微正压炉改造）炉下排液口有较多的水流出，冬季温度较低时，排液口发生冻堵，大量水积于炉内。

2．查找原因

由于两口井进站压力（图3-83）均接近系统压力，节流前后温度差一般为0.6～1.6℃，水浴温度目前低于30℃，所需燃烧功率很低，燃烧产生的水蒸气由于流速慢来不及排出便在烟道内冷凝成液态水，自下方排出。

图3-83　进站压力

3．解决措施

在不改变当前水浴温度即不改变燃料气供给量的前提下，提高一次供风量，适当调节二次风门，增大火焰喷射力即提高燃烧尾气的流速，效果较明显，但加热炉易熄灭。

经观察后发现加热炉火嘴偏短（图3-84），尝试加长火嘴后，冷凝水量减少至几乎没有，但有轻微回火现象。

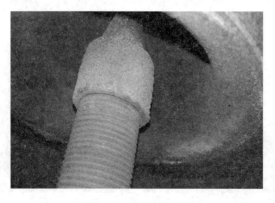

图3-84　加热炉火嘴

4．跟踪验证

几乎不产生冷凝水。

5．建议及预防措施

加强加热炉在各种气候状况下的运行情况监测。

案例4　加热炉母火熄灭保护器放空端持续撒气

1．问题描述

加热炉在正常生产过程中时，母火熄灭保护器（又称火焰探测器，图3-85）放空端有持续撒气现象，给安全生产带来隐患。

图3-85　加热炉母火熄灭保护器

2．查找原因

母火熄灭保护器是由感测温度变化的不锈钢管组成（图3-86），不锈钢管和低膨胀的合金与膜片装配体连接在一起，不锈钢长度的变化作用在导向阀上。导向阀是由两个紧密相连的不锈钢球组成，小球是供给压力输入端，大球是输出压力放空端。

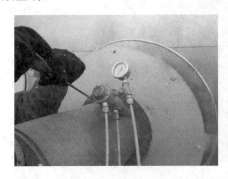

图3-86　母火熄灭保护器温度感测端

母火熄灭保护器放空端持续撒气，说明大球端钢球与阀座之间存在脏物（图 3-87），或是钢球与阀座损伤导致密封不严，放空端有排气现象。

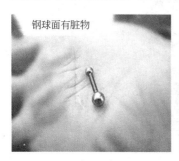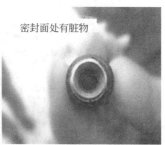

图 3-87 大球端钢球与阀座

3．解决措施

（1）停运加热炉，泄掉母火熄灭保护器输入及输出端压力，卸掉压力输入与输出端仪表风活接头。

（2）打开母火熄灭保护器压盖。

（3）卸掉调节旋钮，如图 3-88、图 3-89 所示。

（4）清洗阀座与钢球（图 3-90、图 3-91）。

图 3-88 用内六方拆除调节旋钮总成

图 3-89 卸掉导向套

图 3-90　清洗阀座

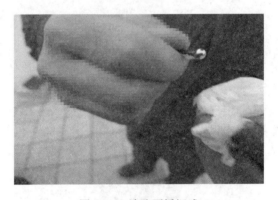

图 3-91　清洗不锈钢球

4．跟踪验证

清洗掉阀座与钢球上的脏物后，放空端验漏正常。

5．建议及预防措施

（1）年度检修时对母火熄灭保护器进行认真保养，确保其灵活好用。

（2）每次点炉前，按照要求对母火熄灭保护器进行调节测试，可减少脏物在阀座处积聚，提高密封效果。

（3）定期对自用气过滤罐进行排液，吹扫加热炉前燃料气滤芯，保证燃料气的纯度。

案例 5　加热炉冬季烟道堵塞判断方法

1．判断方法

冬季运行中的加热炉若出现如下情况，则可判断为炉膛烟道堵塞或有堵塞迹象：

（1）烟囱出口会有白色雾状水蒸气连续冒出。

（2）防爆门处潮湿、有水滴溢出，地面结有冰块。

2．解决方法

及时停炉，对加热炉烟道逐个进行疏通，清理烟道中的灰尘和残渣。清理后，烟囱处冒出的白色蒸汽越少，说明烟道疏通的效果越好。

3．原理解释

加热炉烟道出现堵塞或不完全堵塞的情况下，天然气会出现燃烧不充分现象，在此情况下，燃烧产生的热量在烟囱和防爆门处的散失量较燃烧充分的情况下大大减少。由于是冬季，环境温度低，大气对天然气中的水分蒸发量很小，在燃烧不充分、携带热量少、环境温度低、蒸发量少的双重作用下，水分子的粒径会比较大。因此，天然气自身携带的水分和燃烧后产生的水分随烟气从烟囱流出，容易被人用眼睛观察到。另外，在防爆门处积聚的水蒸气在冬季环境温度下蒸发量减少，容易在防爆门处冷凝、析出，在地面出现结冰现象。

4．说明

在春、夏、秋季环境温度较高的情况下，此方法不能用来判断加热炉烟道堵塞。

第五节　清管设备管理基础知识及故障案例分析

一、清管设备基础知识

清管作业能有效清除天然气管线内的杂质、游离水、管内积液和杂物，改善管道内部的清洁度，减少摩阻损失，提高管道的输送效率和使用寿命；扫除管壁的沉积物和腐蚀产物，使其不存在附加的腐蚀电极，减少垢下腐蚀；及时检测管道内部情况，确保输气管道安全平稳运行，延长管道使用寿命；提高气质，保证输送介质的纯度。

（一）设备分类

1．清管器

经过多年的现场运用和实践，皮碗清管器、双向清管器逐渐替代清管球，成为现场运用较多的清管器（图3-92）。

导向板　密封板

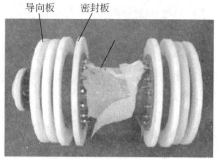

图 3-92　清管器

　　皮碗清管器结构相对简单，安装形式灵活。常用的皮碗一般采用天然橡胶或聚氨酯类橡胶制造，按形状分为平面、锥面和球面三种。平面皮碗清除固体杂质的能力较强，锥面皮碗和球面皮碗能适应管道的变形。皮碗过盈量一般为 2%～5%，多道皮碗密封保证了清管器的密封性能。

　　双向清管器的主体骨架和皮碗清管器基本相同，直板主要分为导向板和密封板，导向板的直径比管道内径略小，密封板的直径比管道内径略大。双向清管器最大的优点是可以双向运动，清除管道杂物的能力较强，一旦发生堵塞，可以进行反吹解堵。

2. 收发球筒

　　收发球装置，简称收发球筒（图 3-93），属于管道附件，广泛用于各种介质输送管道。收发球筒一般安装在主管道的两端，用于发射和接收清管器，在管道投产前通球扫线及投产后的清除水合物、扫油、除垢。

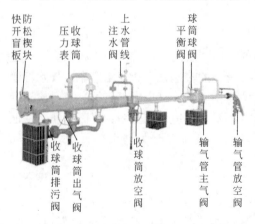

图 3-93　收球筒和发球筒

　　收发球筒的直径应比公称管径大 1～2 级。发球筒的长度一般不应小于筒径的 3～4 倍。收球筒长度一般不小于筒径 4～6 倍，因为它还需要容纳不许进入排污管的大块清出物和先后连续发入管道的两个清管器。

（二）维护要求

收发球筒安装完成后，一般情况下无须对设备进行维护，但在使用过程中应注意以下几个问题。

（1）在设备安装完后，除收发球筒工作或维护过程外，严禁对设备进行操作。任何操作人员应经过设备使用和维护培训，合格并取得相关的资格后才允许操作。操作人员应阅读操作和维护手册，严禁操作人员在设备承压状态下操作设备的任何部件。

（2）收发球筒为水平安装设备，通过两个鞍式支座安装在水泥基础上。除操作过程外，任何时间严禁对设备施加水平侧向力，严禁使用工具敲击设备的任何部位。除贴板外，严禁焊接或安装任何其他元件在筒体上。

（3）严格按照工作压力使用收发球筒。严禁提高设备的工作压力。任何对收发球筒的焊接、切割、钻孔是禁止的。如需对设备进行改造，必须提交原设计单位进行审核，出具相关文件，并获得相关批准后，由具有相关资格的压力容器制造厂家施工。

（4）快开盲板在不工作时应处于关闭的状态。当需要开启盲板进行清管操作时，应确保设备整体处于无压力状态。关于盲板使用和维护的要求请参考快开盲板使用说明。

（5）收发球筒处于空闲状态时，应保证设备筒体内部不承受压力。设备内部应无残余的介质。任何可能造成筒体腐蚀的介质应被清除。当清管作业完成后，应及时清除筒体内部的残余介质。如有条件，应保证收发球筒内部的干燥。

（三）常见故障与处理方法

在清管作业过程中，因为天然气的性质、管线的运行压力及内部情况、清管器的选择等原因，增加了清管作业的危险性，常见问题及处理方法如下。

1. 清管器卡堵

清管器卡堵主要是由管道变形、弯头半径过小、管道内污物过多引起的，卡堵后下游压力下降，上游压力上升。处理方法有增大上游压力、降低下游压力，增加进气量，反推清管器及切割管线解卡。支线清管作业中出现过此类情况，通过降低下游压力保证了清管作业顺利完成。

2. 清管器窜气

清管器窜气主要原因有清管器过盈量小、磨损变形大、破裂等，出现窜气后清管器运行时间远大于预计时间，管线压力无波动。处理方法有增大球后进气量、降低下游压力、选择过盈量较大的清管器。

3．球筒盲板操作风险

打开盲板时，管线杂质较多、平衡阀关闭、压力未卸完、人员占位不对都有可能使清管器飞出伤人。为了保证操作人员的安全，打开盲板前，需确认球筒进出阀门全关，打开平衡阀，对收球筒进行放空、排污。打开盲板时，确认球筒放空阀全开，球筒排污阀关闭，操作人员站在盲板侧面。

4．存在硫化物

管道长期输送硫化氢含量较高的天然气时，管道内会产生硫化亚铁，为了避免清管收球时硫化亚铁自燃，打开收球筒前，对收球筒进行注水。

5．其他常见问题

清管作业具有较高的风险，常见的隐患还有收发球操作时天然气爆炸或着火、环境污染、人身伤害等，为了消除隐患，操作人员需提前做好防火防爆措施，正确穿戴劳保用品，正确使用防爆工具，放空排污时缓慢操作，并配备相应的消防器材及急救药品。

二、故障案例分析

案例1　清管器发球后卡住

1．问题描述

2014 年 3 月 7 日，某站进行清管作业过程中，把清管器装入清管阀（图 3-94），关上盲板。打开外输旁通闸阀后，未听到任何响动，外输压力超过系统压力（5.6MPa），且持续上升，随后立即打开外输闸阀，导通正常流程。

图 3-94　现场清管阀与清管器

2．查找原因

外输旁通闸阀开启，压力持续上升，推测清管器卡住。关闭清管阀下游球阀，对清管阀泄压，打开清管阀盲板后发现清管器卡住。摇动手轮过程中发现，逆时针摇动手轮，当指示到如图 3-95 所示位置时，清管器已处于水平状态，继续摇手轮至摇不动时，清管器未处于水平状态。因此，此次卡球原因是手轮摇动超过位置，导致清管器未处于水平状态。

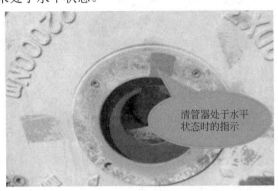

图 3-95　清管器调节指示

3．处理措施

查明清管器卡的原因后，顺时针摇动手轮，待清管器处于水平状态时，停止摇动手轮，关上盲板后，再次进行发球操作，清管器顺利发出。

4．跟踪验证

待再次清管时进行跟踪验证。

5．建议及预防措施

站内有清管阀的集气站在发球操作时，对清管器处于水平状态时的清管阀指示盘指示位置做好标识，消除显示误差，再次清管时摇动手轮至所示标识位置即可，以防清管器卡住的现象发生。

案例 2　清管收球时清管器卡住

1．问题描述

集气站某支线进行清管收球时，球到 30min 前倒为正常收球流程后，超过理论运行 1h 后未收到球，此时支线压力与上游站压力持续上升，达到 5.9MPa，站内系统压力为 5.40MPa。由此判断球卡到截断阀上游弯头处（图 3-96）。

2．查找原因

（1）管线长，起伏较大，导致管线内积液太多且脏。

（2）清管器前后压差稍微一大，上游站压力就达到安全阀起跳值。

（3）上游站配产低，推力不足，导致清管器卡住。

图 3-96　现场收球筒

3．处理措施

缓慢打开收球筒放空阀进行放空引球，引球过程中发现管线内水较多，随即打开分液罐进行排液，排液过程中观察火炬，待液排完后缓慢关闭分液罐，观察支线压力有所下降，继续放空 30min 后球顺利进入收球筒。

4．跟踪验证

待再次收球时视情况而定，必要时放空引球。

案例3　集气站收球筒球阀内漏

1．问题描述

某集气站收球筒球阀在关闭时内漏，收球筒压力为 0.4MPa（图 3-97）。

距离限位螺栓
28mm

图 3-97　收球筒

2．查找原因

在检查球阀、出气球阀、放空阀关闭时，打开收球筒放空阀泄压为零后，听到收球筒球阀处有气流声。

收球筒球阀长期处于关闭状态时，球面与密封面处被腐蚀，造成球面不光洁。

3．解决措施

（1）打开球阀传动机构，将润滑油清理干净。

（2）调整限位螺栓至 25mm。

（3）保养传动机构，在黄油口加注润滑油（图 3-98）。

加注润滑油

图 3-98　保养球阀传动机构

4．跟踪验证

经过 2 个月观察，没有内漏现象出现。

5．建议及预防措施

收球完毕后，收球筒内用清水清洗干净，定期保养球阀，避免球面腐蚀。

第六节　压缩设备管理基础知识及故障案例分析

一、压缩机基础知识

随着气田气井生产压力的不断下降，气田逐步进入增压稳产阶段，作为增压开采的关键设备，天然气压缩机的现场应用情况备受关注。目前使用较多的天然气压缩机是库伯公司生产的 DPC-2803 型、DPC-2804 型低速压缩机。

（一）工作原理

当压缩机（图 3-99、图 3-100）的曲轴旋转时，通过连杆的传动，活塞便做往复运动，由气缸内壁、气缸盖和活塞顶面所构成的工作容积则会发生周期性变化。活塞式压缩机的活塞从气缸盖处开始运动时，气缸内的工作容积逐渐增大，这时，气体即沿着进气管推开进气阀而进入气缸，直到工作容积变到最大时为止，进气阀关闭；活塞式压缩机的活塞反向运动时，气缸内工作容积缩小，气体压力升高，当气缸内压力达到并略高于排气压力时，排气阀打开，气体排出气缸，直到活塞运动到极限位置为止，排气阀关闭。当活塞式压缩机的活塞再次反向运动时，上述过程重复出现。总之，活塞式压缩机的曲轴旋转一周，活塞往复一次，气缸内相继实现进气、压缩、排气的过程，即完成一个工作循环。

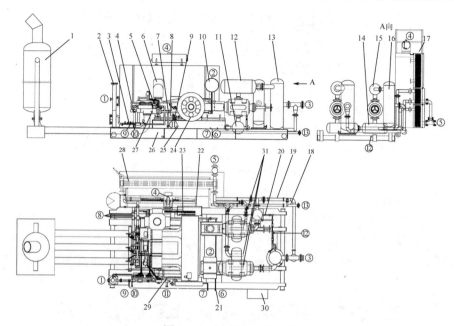

图 3-99　压缩机组结构图

1—排气部件；2—燃气进气分离器；3—燃气进气管路；4—燃气注气部件；5—调速部件；
6—空气进气部件；7—启动部件；8—预润滑部件；9—飞轮护罩；10—润滑部件；11—一级排气缓冲罐；
12—一级进气缓冲罐；13—一级进气分离器；14—二级排气缓冲罐；15—二级进气缓冲罐；16—二级进气
分离器；17—空冷器；18—放空管路；19—工艺气管路；20—分离器排污管路；21—排污管路；22—皮带
轮护罩；23—水泵张紧装置；24—压缩机主机；25—机座；26—底座；27—点火系统；28—夹套水管路；
29—卧轴传动系统；30—控制系统；31—支撑组件；①—燃料气进气口；②—高位油箱加油口；
③—工艺气进气口；④—加水口；⑤—工艺气排气口；⑥—中体排污口；⑦—机身排污口；
⑧—动力缸排污口；⑨—燃料气安全阀放空口；⑩—燃气过滤分离器排污口；⑪—启动气进气口；
⑫—工艺气分离器排污口；⑬—工艺气安全阀放空口

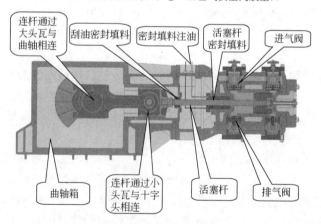

图 3-100　压缩机剖面图

（二）系统的安装和调试

1. 启动前的检查和准备工作

1）燃料气系统

（1）检查燃气系统各阀门是否在正常位置，确认燃料气是否引入（外供气阀门打开）。

（2）检查燃料气调压阀后的压力，控制在不小于 0.08 MPa（一般为 0.08～0.13 MPa）。检查动力缸液压油储罐油位，不能低于液压系统的回油管线，否则应补充液压油。

（3）检查液压罐供气阀门是否打开，排净液压注气系统中的空气。

（4）燃料气注气阀杆加注专用高温润滑油。

（5）打开燃料气电磁切断阀。

2）启动系统

（1）检查、确认启动风（空气或天然气）是否引入（外供气阀门打开）。

（2）检查启动气压力为 0.8～1.0 MPa（根据配套的电动机的额定工作压力来确定）。

（3）新机组第一次开机前，一定要检查并确认启动气系统的总管无杂物（建议将电动机进口过滤器前的管线断开，进行吹扫检查，配置临时过滤器）；检查并确认启动气过滤器滤芯是否完好和正确安装。

（4）机组运行初期，加强对启动气过滤器滤芯的检查和杂物清除，确认滤芯完好并正确安装，以防损坏电动机。

（5）检查仪表风一级压力控制在 0.55～0.60MPa，二级调压控制在 0.28～0.31MPa。

3）润滑油系统

（1）检查曲轴箱油位（正常运行中曲轴箱液位为液位看窗 1/2 以上）。

（2）检查注油器油位。

（3）检查卧轴传动齿轮箱润滑油油位或加注润滑油（第一次开机前或换油后）。

（4）用预润滑油泵给机组的主轴瓦、动力缸及压缩缸十字头进行手动或自动润滑（如果配套有外循环加热泵，将电源开关置于自动，并检查油泵旋向），机组停机超过 30min 后，再次开机前都必须进行机组的预润滑；手动预润滑至少 20 冲次以上，同时进行手动盘车两圈以上，确认压缩机组内部零件运动自如。

手动盘车前必须确认：启动气和燃料气外的供气阀必须在关闭位置，确保人身安全。

（5）手动对发动机动力缸、压缩机气缸及密封填料进行润滑（每个系统泵油

50 冲次以上），检查各注油管线及接头是否漏油，并从最接近各注油点（气缸、十字头及压力密封填料）的终端处，断开注油管线接头，排净空气；机组首次开机时，将所有注油泵调整到最大行程。

（6）给各滚动轴承和需要润滑的点加注合格的润滑油。

润滑油系统长时间停用和检修时，关掉外循环加热泵和润滑油系统的加热器电源。

4）循环水系统

（1）检查冷却水空冷器膨胀水箱液位是否正常（液位在液位计 1/2 以上）。

（2）发动机/压缩机冷却水循环水系统所有的阀门是否处于正常位置。

（3）检查水泵和空冷器皮带的张紧度。

每次机组重新加注冷却液时，要打开系统各放气阀，排出系统中的空气。

5）仪表盘

检查各仪表是否正常显示，各主要参数的停机设定值是否正确。

（1）仪表风压力控制。

正压通风柜的功能是通过对正压腔内加惰性气体，排放或稀释腔内可燃气体浓度，从而使正压腔内不会因电气动作产生的火花引起爆炸。因此，正压腔内应保证有 20kPa 左右的压力。

（2）触摸屏控制。

系统上电过程控制：旋转隔爆柜上手柄至"开"位，然后将控制旋钮旋至"开"位，系统上电完成。上电完成后，如果系统有故障报警，必须排除故障后才能启动压缩机。

对故障信息的处理：故障来临时，报警声响、报警指示灯闪烁、对应的故障信息自动弹出，同时有多个故障来临，需见历史故障画面。故障排除后，需将其对应的故障信息加以确认，并且按"系统复位"按钮解除报警。

（3）启停压缩机过程控制。

第一步：按触摸屏上"启动"按钮，启动指示灯亮、回路阀打开、点火接地断开。手动开启发动机，在设定时间范围内转速没有高于上限，系统报警，启动失败。若再需启动时，直接按"启动"按钮，若不想再启动，按"系统复位"按钮回到初始状态。当转速上升至转速下限时，系统运行灯亮、启动灯灭。

第二步：主机启动后，待动力缸温度上升至允许加载温度后，允许加载指示灯亮。按下"加载"按钮，允许加载指示灯灭，PID 调节有效（调节阀自动调节）。

第三步：按下"停机"按钮或当有停机故障产生时，运行指示灯灭、燃气切断阀得电，延时 2s 后点火回路接地、风机停止，延时 2min 后，回路阀关闭。

（4）设备伴热控制。

设备伴热装置采用全手动控制，"设备伴热开"和"设备伴热关"按钮可控制设备伴热的启停。

（5）油加热器控制。

油加热器采用全手动允许控制。在主画面中按下"油加热禁止"按钮，油加热器变为允许加热状态，当油温低于下限设定值，油加热器自动开启，并报警提示；当油温高于中限，油加热器自动停止；当油加热为禁止状态时，油加热器禁止开启。

（6）控制柜伴热带控制。

伴热带采用全手动允许控制。在主画面中按下"柜伴热禁止"按钮，控制柜伴热带变为允许加热状态，当控制柜内温度低于下限设定值，伴热带自动开启加热，并报警提示；当控制柜内温度高于中限，伴热带自动停止；当柜伴热为禁止状态时，伴热带禁止开启。

注意事项如下：

（1）正压腔内气体必须保证干燥且无腐蚀性气体。

（2）正压腔内必须保证有正压且不能过低或过高。否则，过低易引起爆炸；过高易引起触摸屏裂开。

（3）正常运行过程中不可按"系统复位"按钮解除报警。

（4）正常运行过程中不可停止两台风机。

6）工艺系统及其他

（1）检查压缩机旁通阀（或回流阀）是否打开。

（2）检查压缩机的排气放空阀是否关闭。

（3）检查压缩机排气出口是否关闭。

（4）检查压缩机入口阀门是否关闭。

（5）检查压缩机各气缸余隙的开度是否合适（对照压缩机组的运行工艺曲线），并调整到规定的开度。

（6）检查各分离器有无液位，如有液位则立即排空。

注意：压缩机组停运一个班次或压缩机气缸、工艺管线等被拆捡后，需要对压缩机组进行置换：打开排气放空阀，关闭旁通阀，最后缓慢打开入口阀门，用天然气将机组内部的空气置换干净。这是很重要的安全要求。

2．机组的正常启动

注意：冬季机组启动时，应严格执行如下规范：

（1）缓慢打开压缩机工艺气入口阀门，控制进气压力为 $500\sim800kPa$。

（2）打开动力箱中控盘上的电源，检查有无报警和停机故障显示。如有显示，则根据显示情况予以排除。

（3）打开动力缸缸头卸压阀，手动盘车 2～3 周，确认无卡阻和异常现象后，关闭动力缸缸头卸压阀。

（4）打开机油外循环加热泵，对机身预润滑 3～5min。

（5）检查初步转速设定，将调速器控制信号压力设定在 20.7kPa，以保证启动转速不超过 300r/min。

（6）在控制盘上按一下"开机确认"按钮。手动打开启动气阀，用气马达进行发动机盘车，当发动机转速达到 50～60r/min 时，缓慢打开手动燃料气阀，给发动机供给燃气，当发动机开始点火并使机组开始运转时，立即关闭启动气球阀。

（7）发动机启动后，完全打开压缩机入口阀门，同时调节控制盘上的启动调速器给定压力，使发动机怠速运行（265～300r/min 以上），建议运行转速为 280～300r/min 空载运行。

（8）检查发动机和压缩机运转是否有任何异常声音。

（9）检查机组冷却水循环是否正常。

（10）检查油、水、气系统是否有渗漏。

（11）确认故障显示器在延时达到后的显示为'01'，即所有的监控参数已被实时监测。

3．机组带负荷运行

注意：机组的正常负载运行应严格按压缩机组工艺计算工况进行操作。

（1）当机组水温达到 45℃ 以上时，机组可以带负载运行。

（2）根据需要缓慢调整机组转速（最高转速 440r/min）。

（3）完全打开排气出口阀门。

（4）完全打开一级入口阀门。

（5）关闭旁通阀，对压缩机组加载运行。

（6）检查控制盘各仪表是否正常，建议操作人员至少每 2h 记录一次运行工况参数和每 1h 进行一次巡回检查。

（7）检查机组油、水、气系统是否有渗漏。

（8）检查机组是否有异常响声、震动、高温等。

（9）检查发动机动力缸排气温度是否正常，与各缸排气温差是否大于 40℉（22℃），必要时调节动力缸注气阀的开度。

（10）检查压缩机各级进排气温度是否正常，如果温度超高要进行调整，必要时停机进行检查，查明原因并排除故障。

（11）检查压缩机中间级的进气温度，可以通过手动调节空冷器的百叶窗，尤其在冬季运行时。

（12）检查压缩机各级排气压力是否正常，并记录；如果压力不正常，应分析原因，必要时停机检查。

（13）机组运行平稳后，检测并调整注油量，根据运行工况的需要来调整注油量（表3-1）。

表3-1　压缩机组各种工况下注油量对照表

步　骤	动力缸		压缩缸	
	转速 r/min	注油脉冲，次/s	转速 r/min	注油脉冲，次/s
磨合 8~12h	350	14.96	440	32.86
60%负载	265	55.24		
75%负载	300	38.94	300	40.21
	440	26.60		
100%负载	300	29.19	265	54.57
	440	19.95		

4．机组正常停机

（1）缓慢打开旁通阀，使机组泄压降载。

（2）使发动机低速降温运行3~5min。

（3）按下故障显示器上的停机按钮（发动机的燃料气自动切断阀将自动断开），使机组停运。

（4）关闭进气阀。

（5）关闭排气阀。

（6）空冷器停止运转。

5．故障停机

（1）人工紧急停车的条件如下：

① 增压机进气系统、排气系统、燃气系统、润滑系统或水冷却系统突然损坏，出现漏气、漏水、漏油情况；

② 增压机组主要零部件或运动件损坏或增压机突然发生异常震动和异常响声。

③ 增压机组安全控制参数超过规定值或已经发生危及设备或人身安全的故障，仪表控制系统失灵，未起安全保护作用时。增压机系统及工艺管线配套系统出现严重漏气、漏水、漏油情况。

④ 站场出现燃烧爆炸事故。

⑤ 站场内工艺流程发生故障或因其他原因导致的紧急停车。

（2）增压机组发生上述第一、第二种情况时，应立即采取下述三种方法之一，使增压机紧急停车：

① 按控制盘上的紧急停车按钮。

② 关闭燃气球阀。

③ 手动关闭燃气切断阀。

（3）增压机发生上述第三、第四、第五种情况时，应立即采取下述两种方法的任意一种，使增压机紧急停车：

① 利用站内远程控制系统控制措施进行紧急停车。

② 利用站内远程控制系统或手动关闭燃料气启动气控制总阀。

（4）确认安全无危险后，立即给增压机卸载、放空。

（5）立即采取措施，防止事故扩大，检查事故原因，予以正确处理，同时将情况向上级汇报。

（6）非紧急情况不允许使增压机带负荷紧急停车。

6. 自动控制保护停车

（1）增压机运行中当任何一个参数超过调定的安全运行值时，增压机将自动停机。

（2）增压机出现自动停机后，应立即检查仪表盘上的停车显示代码属于何种保护停车。

（3）切断燃气球阀，并将增压机卸载、关进气阀、放空，向各注油点泵油，手动盘车 2～4 转。

（4）查清增压机故障原因，予以正确处理。在故障原因未查清之前，不得将停车显示复位或再启动增压机组。

（5）再次启动按上述正常开机步骤。

7. 新机组和大修机组试运步骤

（1）以下的试运操作步骤是基于环境温度为 5～9℃时，机组的磨合操作要根据现场当时的条件进行必要的调整（表3-2）。

表 3-2 机组磨合操作调整表

运行时间	2～5min	10～35min	25～30min	2h	4h	8h	72h 负载考核
转速，r/min	300	300	300	320～350	380-400	400～420	420～440
负载，%	0	0	0	20～30	40～50	70～80	95 以上

（2）空载运行前，将压缩机每个气缸的缸头端和曲柄端的进气阀及花篮各取出一个，装回气阀盖，用天然气置换压缩机组里的空气，将机组系统压力放空至

接近常压后关闭放空阀，启动机组；若现场条件允许（确认是洁净的现场环境），可以不引入天然气或不装回气阀盖，进行空载试运。

（3）机组负载运行前，装回所有的进气阀、花篮及气阀盖，用天然气置换机组系统的空气后，通过机组的进气阀、旁通阀以及机组的出口阀门来控制压缩机的负荷。

8．机组低温操作步骤

（1）如果压缩机组需要在低温条件下频繁启动，请与当地库伯代表处咨询有关发动机预润滑加热系统的情况，最好配置机组外循环加热系统。

（2）为避免机组在润滑油温度过低时启动和投入运行，必须严格执行如下的低温安全操作规范。

① 压缩机组停机 5h 以内：

（a）环境温度 5℃以上，怠速（不低于 300r/min）空载运行 20min，全负荷之前轻载运行 15min。

（b）环境温度 5℃或以下，怠速（不低于 300r/min）空载运行 30min，全负荷之前轻载运行 30min。

② 压缩机组停机 5h 以上：

基于不同的环境温度下的暖机操作要求见表 3-3，以确保动力缸的十字头、十字头销、铜套以及连杆瓦等在运行热膨胀过程中有合适的运行间隙。

表 3-3　不同环境温度下机组暖机操作要求

环境温度，℃	怠速运行时间，min（不低于 300r/min）	停机时间 min	启停机次数，次	满载前轻载运行时间 min
32～21	20	0	1	15
20～10	30	0	1	20
9～5	45	0	1	20
4～0	5	5	3	空载
	40	0	1	30
-1～-7	3	3	3	空载
	7	7	3	空载
	50	0	1	30
-8～-17	3	3	5	空载
	7	7	4	空载
	60	0	1	45

续表

环境温度，℃	怠速运行时间，min（不低于300r/min）	停机时间min	启停机次数，次	满载前轻载运行时间min
−18～−28	2	2	3	空载
	5	5	4	空载
−18～−28	15	15	3	空载
	30	30	1	空载
	60	0	1	45

注：每次启停期间必须用预润滑手动油泵泵油30～50次。

9. 机组试运行过程中的检查内容

（1）在正常开机检查内容的基础上，要重点注意进行以下停机的检查工作：

① 检查十字头间隙，特别是动力缸的十字头间隙。

② 检查机组各运动件的润滑情况和是否有异常高温。

③ 检查机组是否有异常的震动、杂音等。

④ 负载运行中检查机组的油水气渗漏情况，特别是机组的工艺系统是否有天然气渗漏。

（2）72h 负载考核前，对压缩机组进行紧固，并检查和清洁所有的过滤器。

建议：在负载运行新机组时，每运行 24h 检查一次工艺气进口的过滤器，每启动一次机组后检查启动气的过滤器，直至干净为止；压缩机各缸的进气缓冲罐的临时过滤器在 72h 负载考核运行后检查并清洁。

整体式压缩机组启机加载过程控制示意图见图 3-101。

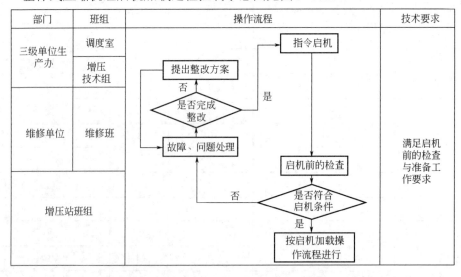

图 3-101　整体式压缩机组启机加载过程控制示意图

ZTY265 压缩机组启机加载操作流程示意图见图 3-102。

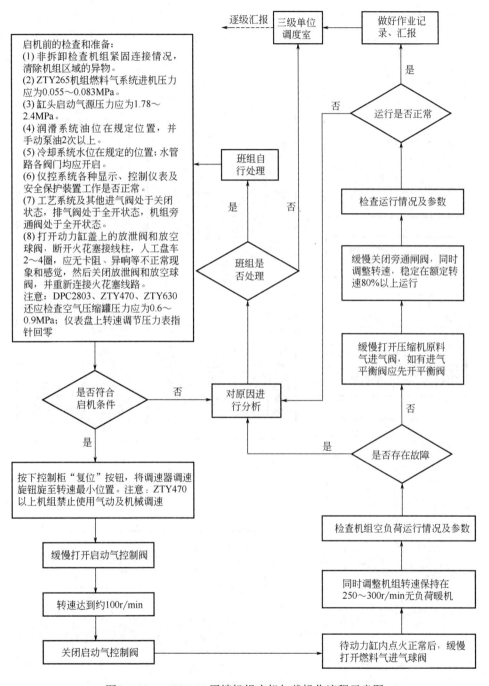

图 3-102 ZTY265 压缩机组启机加载操作流程示意图

整体式压缩机组停机操作流程示意图见图 3-103。

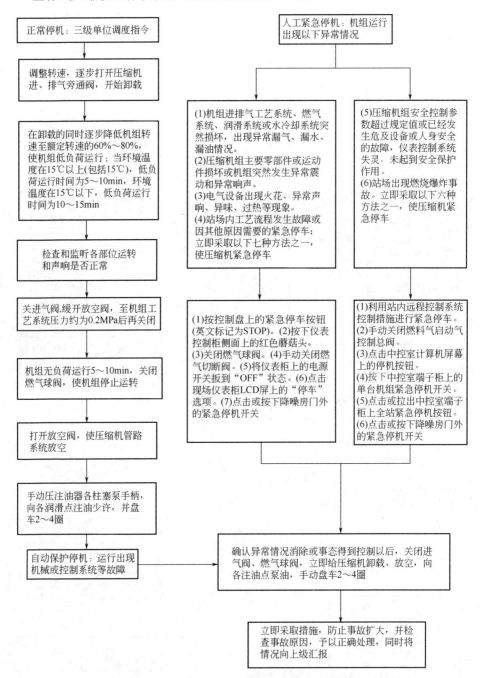

图 3-103　整体式压缩机组停机操作流程示意图

（三）注意事项

（1）操作压缩机的员工应遵循一切安全原则和运行步骤。操作前必须经过专业人员的培训。在启动机器前，要确定所有人员对机器有清楚的认知并知道启动的程序。

（2）在操作压缩机前应提前读懂操作手册，应对安全、设计和操作特点熟悉。

（3）操作员工必须穿戴劳保用品并佩戴听力保护用具。

（4）消防设备应安置在靠近机器维护的地方，确保出现紧急情况时，到消防设备的道路畅通无阻。

（5）当压缩机或引擎是热的时，不要打开冷却或润滑系统，因为热蒸汽或液体会流出来，造成严重的烧伤。有的装置在关闭数个小时后，表面还是持续高温。

（6）当排出冷却剂和润滑剂时，要防止机器的流质污染环境。切记：防冻剂、溶解剂和大部分的润滑剂都是易燃的。

（7）保持设备周围干净、整洁和有充足的空间行走。要快速清理所有溅出或流出的液体，以防滑倒或摔倒。

（8）在机器表面高处作业时，要使用梯子、垫台等，要站在平稳的表面作业。

（9）不要直接使用双手去检查高压滴漏的液体，使用纸板或类似物品检查滴漏。

（四）日常维护

良好的维护保养，是机组安全运行、使用寿命延长、运行成本降低的基本保证。因此，机组的维护保养应按正确的操作规程进行。

机组的维护保养除预防性维护、日常巡护检查保养外，还有每周、每月、每半年、每年、每两年等不同时段的维护保养。每次保养作业应认真做好保养记录。

1. 预防性维护保养

一个好的预防性维护程序可以在最少的运行费用下增加设备的寿命。这种维护首先要求遵守良好的运行规程。在发动机—压缩机运行时，如能按下列要求去做会得到最大经济效益。

（1）机组运行和维护中最基本的要求是清洁，即清洁的气体、清洁的水和清洁的润滑油。

（2）启动冷发动机时，应先怠速热车后方能加负荷。

（3）启动压缩机组以前，应该用注油器油泵的手动机构来给气缸加油。

（4）观察冷却水系统是否充满，确保所有水管接头不漏水。

（5）禁止将大量的冷水突然加到热的发动机气缸体中。

（6）寒冷季节，在所有带水并会结冰的部位，必须将水仔细地放出或加防冻剂，在防冻剂加入到冷却系统中以前，常常在清洁的容器中将水与防冻剂混合。

（7）在启动机组前，应确保曲轴箱中和强制供油注油器油箱中有充足的机油。

（8）严禁水进入润滑系统。

（9）在正常运行时，不要超过额定速度。

（10）应立即查找造成任何不正常的噪声和敲缸情况的原因，应先找原因而不是调整。

2．日常巡护检查保养

（1）检查并消除机组油、气、水泄漏现象，保持设备表面和环境的清洁。

（2）监视检查润滑油油箱、注油器油箱、曲轴箱、液压油油罐油位，注油器泵油情况；检查冷却水箱水位，夹套水温，发动机排温、排烟是否正常；检查机组各部位运转有无异响声和震动。

（3）检查燃料气压力，压缩系统进排气压力、温度是否正常。

（4）检查机组地脚螺栓和各连接部位紧固情况以及压缩缸支撑的松紧程度。

（5）检查并排除燃气分离器及工艺气分离器积液。

（6）检查仪表盘各控制仪表工作是否正常。

（7）DPC-2804 压缩机组主要运行参数控制值见表 3-4。

表 3-4　DPC-2804 压缩机组主要运行参数控制值

类　　别	控制参数范围	备　　注
转　速	≤440r/min	$\eta_运=(80\%\sim90\%)\eta_额$
动力缸排温	≤400℃	四缸温差≤20℃
夹套水温	动力缸≤55～85℃，压缩缸≤50～80℃	
曲轴箱油温	30～80℃	
压缩缸排温	≤150℃	
燃料气压力	0.055～0.138MPa	在机组调压阀前为 0.5～1.00MPa
启动气压力	0.8～1.1MPa	温度≥2℃

3．每月保养

（1）检查空气滤清器滤芯，需要时清洗或更换。

（2）在严重的尘暴以后必须检查空气滤清器。

（3）检查冷却系统中的水位。

（4）将打气室中积存的润滑油放掉。

（5）发动机运转时不得放油。

4．半年保养

（1）试验所有的安全装置以保证它们的设定值和正常运行。

（2）检查火花塞，需要时更换火花塞。

（3）检查并拧紧所有外露的螺母和紧固件。

（4）检查并清洗压缩机气阀，更换磨损的或坏了的零件。

5．一年保养

（1）更换火花塞和电线。

（2）检查磁电动机。

（3）检查调速器并更换磨损的零件。

（4）清洗曲轴箱上的呼吸器盖。

（5）彻底清除聚集在散热箱上的所有污物并检查有无泄漏。

（6）检查和更换磨损了的冷却风扇皮带。

（7）放净和冲洗曲轴箱，更换机油。

（8）拆下气缸盖，检查进排气口并清除气口的积炭。

（9）检查压缩机活塞杆的压力密封填料。

（10）清洗并检查注油器，更换磨损的零件。

6．每两年保养

（1）检查并在需要时更换磨损的活塞环，彻底清洗活塞和活塞环槽。

（2）检查并在需要时更换曲柄销轴承。

（3）检查并在需要时更换十字头销轴承。

（4）检查冷却器管并除掉任何集聚的沉淀物。

（五）常见故障与处理方法

1．点火系统故障排除方法

（1）点火线圈工作不正常。

① 点火线圈损坏。

处理措施：更换点火线圈。

② 点火线圈受潮或接线松脱。

处理措施：烘干或压紧点火线圈接头。

③ 高压电缆绝缘损坏，对地放电。

处理措施：更换高压电缆。

（2）火花塞工作不正常。

① 火花塞受潮或电极积炭。

处理措施：拆下火花塞清除积炭并烘干。

② 火花塞电极间隙过大或过小。

处理措施：调整火花塞间隙。

③ 火花塞绝缘损坏。

处理措施：更换新火花塞。

2．机组主要故障及排除方法

（1）机组不能启动。

① 启动气压力不足。

处理措施：按规定压力值供给启动气。

② 启动管路松脱及严重泄漏。

处理措施：消除泄漏及松脱。

③ 启动管线滤网堵塞。

处理措施：清除启动管线滤网堵塞。

④ 曲轴位置不正确。

处理措施：盘车，调整曲轴位置。

（2）启动正常，动力缸不工作。

① 点火系统发生故障。

处理措施：排除点火系统故障。

② 燃气压力过低或过高。

处理措施：调整燃气调节阀。

③ 空气滤清器阻塞。

处理措施：清洁滤芯。

④ 混合阀损坏。

处理措施：调整喷射阀调整螺母，检查液压系统是否正常。

⑤ 喷射阀不动作。

处理措施：调整喷射阀调整螺母，检查液压系统是否正常。

（3）机组运转不正常或控制紊乱。

① 火花塞损坏或间隙不当。

处理措施：更换火花塞或调整间隙。

② 燃气调节阀故障。

处理措施：检修或更换燃气调节阀。

（4）曲轴箱机油消耗过多。

① 油位过高。

处理措施：调整油位至规定高度。

② 活塞杆填料损坏。

处理措施：更换活塞杆填料。

③ 活塞环拉伤。

处理措施：更换活塞环。

④ 空气滤清器堵塞。

处理措施：清洁滤芯。

（5）曲轴轴承或连杆轴承温度过高。

① 机油太稠或使用时间过长。

处理措施：及时更换机油。

② 润滑油中含水。

处理措施：及时更换润滑油。

③ 曲轴箱中缺油。

处理措施：补充机油至规定量。

（6）机组转速下降以致停机（在点火正常情况下）。

① 轴承发热以致烧瓦。

处理措施：检查润滑情况是否正常。

② 燃气压力损失太大。

处理措施：排除堵塞、泄漏等故障。

③ 负载过大。

处理措施：调节负荷至规定值以内。

（7）注油器不泵油。

① 注油器中有气阻现象。

处理措施：排除注油器中的空气。

② 通向气缸的单向阀堵塞。

处理措施：排除堵塞物。

③ 注油器堵塞或损坏。

处理措施：检修或更换注油器。

④ 注油器油位不够。

处理措施：检查油管路或加润滑油。

⑤ 注油器传动失灵。

处理措施：检查注油器传动装置并排除故障。

3．动力缸主要故障及排除方法

（1）动力缸爆燃。

① 负载过大。

处理措施：调节负荷至规定值以内。

② 润滑油太稀并燃烧。

处理措施：按规定使用润滑油。

③ 燃气压力过高。

处理措施：调整燃气调节阀。

④ 空气滤清器阻塞。

处理措施：清洁滤芯。

（2）动力缸敲缸。

原因：燃气中液体成分过多。

处理措施：清扫燃气分离器或更换滤芯。

（3）动力缸熄灭。

① 点火系统发生故障

处理措施：排除点火系统故障。

② 火花塞高压电缆断裂。

处理措施：更换电缆。

③ 燃气压力损失太大。

处理措施：排除堵塞、泄漏等故障。

④ 空气滤清器堵塞。

处理措施：清洁滤芯。

⑤ 混合阀堵塞或损坏。

处理措施：清洗混合阀或更换损坏件。

⑥ 负载过大。

处理措施：调节负荷至规定值以内。

⑦ 喷射阀不动作。

处理措施：调整喷射阀调节螺母，检查液压系统是否正常。

⑧ 燃气进气阀卡滞。

处理措施：清洗并检修燃气进气阀。

（4）各动力缸工作不平衡。

① 混合阀损坏。

处理措施：检修混合阀。

② 火花塞损坏。

处理措施：更换火花塞。

③ 进气口堵塞。

处理措施：排除堵塞物。

④ 喷射阀动作不协调。

处理措施：调整喷射阀升程，使各缸工作达到平衡。

⑤ 点火系统发生故障。

处理措施：排除点火系统故障。

（5）动力缸温度过高。

① 负载过大。

处理措施：调节负荷至规定值以内。

② 空气滤清器堵塞。

处理措施：清洁滤芯。

③ 消声器或排气口堵塞。

处理措施：排除堵塞。

④ 水箱损坏造成缺水。

处理措施：更换水箱。

⑤ 水箱或水管路堵塞。

处理措施：排除堵塞物。

⑥ 气缸及活塞环积炭过多。

处理措施：检查调整注油量及填料是否泄漏。

⑦ 燃气中液体成分过多。

处理措施：清扫燃气分离器或更换滤芯。

⑧ 冷却水量不足。

处理措施：检查原因并加注冷却液。

⑨ 冷却水温过高。

处理措施：查明原因并排除。

（6）动力缸活塞烧结。

① 燃气压力过高。

处理措施：调整燃气调节阀。

② 混合气浓度太高。

处理措施：排除空气滤清器堵塞故障，调节燃气调节阀至正常。

③ 油器机油过稀。

处理措施：更换符合规定牌号的机油。

（7）动力缸转速下降。

① 负载过大。

处理措施：调节负荷至规定值以内。

② 活塞和活塞环与气缸卡滞。

处理措施：调整润滑油量。

③ 动力缸进排气孔堵塞。

处理措施：清除堵塞物，检查润滑情况。

④ 燃气压力过低。

处理措施：调整燃气调节阀。

（8）活塞环积炭过多。

① 燃气中液体成分过多。

处理措施：清扫燃气分离器或更换滤芯。

②　注油器供油率过高。

处理措施：调节注油器。

③　刮油器或填料密封损坏。

处理措施：检查并更换刮油器或填料密封。

（9）消声器发红。

①　燃气压力过高。

处理措施：调整燃气调节阀。

②　所用润滑油闪点过低。

处理措施：检查并更换润滑油。

③　消声器堵塞。

处理措施：检查并排除堵塞物。

④　负载过大。

处理措施：调节负荷至规定值以内。

（10）动力缸排烟色不正常。

①　冒白烟（燃烧室进水）。

处理措施：检查缸盖有无裂缝。

②　冒青烟（过量的润滑油进入燃烧室）。

处理措施：检查活塞环安装是否正常，是否有磨损情况以及曲轴箱油位及注油器油位。

③　冒黑烟（负载过大，排气温度过高）。

处理措施：调节负载至规定值以内。

4.　压缩缸主要故障及排除方法

（1）压缩缸内有尖锐冲击声。

①　阀片断裂掉入缸内或其他金属物掉入缸内。

处理措施：停机取出异物。

②　气缸内有积液或水腔漏水。

处理措施：拆检气缸或更换气缸。

（2）压缩缸尖叫或有闷声。

①　摩擦面装配间隙过小。

处理措施：拆开检修。

②　活塞环磨损严重或断裂引起间隙不均匀。

处理措施：更换活塞环。

③　连杆轴承间隙过大或连杆螺栓松动。

处理措施：更换轴瓦或拧紧螺母。

（3）压缩缸冲击回响。

原因：十字头滑道间隙过大

处理措施：十字头外径补焊巴氏合金并加工至规定间隙值。

（4）气阀内响声异常。

原因：阀片或弹簧断裂

处理措施：更换阀片或弹簧。

（5）压缩缸排温超过规定值。

① 排气阀泄漏。

处理措施：检修或更换排气阀。

② 进气温度过高。

处理措施：找出进气温度高的原因并排除。

③ 气缸水套或水箱堵塞。

处理措施：检修并清洗气缸水套或水箱。

（6）压缩缸排气量不足。

① 气阀泄漏。

处理措施：检修或更换气阀。

② 填料漏气。

处理措施：检查是否装配不良或更换填料。

③ 活塞杆拉伤。

处理措施：清除脏物，修复活塞杆。

④ 活塞环漏气。

处理措施：检修或复换活塞环。

（7）压缩缸发热。

① 冷却水中断或过少。

处理措施：检查水冷却系统供水情况。

② 气缸内有污物，气缸拉伤。

处理措施：拆检气缸并修复。

③ 气缸内润滑油过少或中断。

处理措施：检查注油系统。

（8）压缩缸不正常震动。

① 填料或活塞杆磨损。

处理措施：更换填料或活塞杆。

② 气缸内落入异物。

处理措施：拆修气缸并消除异物。

③ 十字头滑道间隙过大。

处理措施：十字头外径补焊巴氏合金并加工至规定间隙值。

④ 各配件配合不良。

处理措施：检查并调整各配件。

二、故障案例分析

案例 1 管束箱闪爆

1．问题描述

2015 年 2 月，某站压缩机管束箱突然发生闪爆（图 3-104），造成压缩机停止运行，影响了正常生产。

图 3-104　管束箱闪爆现场

2．查找原因

压缩机在空载时，未关闭放空阀，活塞的抽汲作用使空气通过闪蒸罐进入放空管线。压缩机内部形成可燃气体，活塞的压缩作用提供能量，引发闪爆。

3．处理措施

（1）禁止压缩机长期空载。

（2）严格按照操作规程作业，无论机组处于什么状态，绝对禁止放空阀、排污阀持续打开。

（3）及时向闪蒸罐水封桶内加注防冻液，并保持防冻液液位。

4．跟踪验证

压缩机运转正常，再未出现类似问题。

案例 2 压缩缸液击

1．问题描述

集气某站压缩机经常发生压缩缸液击现象，最后压缩机压缩缸（图 3-105）进液，造成余隙头打飞事故。

图 3-105 压缩缸

2．查找原因

站内工艺气虽然经过分离器分离，但游离水还是有可能随工艺气进入压缩机进气洗涤罐，若不及时排液，或洗涤罐自动排污阀损坏，游离水就会进入压缩缸。液体是不可压缩的物体，当液体进入压缩缸，活塞在往复运动的过程中，将会撞击余隙头，出现压缩缸液击现象。

3．处理措施

确保分离器疏水阀能够正常排液，在压缩机巡检过程中，手动排液，并手动按压自动排污阀红色按钮，测试自动排污阀工作是否正常。

4．跟踪验证

经处理后运转正常。

5．建议及预防措施

天然气进行压缩前，尽量要除去携带的水分，可适当改善脱水工艺；压缩机前的分离器要保证排液正常，并经常排液，防止液体被带进压缩机。

案例3 十字头损坏

1．问题描述

某集气站压缩机在运行过程中，十字头突然拉伤，曲轴箱及滑道温度升高，为避免产生机油蒸气闪爆，紧急停机。

2．查找原因

十字头是压缩机重要的运转部件，冬季低温环境下，预润滑、预热不到位都会出现十字头损坏事故（图 3-106）。

图 3-106 压缩机外部及十字头

3．解决措施

停机 5h 以上的，启动前先摇动手摇泵 10 次，再打开外循环加热泵，并手动按压注油器单泵。停机 5h 以下的，保持外循环加热泵常开。

压缩机空载热机方法见表 3-5。

表 3-5 压缩机空载热机方法

环境温度，℃	热机方法（空载转速 300r/min，进气压力 0.2MPa）
0～4	空载 5min 后停机 5min，重复 3 次后启动，空载 40min 后，观察油水温，加载
-7～-1	空载 3min 后停机 3min，重复 3 次；空载 7min 后停机 7min，重复 3 次；空载 50min 后，将进气压力升至 0.8MPa，运转 30min；观察油水温度，加载
-17～-8	空载 3min 后停机 3min，重复 5 次；空载 7min 后停机 7min，重复 4 次；空载 60min 后，将进气压力升至 0.8MPa，运转 30min；观察油水温度，加载
-28～-18	空载 2min 后停机 2min，重复 3 次；空载 5min 后停机 5min，重复 4 次；空载 15min 后停机 15min，重复 3 次，空载 30min 后停机 30min，重复 1 次；空载 60min 后，将进气压力升至 0.8MPa，运转 45min；观察油水温度，加载

在空载热机结束后，观察油水温度，并用手摸压缩机动力十字头侧挡板温度，当有温暖的感觉时（50℃以上），方可提高转速并加载。

4．跟踪验证

经过 2 个月观察，再没有出现十字头损坏事故。

5．建议及预防措施

压缩机在冬季低温环境下运转，要进行预润滑和预热，可预防此类事故发生。

案例 4 转速异常停机

1．问题描述

压缩机在正常启动后，转速突然不受控制造成停机。

2．查找原因

压缩机的转速主要由调速器控制。调速器的工作原理见图 3-107。

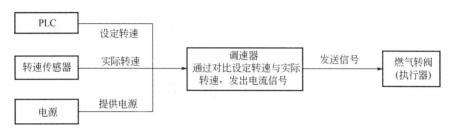

图 3-107 压缩机调速器工作原理图

电瓶为调速器提供电源，PLC、转速传感器将信号传递给调速器，调速器再根据这两者提供的信号进行逻辑运算，根据运算结果向燃气转阀提供电流信号，驱动转阀转动，控制燃料供应量从而控制转速。

实际操作中，转速无法控制一般有以下几个原因：

（1）调速器电源未打开。

（2）转速传感器或执行器连接线头松动。

（3）调速器的执行器卡阻，不能正常打开。

（4）转速传感器损坏，不能准确向调速器控制模块提供准确的转速信号。

（5）调速模块损坏，不能输出准确信号。

3．处理措施

（1）打开调速器电源。

（2）检查转速传感器或执行器连接线头是否松动。

（3）拆卸调速执行器，手动拨动转阀，观察是否有卡阻感，若有卡阻感，则清洁节气门并涂润滑脂。除不打开燃料气外，其他按正常启动步骤操作，观察执行器是否动作，若无动作检查调速器。

（4）检查更换转速传感器。

（5）检查更换调速模块。

4．跟踪验证

经过半年观察，有出现一次类似问题，但经上述方法处理后很快恢复，再未出现类似问题。

案例 5　无油流报警

1．问题描述

压缩机运行过程中，出现无油流报警。

2．查找原因

润滑油在高位油箱储存，自流进入注油器，在注油器中增压后进入分配器，分配器上安装有精滤芯及报警开关，对润滑油进行分配，进入润滑点。压缩机润滑系统流程图如图 3-108 所示。

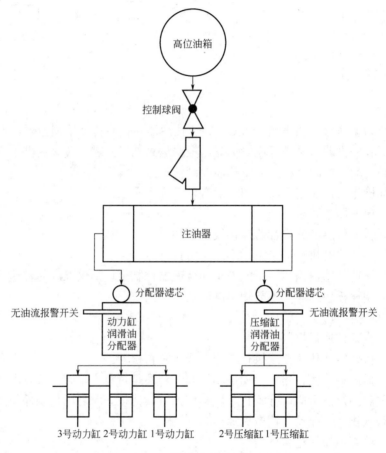

图 3-108　压缩机润滑系统流程图

经分析，可能是以下原因造成报警：

（1）润滑油温度过低，黏度过大，造成流动困难。

（2）润滑油分配器滤芯堵塞。

（3）注油器破裂片破裂，造成注油管线泄压。

（4）润滑油管路有气阻。

（5）注油器损坏。

（6）无油流报警器故障，造成误报警。

3．处理措施

针对可能造成压缩机无油流报警停机的原因，可采用以下方法排除故障：

（1）观察高位油箱温度，低于20℃时，检查、维修高位油箱电伴热。

（2）检查、清洗润滑油分配器滤芯。

（3）检查、更换注油器破裂片。

（4）卡住分配器进油总管接头，手动按压注油器，排除管线内气阻。

（5）检查、更换注油器。

（6）检查、更换无油流报警器。

4．跟踪验证

处理后的机组恢复正常运行，频繁无油流报警停机现象消除。

5．建议及预防措施

当发生无油流报警时，要从注油系统和控制系统两方面分析发生故障的原因。

案例6　动力缸排温过高

1．问题描述

压缩机在两天内出现三次动力缸排温过高报警。动力缸排温是反映发动机负荷、燃烧情况、冷却情况的重要参数之一。

2．查找原因

发动机负荷主要受压缩机负载影响，当处理量过大或压比增大时（排气压力/进气压力），都能造成发动机负荷增大。经过计算，当排气压力每升高0.1MPa或进气压力每降低0.1MPa，发动机负载将增加3%。

当混合气浓度过高时，发动机缸温将升高。由于凝析油和天然气的燃点不同，若燃料气中混入凝析油，在动力缸点火后，燃点较高者点火较晚，不能完全燃烧，因此随废气排入消声器中仍在继续燃烧。在动力缸排气口安装有温度传感器，燃料在消声器中继续燃烧会造成发动机排温升高，如图3-109所示。

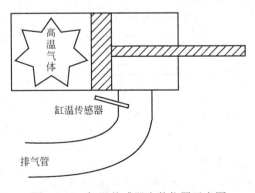

图3-109　缸温传感器安装位置示意图

常见的故障原因有以下几点：

（1）空气滤芯过脏，造成混合气浓度过高。

（2）环境温度过高，造成发动机功率下降（环境温度在 38℃以上，每升高 5.6℃功率下降 1.0%）。

（3）负载过重（压比或处理量过大）。

（4）燃料气中混入凝析油（凝析油与天然气燃点不同，造成动力缸爆燃）。

（5）活塞环、缸套磨损过大或活塞环对口，造成发动机功率下降。

3．解决措施

（1）观察 U 形管压差计，液面差超过 2.5cm 时，清洁或更换空气滤芯。

（2）排气压力超过 3.65MPa 时，需卸载停机。

（3）停机后，对燃料气汇管进行吹扫。

（4）检查、更换活塞环。

4．跟踪验证

处理后的机组恢复正常运行。

案例 7 压缩机两级压缩间压力相差较大

1．问题描述

现场使用的压缩机均可以做两级压缩，但若运行中两级压缩之间压力相差过大，会造成压缩机组运行不稳定。

2．查找原因

目前使用的压缩机有两组天然气冷却箱，每级压缩缸对应一组，流程图如图 3-110 所示。

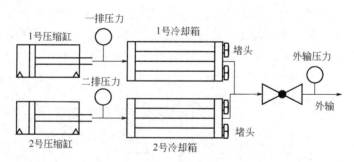

图 3-110 橇内工艺气流程图

故障原因如下：

（1）仪表风或仪表故障。

（2）排压较低的压缩缸或冷却箱管束漏气泄压。

（3）排压较高的压缩缸排气管线或冷却箱冻堵。

3．解决措施

（1）比较同一测压点的压力变送器及机械压力表，若基本相符，仪表系统则正常。

（2）观察排压较低的压缩缸或冷却箱管束是否有漏点，并比较低压值与站内外输压力是否相符，若无漏点且压力相符，说明低压为正常值。

（3）拆除冷却箱靠消声器端堵头，吹扫排压较高的压缩缸排气管线及冷却箱管束。

4．跟踪验证

处理后的机组恢复正常运行。

案例 8　动力缸缸盖出现裂纹

1．问题描述

某集气站 039（运行时间 28209h）、013（运行时间 26849h）两台压缩机机组均在 1 号动力缸缸盖火花塞螺纹处有裂纹（图 3-111），其中 2 号机组分别在 1 号动力缸两个火花塞处出现裂纹，并能在上方火花塞处感觉到有微弱气体外漏，3 号机组在两个火花塞以及喷射阀连接处出现裂纹。为防止裂纹继续扩大引发其他事故，对两处动力缸缸盖进行了更换，并调节压缩缸余隙至 2.5in，降低压缩机负载程度。

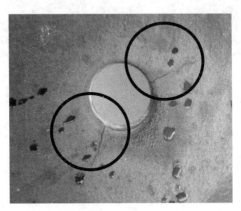

图 3-111　动力缸缸盖裂纹

2．查找原因

动力缸缸头壁厚在火花塞连接处为 10mm，喷射阀连接处为 20mm，为整个动力缸应力最薄弱环节。虽然没有进行缸头材料的检测，但两台机组均已长时间运转，暂时排除质量问题。

此次事件可能是长期累积也可能为瞬间引发，经分析造成此次损坏的原因可能有以下几方面：

（1）动力缸内部发生异常燃烧（爆燃或早燃）。

打开动力缸缸盖进行检查，发现有如下情况：

① 缸内没有发现存在积炭现象，且在保养时彻底清除了积炭，排除早燃情况。

② 动力缸缸盖密封垫处有漏水现象。

③ 火花塞有烧熔、粘连等现象。

④ 燃料气软管内有少量凝析油液体，并在喷射阀接口处的管线内发现有残存的凝析油。凝析油的主要成分是比较轻的烃类，抗爆性很差，同时当压缩机高负荷运行时，缸内的温度和压力都比中低负荷高得多，爆燃更容易发生，所以燃料气内不允许有液态凝析油的存在。而且，该站为早期建设的集气站，压缩机燃料气从分离器出口引入，突然带液时，液体可能会进入燃料气系统。同时，由于燃料气分离器均为手动排液，不排除有排液不及时的情况发生。

⑤ 沙尘天气较多，有可能因为沙尘堵塞空气滤芯，造成空燃比不合理，引发燃烧异常。

综合上述现象，基本断定引起本次事件的最主要原因为爆燃（图3-112）。

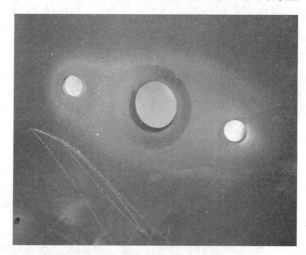

图3-112　动力缸内爆燃印迹

（2）负载率较高。

该站机组数量多，且处理气量大，机组满负荷运转，负载程度较高是造成本次事件的重要原因。事发时段两台机组工况参数如表3-6所示，利用分析软件进行测算，最大允许负载为额定负载的88%，两台机组负荷率在80%～90%之间。

表 3-6　压缩机组运行工况参数

机组编号	转速，r/min	余隙，in	进气压力，MPa	排气压力，MPa	自带液情况
039	380	1.5	1.15	2.98～3.16	有少量液
013	380	1.5	1.16	2.96～3.16	有少量液

① 余隙调节较小，仅为 1.5in，造成负载率相对较高。在 2012 年年底该站出现缸头裂缝时，生产运行管理部门曾要求对机组余隙进行调节，按照 2 台 2in、3 台 3in 进行设定，以增加机组对于变工况的适应程度。但为了保障生产、进一步降低单井管线压力、减少冻堵，作业区将余隙调整至 1.5in，由此造成机组负载程度较高。

② 由于余隙调小，机组负载程度高，因此压缩机转速设定不能太高，均设置为 380r/min，由于转速对机组允许负载程度有直接影响，也能造成机组负载率较高。

③ 由于处理厂压缩机组故障较多，造成外输压力波动，外输压力升高可以造成机组负载上升。

3．处理措施

（1）继续加强天然气压缩机管理。

加强生产运行队及运维单位的日常巡护监管，并要求运维单位在设备维护梯队监管下严格执行每 500h 运转时间停机检查及保养的要求。

（2）调节负载较重机组的余隙。

对于负载较重的集气站，可将压缩机余隙做适当调整，降低设备负载程度以提升对突变工况的适应能力。调整前须上报生产运行科。

（3）加强排液。

作业区应有效控制分离器排液，避免液体进入燃料气及压缩机缸。同时，生产运行队在日常巡检中，务必做好调压橇、燃料气滤清器、进气分离器的排液检查工作。

（4）加强数据监控。

要求各作业区在控制系统中增加天然气压缩机运行参数历史记录功能以及压缩机日运转记录的自动生成功能，增加设备分析的数据支撑。

（5）工况计算。

利用软件对逐台机组进行工况分析，并在工况改变（如外输压力升高、处理气量增加等）时及时进行再次测算。计算结果上报生产运行科。

（6）自用气管线改造。

利用检修时机，将集气站压缩机自用气管线由分离器出口移至外输管线。

4．跟踪验证

更换动力缸缸盖后，按重新制订的管理措施实施调整后，至今再未发生类似事故。

第七节　管阀设备管理基础知识及
故障案例分析

一、阀门常见故障与处理方法

（一）阀门密封填料渗漏

（1）密封填料未压紧。

处理措施：检查密封填料压帽是否能继续压紧，若能继续压紧，则均匀上紧密封填料压帽两侧螺帽；

（2）密封填料未压平。

处理措施：重新更换密封填料，并依次均匀压平各圈密封填料。

（3）密封填料圈数不够。

处理措施：若密封填料压帽已压到底了，则增加密封填料圈数进行依次压紧。

（4）密封填料使用太久已失效。

处理措施：更换新密封填料并逐圈压平压紧。

（5）阀杆磨损或腐蚀。

处理措施：检查阀杆，若有细小腐蚀，则用细砂纸打磨并重新压紧密封填料；若阀杆腐蚀严重，则更换新阀杆或新阀。

（6）密封填料缺口安装方向一致。

处理措施：取出旧密封填料进行更换，每层密封填料错开 90°～120°，并重新逐层压紧压平。

（二）阀杆在开阀时外弹

原因及处理措施：阀杆传动件磨损，主要是阀门保养不到位导致，致使传动件与支撑部分长时间无润滑磨损，间隙增大，建议更换新阀。

（三）阀门开、关过死

（1）阀杆传动件长时间无润滑，导致摩擦力增大。

处理措施：对传动件进行润滑，减小摩擦。

（2）阀门密封填料压得过紧。

处理措施：适当松开密封填料压帽，以承压不漏为原则。

（3）阀芯锈死。

处理措施：检查阀芯，清理阀芯污物。

（四）阀门关不严

（1）阀芯有损伤。

处理措施：检查阀芯是否有损伤，若损伤严重则更换新阀。

（2）阀芯下有脏物支撑致使阀芯错位。

处理措施：清理阀芯下污物。

二、故障案例分析

案例1　空气压缩机仪表供风减压阀下游无压力

1．问题描述

空气压缩机在正常运行过程中，截断阀气源压力、脱水橇仪表风压力突然降低，导致站内截断阀关闭，压缩机停运。

2．查找原因

空气储罐压力正常，减压阀后放空无气。停运空气压缩机泄压后，拆开减压阀，发现内部进口过滤网有大量冰及生料带等杂物堵塞，截断气流，造成下游压力快速下降（图3-113）。

3．解决措施

（1）停运空气压缩机，对空气压缩机储罐进行泄压后，拆除减压阀进口端内部滤网。

（2）卸开减压阀进、出口法兰端内部滤网。

（3）卸开进口端法兰螺纹，拆除阀体内部滤网，恢复流程。

（4）对减压阀前进气管线增加电伴热（图3-114）。

图3-113　空气压缩机仪表供风减压阀

图 3-114　减压阀前进气管线增加电伴热

4．跟踪验证

拆除减压阀进口端内部滤网，对进口端管线增加伴热后，减压阀再未有出现堵塞现象，氮气源管线压力正常。

5．建议

建议在减压阀前、过滤器后增加控制阀门，以方便维修。

案例2　集气站支线放空闸阀渗漏

1．问题描述

集气站支线放空闸阀压盖法兰间渗漏液体（图 3-115）。

2．查找原因

打开阀盖，发现阀盖与阀体之间的垫子被天然气和气体中的污水等杂质腐蚀，导致垫子损坏而出现渗漏。

3．解决措施

（1）把上游阀门关死，确认阀门不内漏，放空管线泄压（图 3-116）。

图 3-115　集气站支线放空闸阀　　　图 3-116　集气站支线放空上游闸阀（关死）

（2）卸松阀门压盖法兰螺栓，更换垫子（若没有与这种阀门压盖配套的垫子，可用石墨密封圈制作垫子，代替原装垫子）。

（3）整改无效后更换阀门。

4．跟踪验证

某支线放空阀门压盖渗漏液体，采用这个方法整改后，从2013年5月至今再未发现渗漏现象。

案例3　进站针形阀丝杆漏气

1．问题描述

某集气站进站针形阀丝杆处存在漏气现象（图3-117）。

图3-117　集气站进站针形阀

2．查找原因

可能是由于密封填料松动所致。

3．解决措施

（1）将气井导入计量分离器。

（2）关闭进站闸阀、计量分离器出口阀门，并将该针形阀上下游管段泄压（图3-118、图3-119、图3-120）。

图3-118　关闭进站闸阀

图3-119　关闭计量分离器出口阀门

（3）逆时针调松丝杆压帽（图 3-121）。

（4）顺时针旋紧针形阀丝杆（图 3-122）。

（5）顺时针调紧丝杆压帽（图 3-123）。

图 3-120　针形阀上下游管段泄压

图 3-121　逆时针调松丝杆压帽

图 3-122　顺时针旋紧针形阀丝杆

图 3-123　顺时针调紧丝杆压帽

4. 跟踪验证

经过整改，已无漏气现象。

案例 4　站内中低压闸阀密封填料处漏气

1. 问题描述

某集气站内中低压闸阀密封填料处存在漏气现象（图 3-124）。

密封填料漏气处

图 3-124　集气站中低压闸阀

2．查找原因

（1）可能是由于密封填料松动所致。

（2）可能是由于密封填料损坏所致。

3．解决措施

（1）密封填料松动所致：

① 关闭密封填料漏气阀门（图 3-125）。

② 用活动扳手顺时针旋紧压紧螺帽（图 3-126）。

图 3-125　关闭密封填料漏气阀门　　　　图 3-126　旋紧压紧螺帽

（2）密封填料损坏所致（以总机关去计量分离器阀门密封填料损坏为例）：

① 关闭对应井的节流针形阀（图 3-127）。

② 关闭计量分离器出口阀门（图 3-128）。

图 3-127　关闭对应井的节流针形阀　　　　图 3-128　关闭计量分离器出口阀门

③ 放空对应井节流针形阀后至计量分离器之间的气体（图 3-129）。

④ 卸松压紧螺帽（图 3-130）。

图 3-129　放空针形阀至分离器之间的气体　　　图 3-130　卸松压紧螺帽

⑤ 卸松密封填料压帽（图 3-131）。

⑥ 用掏密封填料工具将损坏密封填料掏出（图 3-132）。

图 3-131　卸松密封填料螺帽　　　　　　图 3-132　掏出密封填料

⑦ 装入新密封填料（图 3-133）。

图 3-133　装入新密封填料

⑧ 恢复密封填料压帽（图 3-134）。

⑨ 旋紧压紧螺帽（图 3-135）。

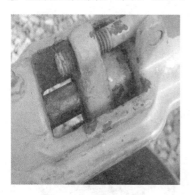

图 3-134　恢复密封填料压帽

图 3-135　旋紧压紧螺帽

4. 跟踪验证

经过整改，低压闸阀阀门密封填料处已无漏气现象。

案例5　旋塞阀内漏

1. 问题描述

进站区放空操作在集气站是很平常的工作，但频繁的放空操作会使旋塞阀（图 3-136）经常出现内漏情况。

图 3-136　进站区放空旋塞阀

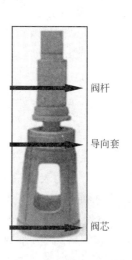

阀杆

导向套

阀芯

图 3-137　旋塞阀内部结构

2. 查找原因

旋塞阀内漏，主要原因是阀芯（图 3-137）与阀座间的密封脂不足或阀芯的密封面有损伤使密封不严。

3. 解决措施

（1）用注脂枪加入密封脂，保证旋塞表面密封脂的充分分布。

（2）如注密封脂后还是内漏，可以将调节螺栓护盖卸下，并适当紧固一下调节螺栓。

（3）如做了上述两步还是内漏，可将阀杆上的卡子和定位片卸下，然后将阀芯旋转 180°（图 3-138）。

图 3-138　调节旋塞阀

4. 跟踪验证

多数旋塞阀通过上述的处理后，均能达到不内漏的效果。

5. 建议及预防措施

在定期注密封脂保养的基础上，旋塞阀每操作一次后，就加注一次密封脂。

6. 启示或认识

合理有效、及时地对旋塞阀进行保养，可大大延长旋塞阀的使用寿命。

案例6　压力表旋塞阀的控制阀或放空阀关不严

1. 问题描述

压力表旋塞阀（图 3-139）在控制阀关闭泄压的情况下，或压力表旋塞阀在正常运行时，压力表放空口持续撒气。

2. 查找原因

压力表旋塞阀的控制阀和放空阀都是由阀芯和阀座组成（图 3-140、图 3-141），通过调节阀芯与阀座的间隙大小来控制气流的通过量，如果阀芯完全闭合，则完全截断气流。

图 3-139　压力表旋塞阀

图 3-140　旋塞阀控制端
阀芯与阀座

图 3-141　放空端
阀芯与阀座

压力表旋塞阀的控制阀或放空阀关不严，原因多为阀芯与阀座间有污物或阀芯、阀座有损伤。

3．解决措施

（1）将压力表旋塞阀有故障的设备或管线进行泄压。

（2）将压力表旋塞阀的控制阀或放空阀卸下。

（3）清洗阀芯与阀座。

4．跟踪验证

清洗阀芯和阀座后，压力表旋塞阀的控制阀的或放空阀无漏失情况。

5．建议及预防措施

年度检修时对压力表旋塞阀进行保养，确保其灵活好用。

6．启示或认识

此方法对很多小截止阀、三阀组等均适用。

案例 7　某站外输孔板流量计密封垫子损伤

1．问题描述

某集气站的外输孔板流量计在长期运行过程中，因上下腔室法兰连接处密封垫子部分损伤，导致天然气泄漏，影响正常的生产运行（图 3-142）。

2．查找原因

2013 年，在生产运行过程中发现该站外输孔板流量计由于腔室内压力无法泄完，在检修中拆卸整个孔板及上下腔室连接处法兰，查找问题根源。

检维修后，腔室内压力无法泄完的问题得到解决，但由于法兰连接处垫子部分损伤，且无原装垫子，因

图 3-142　外输孔板流量计

此只能将原有的垫子重新修复后使用，检修过后流量计使用正常。

2014年，该站员工在某次清洗孔板过程中，发现上下腔室法兰连接处天然气刺漏。分析原因可能是垫子损坏，导致出现天然气刺漏情况。

3．解决措施

（1）停用流量计，天然气倒入旁通流程。

（2）运用倒链拆卸上下腔室法兰，检查垫子，发现垫子部分损伤，需更换垫子（图3-143）。

图3-143　外输孔板流量计下腔室法兰垫子损伤

（3）由于没有原装垫子，因此现场采取裁剪两份同样大小青稞纸垫子的措施，加厚原有损伤的垫子（图3-144）。

（4）恢复法兰，充压验漏。

图3-144　更换外输孔板流量计下腔室法兰垫子

4．跟踪验证

通过加厚原装损伤垫子后，现场验漏，外输孔板流量计法兰连接处暂时不漏。

案例8　进站闸阀开关困难

1．问题描述

某集气站进站闸阀（图3-145）开关比较困难，而且对阀门进行多次保养后，效果不明显。

2．查找原因

将阀门密封填料压盖卸松查找原因，发现密封填料压盖与阀门阀杆之间锈死（图 3-146），使密封填料压盖不能在阀杆上自如滑动，导致阀门开关困难。判断原因为密封填料压盖与阀杆间有污垢。

图3-145 进站闸阀

图3-146　进站闸阀阀杆

3．解决措施

（1）将密封填料压盖卸松（图3-147）。

（2）先开阀门将密封填料压盖带出，再用厚一些的螺母之类的物品顶在密封填料压盖下（图3-148），然后再关阀门。如此操作几次，基本可以将密封填料压盖下的污垢带出。

图3-147　卸松密封填料压盖

图3-148　用螺母顶住密封填料压盖

（3）密封填料压盖能在阀杆上自如滑动后，在阀杆上涂些机油，然后将密封填料压盖恢复。

4．跟踪验证

某站开关困难的阀门用此方法保养后，阀门开关轻松灵活。

案例9　更换阀门密封填料的小技巧

1．问题描述

众所周知，更换阀门密封填料时，总是很难将旧密封填料掏干净。

2．查找原因

阀门密封填料掏不干净的主要原因就是掏密封填料的工具不顺手，即便是用专用的密封填料工具也是如此（图3-149）。

密封填料专用工具不能完全伸到密封填料槽中

图3-149　阀门密封填料槽

3．解决措施

将一个密封填料专用工具根据阀门密封填料槽的深度，改造为直角的钩子（图3-150）。

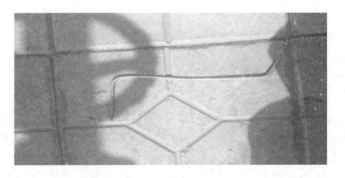

图3-150　改进后的密封填料专用工具

4．跟踪验证

使用改进后的密封填料专用工具更换密封填料时，可以很轻松地将旧密封填料掏干净，效果很好。

案例 10　减压阀无输出压力

1．问题描述

某站自用气二级减压阀减压后（图 3-151），无输出压力，导致发电机无法正常投运。

图 3-151　自用气二级减压流程

2．查找原因

打开减压阀检查后发现弹簧弹力不足，导致膜片坐死，减压阀无法正常运行（图 3-152）。

图 3-152　减压阀内部结构

3．解决措施

调整弹簧，安装弹簧及膜片后减压阀运行正常。

4．跟踪验证

整改后至今减压阀运行正常。

案例 11　某站分离器孔板阀无法正常清洗

1．问题描述

分离器新更换的孔板阀（图 3-153）无法将导板摇至上腔室，借助辅助工具将导板摇至上腔室后，上腔室压力泄不完，无法打开孔板阀检查、清洗。

图 3-153　孔板阀外部结构图

2．查找原因

（1）停运分离器，关闭分离器进口及孔板阀下游控制阀门，泄压后检查发现压板垫子为胶皮制作且太厚，挤压后中间变形严重，导致孔板导板无法正常摇至上腔室。

（2）当导板进入上腔室后，变形的压板垫子将导板强行压在滑阀上，致使滑阀下部弹簧受压，滑板与密封脚垫之间产生间隙，与下腔室连通，上腔室无法正常泄压。

3．解决措施

将压板胶皮垫子更换为较薄的石棉板垫子，减小压板垫子的变形能力。

4．跟踪验证

更换压板垫子后，能正常打开清洗孔板阀，运行良好。

案例 12　外输孔板流量计平衡阀堵塞

1．问题描述

在清洗孔板流量计（图 3-154）孔板过程中，打开平衡阀，发现上下腔室无法连通，且滑阀摇动费力。把孔板提到上腔室后关闭滑阀，关闭平衡阀，打开上腔室放空，再次打开滑阀还是无气流声。

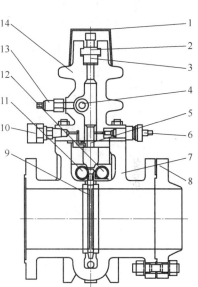

图 3-154　孔板流量计

1—防雨保护罩；2—顶板；3—压板；4—齿轮轴；5—滑阀组件；6—平衡阀；

7—下阀体；8—直管段法兰；9—孔板组件；10—注油嘴；11—下腔齿轮轴；

12—滑阀齿轮轴；13—放空阀；14—上阀体

2．查找原因

停计量，倒旁通，泄压完后，卸下平衡阀进行清洗，发现平衡阀堵塞。

3．解决措施

倒旁通流程，停流量计，对计量管段进行泄压，拆下平衡阀，用铁丝疏通后进行清洁保养，安装平衡阀进行投用后，平衡阀使用正常。

4．建议及预防措施

在平时清洗孔板流量计过程中加注密封脂，用平衡阀控制吹扫下腔室至上腔室的连通通道。

案例 13　阀门、管材规格型号上报不准

1．问题描述

在日常工作中需经常对阀门进行更换，并落实阀门、管材的型号和规格，但有时数据上报不准确，造成阀门、管材尺寸不一致，无法更换阀门。

2．查找原因

（1）阀门无铭牌或铭牌看不清楚（图 3-155）。

（2）对各种阀门、管材、配件规格不熟悉，尺寸测量不准确。

图 3-155　阀门铭牌看不清或无铭牌

3．解决措施

（1）熟悉各种管材与阀门之间的规格对应关系（表 3-7）。

（2）阀门无铭牌或铭牌看不清时，可根据管材与阀门之间的规格对应关系来判断。

表 3-7　管材、阀门规格对应关系表

管材规格，mm	管材内径，mm	阀门通径，mm	金属缠绕垫子规格，mm	备注
ϕ22	DN15	DN15	DN15	
ϕ27	DN20	DN20	DN20	
ϕ34	DN25	DN25	DN25	
ϕ42	DN32	DN32	DN32	
ϕ48	DN40	DN40	DN40	
ϕ60	DN50	DN50	DN50	
ϕ76	DN65	DN65	DN65	

续表

管材规格, mm	管材内径, mm	阀门通径, mm	金属缠绕垫子规格, mm	备注
$\phi89$	DN80	DN80	DN80	
$\phi114$	DN100	DN100	DN100	
$\phi159$	DN150	DN150	DN150	
$\phi219$	DN200	DN200	DN200	
$\phi273$	DN250	DN250	DN250	
$\phi324$	DN300	DN300	DN300	

（3）正确测量管阀配件的规格尺寸（图3-156）。

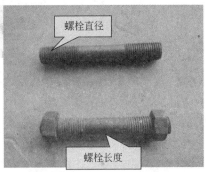

图3-156 正确测量管阀配件的规格尺寸

（4）通过管线规格来判断阀门规格时，与阀门连接的管线不得有变径。

（5）其他管阀配件与管线之间的对应关系与阀门一样，如活接头、弯头、三通等。

4. 建议

建议在员工培训中增加此项内容。

第八节 截断阀管理基础知识及故障案例分析

一、紧急气动截断阀基础知识

（一）功能及技术要求

在天然气集气站站内设备及管线发生天然气超压、泄漏或破裂等突发事故时，通过计算机或手动远程控制紧急气动截断阀（图3-157），迅速切断气源，阻止事故的进一步扩大，降低集气站运行风险。

图 3-157　紧急气动截断阀

紧急气动截断阀的相关技术要求如下：

（1）适用于气田集气站高压及中压系统，在紧急情况下切断集气站天然气气源时使用。

（2）环境条件：-35℃<环境温度<+60℃，-20℃<介质温度<+40℃。

（3）截断阀最高工作压力：进站区 25.0MPa、外输区 10.0MPa。

（4）符合油气田天然气集气站设备抗硫、防火防爆相关规范要求。

（二）工作原理

正常情况下，串联了两个常闭式控制开关的 24V 控制线路闭合，UPS（供电系统）正常向电磁阀供电，电磁阀打开，氮气充满截断阀执行机构腔体，活塞压缩腔体内弹簧，齿轮联动机构带动球阀阀杆转动，截断阀打开。当发生突发事故时，通过计算机程序的自动控制或者控制开关的手动控制（控制开关设置在值班室和站门口），控制电磁阀断电、关闭，并将执行机构腔体内的氮气排出，腔体内弹簧复位，齿轮联动机构带动球阀阀杆转动，截断阀关闭，即可实现截断阀的远程关闭。紧急气动截断阀控制流程见图 3-158。

同时，通过站内压力监控点设定保护预警值，此预警值高于设备正常运行压力，低于安全阀的超压泄放压力，实现站内设备超压的二级保护。当站内监测点压力高于设定压力时，系统自动关闭所有进、出站截断阀，实现站内设备压力异常的一级保护功能；当由于一级保护功能失效（即截断阀不能自动关闭）时，达到安全阀的泄放压力，安全阀开启、泄压，实现二级保护。

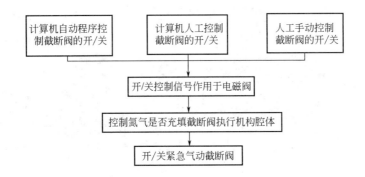

图 3-158　紧急气动截断阀控制流程图

（三）系统的结构、安装和调试

紧急气动截断阀主要是由减压阀、单控电磁阀、回讯器、无啮合齿轮箱、单作用弹簧复位型气动执行机构、球阀阀体等部分组成。

1．北京柏灿截断阀

北京柏灿截断阀结构如图 3-159 所示。

图 3-159　北京柏灿截断阀

1—回讯器；2—气动执行机构；3—减压阀；4—单作用电磁阀；

5—无啮合齿轮箱；6—手动/自动切换锁销

1）减压阀

减压阀（图 3-160）是起调节、稳定气源供气压力作用的部件，可减小气源气压突变对阀门或执行机构等硬件的损伤。

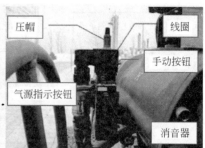

图 3-160 紧急气动截断阀减压阀

压力调节：卸松锁紧螺母，逆时针旋转调节螺钉，调低出口压力；顺时针旋转调节螺钉，调高出口压力。调节完成后，上紧锁紧螺母。要求调节后工作压力为 0.6MPa。

过滤器操作：减压阀带有气体过滤器，通过调节下方的排污旋钮，可完成减压阀过滤器内杂质的排放（一般氮气比较干净，排污旋钮正常投运时必须拧紧）。

2）电磁阀

电磁阀通过对仪表风氮气源的控制实现对紧急气动截断阀"开启"或"关闭"的操作，动作方式为自动（电磁铁作用）或手动两种操作。

自动状态：复位螺钉横线为水平位置时，为自动状态。给电磁阀提供持续的电源，电磁铁被吸起，气路打开，氮气进入气缸压缩弹簧，从而带动传动机构动作，使阀体打开；断电时，气路关闭，但其排气通道通畅并开始排气，从而带动传动机构动作，使阀体关闭。

手动状态：复位螺钉横线为竖直位置时，为手动状态。使用扳手将复位螺钉按下并旋转，手动强行将气路打开，作用原理和自动状态一样。

3）回讯器

回讯器又称限位开关，可以用来实现阀门开关状态的就地显示和电信号远传到计算机显示两种功能。图 3-161 所示为就地显示开/关的两种状态。

(a) 阀门开启状态   (b) 阀门关闭状态

图 3-161 截断阀回讯器状态显示

回讯器通过有源触点将阀门的开关状态传送到计算机，以便计算机进行下一动作或人员在控制室观察阀门开/关状态。阀门开启状态时，流程图上反馈信号为绿色，绿色指示压下触点；阀门关闭状态时，流程图上反馈信号为红色，红色指示压下触点；阀门开关过程中，流程图上反馈信号为红、黄色交错时，两个有源触点都无接触（图3-162）。

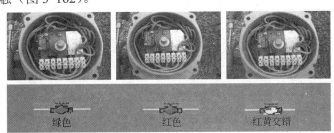

图3-162　回讯器有源触点指示图

4）气动执行机构

气动执行机构（图 3-163）是依靠气体运动实现截断阀开启和关闭的转换机构，是一个重要的转换机构。该机构由齿轮、弹簧、轴等几部分组成，目前长庆气田使用的截断阀都是单作用传动机构。

手动状态时气缸内有无操作气源的判断方法如下：

若用手轮开阀时比较轻松省力或关阀时比较费力，则证明气缸内有气；若用手轮开阀时比较费力或关阀时比较省力，则证明气缸内无气。

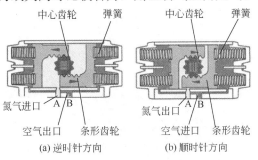

(a) 逆时针方向　　　　　　(b) 顺时针方向

图3-163 气动执行机构

CCW（逆时针方向）：氮气由 A 口输入，使左右活塞向相反方向运动，输出轴逆时针转动，两活塞侧面空气由 B 口排出。

CW（顺时针方向）：失气时，由于弹簧的作用使两活塞向中心移动，输出轴顺时针转动，两活塞中间氮气由 A 口排出。

5）传动机构

传动机构主要由扇形齿轮、偏心蜗轮和蜗杆组成，上端接气缸的中心齿轮，下端与阀体相连。

自动转换手动——向上拉起锁销，逆时针转动手柄，配合转动手轮，直到锁销自动弹下，则完成自动转换手动操作。最后，调节电磁阀手动操作螺钉，排掉气动执行机构腔室内氮气。

手动转换自动——向上拉起锁销，顺时针转动手柄，直到锁销自动弹下，则完成手动转换自动操作（图3-164）。同时，注意检查电磁阀复位螺钉是否处于自动状态。

图3-164　手动与自动切换手柄

手动状态时，偏心蜗轮偏心距小的一侧靠近扇形齿轮，手轮蜗杆与扇形齿轮啮合，实现手动开、关截断阀；自动状态时，偏心蜗轮偏心距大的一侧靠近扇形齿轮，手轮蜗杆与扇形齿轮分离，靠气缸条形齿轮带动阀体做开、关动作。

2. 四川自贡英派尔截断阀

四川自贡英派尔截断阀阀体为球阀，各单体部件的原理和操作同北京柏灿截断阀一样。进站区为齿条齿轮型截断阀，外输区为拔叉型截断阀，齿条齿轮型截断阀和拔叉型截断阀在手动、自动切换操作上有所不同。

1）齿条齿轮型

齿条齿轮型截断阀如图3-165所示。

图3-165　齿条齿轮型截断阀实物图
1—回讯器；2—减压阀；3—单作用电磁阀；4—无啮合齿轮箱；
5—气动执行机构；6—手动/自动切换锁销

2）拔叉型

拔叉型截断阀如图 3-166 所示。拔叉型截断阀的减压阀如图 3-167 所示。

图 3-166　拔叉型截断阀实物图

1—回讯器；2—减压阀；3—单作用电磁阀；4—无啮合齿轮箱；

5—气动执行机构；6—手动/自动切换手柄

图 3-167　拔叉型截断阀的减压阀结构组成

手动/自动的切换操作如下：

拔叉型截断阀的手动操作不需要进行自动/手动转换，直接旋转手动操作手柄。将丝杆旋出，手动将截断阀打开，截断阀处于手动状态；将丝杆旋进，手动将截断阀关闭，截断阀处于自动状态。

3. 上海耐莱斯截断阀

上海耐莱斯截断阀（图 3-168）全部安装在外输区，要求氮气供气压力为 0.45MPa，调节压力时，将减压阀的调节螺钉向上拔起，顺时针旋转调高供气压力，逆时针旋转调低供气压力，压力调节完毕后，将调节螺钉向下按下锁住。其他单体部件的操作与北京柏灿截断阀相同。

图 3-168 上海耐莱斯截断阀

1—回讯器；2—减压阀；3—单作用电磁阀；4—无啮合齿轮箱；

5—气动执行机构；6—手动/自动切换锁销

4．氮气柜

目前长庆气田常采用的是西安 YBF 系列的气田井站氮气源装置（图 3-169），主要由柜体、高压氮气瓶组、汇流组件、减压器组件（图 3-170）、气瓶截止阀等部分组成。

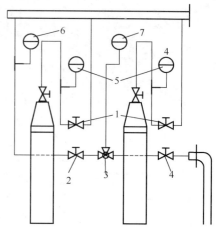

图 3-169 YBF 系列氮气源装置

1—氮气瓶截止阀；2—高压汇流阀门；3—氮气源减压阀；4—低压供气阀门；

5—气瓶压力表；6—高压汇流压力表；7—低压供气压力表

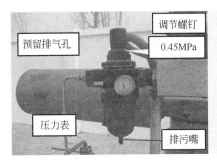

图 3-170　减压器组件

氮气源系统压力下降过快，无法找出漏点时，可以打开图 3-171 所示所有阀门，给氮气系统建压，然后全部关闭；根据图 3-171 所示压力表压力，判断漏气部位在哪一段，进行分段验漏。

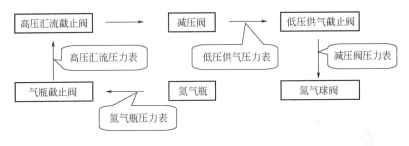

图 3-171　氮气源分段验漏示意图

5. 紧急气动截断阀正常停运操作

当进行单个截断阀的停运操作时，可以在计算机上完成截断阀的紧急关闭操作，操作步骤如下：

（1）在计算机 SCADA 界面中，将所要关闭截断阀下拉对话框中的"开阀"状态改为"关阀"状态，即实现了此截断阀的关闭操作。

（2）关闭后及时向所属作业区汇报，需要通知上下游集气站的及时通知上下游集气站。

（3）此截断阀如果需要长期停运时，则要求同时关闭该截断阀氮气源阀门。

6. 站内紧急情况下的全站停产操作程序

集气站站内设备设有超压监控点，当发生设备或管线超压运行时，截断阀可以实现一级超压保护功能（截断阀连同安全阀组成了集气站设备及管线的超压两级保护），计算机控制会自动关闭截断阀，全站停产，发出相应报警，集气站人员启动相应的集气站设备超压应急预案。

当发生截断阀一级超压保护功能失效、站内天然气泄漏或管线破裂等紧急情况时，需要手动远程关闭截断阀，全站停产，其操作程序如下：

（1）按照就近原则，按下站门口或值班室内的紧急气动截断阀控制按钮，关闭进出站紧急气动截断阀，全站停产隔离。如需人员逃生，则按照集气站应急逃生示意图组织站内员工进行逃生。

（2）安排专人负责将紧急情况及时向区部汇报，防止上游站超压。

（3）由站长负责向集气站所属员工分配工作。

（4）启动相关的事故应急预案，对事故进行处理。

（四）注意事项

（1）紧急气动截断阀平时应处于常开、自动状态，只作为突发事故情况下紧急截断气源使用。开井前应先将截断阀投运正常，平时禁止将截断阀作为开/关井使用。

（2）当站内发生紧急停电的情况时，UPS 在一段时间内可以持续向计算机、自控柜、截断阀等电仪设备进行供电。在此期间，应及时启动备用发电机进行供电，否则，在断电情况下，截断阀将自动关闭。

（3）在单井放空解堵过程中，应先将进站闸板阀关闭，然后将截断阀转换成手动后，再进行地面管线的放空解堵。

（4）截断阀自动状态时必须将"复位螺钉"复位，即横线处于水平位置。

（5）紧急气动截断阀在设备正常的情况下，必须将阀门处于自动操作状态，否则在紧急状态下将无法实现远程控制关闭。手动操作只在停电、停氮气源等特殊情况时，为保证集气站正常生产作为临时性操作使用。

（6）氮气柜减压阀只能顺时针旋转调高低压供气压力，不能调低压力，低压供气压力超过 0.8MPa 时，只能通过下游截断阀减压阀排污处放空泄压。

（五）日常维护

（1）集气站员工平时只做相关仪表、减压阀的维护保养等工作，对于执行机构等配件所发生的问题应由厂家来负责进行维修及维护，以免因操作不当而造成人员的人身伤害。

（2）定期对紧急气动截断阀系统进行开、关阀的测试，保证在紧急情况下截断阀能够正常使用，一般为每季度进行一次。

（3）要求截断阀厂家对截断阀及其配件每年进行一次全面的维护和保养。

（4）压力表、减压阀等部件的校验及保养按照电器仪表的有关规定执行。

（5）每次对截断系统做完维护保养工作后，集气站员工应及时在设备管理中填写相应的设备维护保养记录。

（6）日常巡检的主要内容如下：

① 注意检查紧急气动截断阀开/关状态，应该处在开启状态。

② 注意检查手动/自动状态，手动机构和电磁阀应处于自动状态。

③ 检查氮气瓶压力及截断阀运行压力，并做好记录。调压后氮气压力要求为 0.6MPa，当氮气瓶气源压力低于 3MPa 时，就应该倒换成备用氮气瓶向系统供气，并及时更换氮气瓶。

④ 定期进行漏点检查及紧固。主要检查部位如下：

（a）氮气瓶口。

（b）高压金属软管接口。

（c）减压器及高低压球阀各接口。

（d）各管线接口。

（e）电磁阀。

（六）常见故障与处理方法

1．气动执行机构无法充进氮气

现象：电磁阀开阀时，齿轮箱处于手动状态，截断阀处于开启（回讯器处于开启状态）状态时，电磁阀下面的消音器持续排气。

处理措施如下：

（1）关闭氮气源小球阀。

（2）关闭电磁阀（在计算机上显示为关阀）。

（3）手动将阀体关闭。

（4）将齿轮箱打回自动状态。

（5）打开氮气源小球阀。

（6）打开电磁阀。

（7）通过上述办法无法解决时，则更换电磁阀。

2．减压阀预留孔漏气

现象：验漏时减压阀预留孔有气泡冒出（图 3-172）。

图 3-172 减压阀预留孔漏气

处理措施如下：

（1）若是生产井，为了不影响生产，可以先将齿轮箱打到手动位置。

（2）关闭电磁阀（将氮气排出气缸）。

（3）关闭氮气球阀，切断气源。

（4）按下电磁阀排气按钮，将减压阀压力表示数归零。

（5）将过滤减压阀顶针逆时针调至最松。

（6）卸下紧固过滤减压阀压盖的四条螺栓，取下压盖后，拿出膜片。

（7）涂上适量密封脂（或润滑油）（图3-173）；

（8）将减压阀装好，恢复原状。

（9）重新投运截断阀。

3. 过滤减压阀的螺栓漏气

现象：验漏时过滤减压阀螺栓处有气泡冒出（图3-174）。

图3-173　减压阀涂密封脂处

图3-174　过滤减压阀螺栓漏气

处理措施如下：

（1）先用十字螺丝刀直接紧固并检查。

（2）如果问题没有解决，若是生产井，为了不影响生产，可以先将齿轮箱打到手动位置。

（3）关闭电磁阀（将氮气排出气缸）。

（4）关闭氮气球阀，切断气源。

（5）按下电磁阀排气按钮，将减压阀压力表示数归零。

（6）卸下漏气的螺栓，缠上适量生料带后装回，紧固至不漏气为止。

（7）重新投运截断阀。

4．过滤减压阀的排污铜嘴漏气

现象：验漏时过滤减压阀的排污铜嘴有气泡冒出（图3-175）。

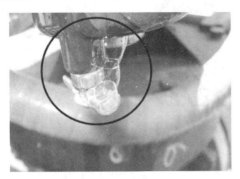

图3-175 过滤减压阀的排污铜嘴漏气

处理措施如下：

（1）先用开口扳手直接紧固并检查。

（2）如果问题没有解决，若是生产井，为了不影响生产，可以先将齿轮箱打到手动位置。

（3）关闭电磁阀（将氮气排出气缸）。

（4）关闭氮气球阀，切断气源。

（5）按下电磁阀排气按钮，将减压阀压力表示数归零。

（6）卸下排污嘴，缠上适量生料带后装回，紧固至不漏气为止。

（7）重新投运截断阀。

5．电磁阀的最顶端漏气

现象：验漏时电磁阀最顶端有气泡冒出。

处理措施如下：

（1）若是生产井，为了不影响生产，可以先将齿轮箱打到手动位置。

（2）关闭电磁阀（将氮气排出气缸）。

（3）关闭氮气球阀，切断气源。

（4）按下电磁阀排气按钮，将减压阀压力表示数归零。

（5）松开螺帽，取下电磁阀的线圈部分，卸下螺栓，取下如图3-176（a）所示部分。

（6）卸下螺栓，将图3-176（a）所示部分分解开，取出如图3-176（b）所示部分。

（7）清洗如图3-176（b）所示部分直至彻底干净。

（8）上紧螺栓，将电磁阀恢复原状。

（9）重新投运截断阀。

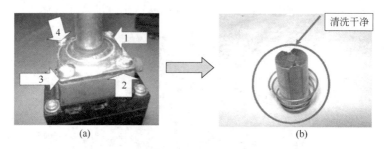

图 3-176 电磁阀拆解图

1，2，3，4—固定螺栓

6. 电磁阀的手动排气按钮下面的小红点处漏气

现象：验漏时电磁阀的手动排气按钮下面的小红点处有气泡冒出（图 3-177）。

图 3-177 小红点处漏气

处理措施：确定气缸内充满氮气，用平口螺丝刀将电磁阀手动放气按钮下面的小红点按下并松开，吹出尘土，直至不漏为止。

7. 氮气源管线接头处漏气

现象：验漏时氮气源管线接头处有气泡冒出。

处理措施如下：

（1）若是生产井，为了不影响生产，可以先将齿轮箱打到手动位置。

（2）关闭电磁阀（将氮气排出气缸）。

（3）关闭氮气球阀，切断气源。

（4）按下电磁阀排气按钮，将减压阀压力表示数归零。

（5）松开漏气的接头（注意保护好旁边的接头不受影响）。

（6）若漏气的接头是卡套连接，在卡套处涂上适量密封脂，重新紧固好；若接头是螺纹连接，在螺纹处缠上适量的生料带，重新紧固好。

（7）装好管线，恢复原状，重新投运截断阀。

8．阀体开关不到位

现象：回讯器显示阀体开关不到位。

处理措施如下：

（1）按照厂家有关的操作及维护说明进行注脂。

（2）若在自动位置上仍开关不到位，则换到手动位置将阀开关一次。

9．截断阀阀体内漏（北京柏灿截断阀）

处理措施：按照厂家有关的操作及维护说明进行注脂（注脂过程中要对阀体开闭一到两次，使密封脂分布均匀）。

10．外输截断阀在自动状态下半开半关（或开关不动）

现象：外输截断阀在自动状态下半开半关或开关不动，在手动状态下开关较正常时困难。

处理措施：在截断阀传动轴与球阀压盖连接缝隙处添加机油约 50mL，使机油缓慢由缝隙渗入到锈蚀部位并进行润滑，同时对截断阀开关进行手动开关活动，每天进行 1～2 次（图 3-178）。

图 3-178　截断阀阀杆与压盖连接缝隙

二、故障案例分析

案例 1　截断阀阀体开关不动作或不到位

1．问题描述

截断阀阀体开关不动作或开关缓慢不到位。

2．查找原因

出厂时传动机构没有加润滑油，且一部分传动机构未做防腐处理，壳体内生锈腐蚀严重（图 3-179）；阀杆传动轴与传动机构壳体之间由于长时间没有润滑，传动轴出现较严重的磨损，从而导致截断阀无法正常开关。

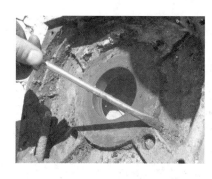

图 3-179　严重腐蚀的截断阀阀体

3．解决措施

（1）对传动机构加注润滑油保养。

（2）切换到手动状态对阀开关活动一次。

（3）切换为自动状态，再开关一次；如果仍没有解决，再按照上述的方法多做几次。

（4）若手动活动没效果，检修时将传动机构拆开，进行除锈保养。

案例 2　气动执行机构无法充进氮气

1．问题描述

电磁阀为开启状态，手动、自动切换为手动状态，截断阀处于开启状态时，电磁阀排气孔持续排气。

2．查找原因

手动将截断阀打开，氮气无法充进气缸。

3．解决措施

（1）关闭氮气球阀。

（2）关闭电磁阀。

（3）手动将阀体关闭。

（4）手动切换为自动状态。

（5）打开氮气球阀。

（6）打开电磁阀。

案例 3　手动无法切换到自动状态

1．问题描述

（1）阀体开启，且气缸里没有氮气。

（2）阀体关闭，气缸里充满氮气且电磁阀处于开阀状态。

2．解决措施

（1）手动将阀体关闭。

（2）将手轮转到非常轻松的位置。

（3）切换到自动状态。

案例 4　过滤减压阀预留孔漏气

1．问题描述

验漏时过滤减压阀预留孔有气泡冒出。

2．查找原因

减压阀阀芯密封不严。

3．解决措施

（1）若故障截断阀所属气井为生产井，为不影响正常生产，可先将齿轮箱打到手动位置。

（2）关闭电磁阀（此时氮气从气缸排出）。

（3）关闭氮气球阀，切断气源。

（4）按下电磁阀排气按钮（红色按钮），进行泄压（泄压完毕后，减压阀压力表指针落零）。

（5）将过滤减压阀顶针逆时针调至最松状态。

（6）松动过滤减压阀压盖的四条螺栓，取下压盖后，拿出模片。过滤减压阀组件如图 3-180 所示

涂抹密封脂

图 3-180　过滤减压阀组件

（7）在图 3-180 所示位置涂抹适量密封脂（或润滑油）。

（8）将减压阀各部件按原位置组装。

（9）重新投运截断阀。

案例5　过滤减压阀紧固螺栓漏气

1. 问题描述

验漏时过滤减压阀螺栓处有气泡冒出（图3-181）。

图3-181　过滤减压阀紧固螺栓漏气处

2. 查找原因

螺栓松动或密封不严。

3. 解决措施

（1）先用十字螺丝刀直接紧固，然后验漏。

（2）若该问题仍未解决，且问题截断阀所属气井为生产井，为不影响气井正常生产，可先将齿轮箱打到手动位置。

（3）关闭电磁阀（氮气从气缸排出）。

（4）关闭氮气球阀，切断气源。

（5）按下电磁阀排气按钮（红色按钮），进行泄压（泄压完毕后，减压阀压力表指针落零）。

（6）卸下漏气的螺栓，缠绕适量生料带后装回，并紧固至不漏气为止。

（7）重新投运截断阀。

案例6　过滤减压阀的排污铜嘴漏气

1. 问题描述

验漏时过滤减压阀的排污旋钮处有气泡冒出（图3-182）。

2. 查找原理

排污旋钮未拧紧或密封不严。

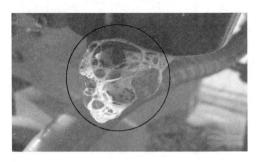

图 3-182　过滤减压阀排污铜嘴漏气处

3．解决措施

（1）先用开口扳手直接紧固，然后验漏。

（2）若该问题仍未解决，且问题截断阀所属气井为生产井，为不影响气井正常生产，可先将齿轮箱打到手动位置。

（3）关闭电磁阀（氮气从气缸排出）。

（4）关闭氮气球阀，切断气源。

（5）按下电磁阀排气按钮（红色按钮），进行泄压（泄压完毕后，减压阀压力表指针落零）。

（6）卸下排污嘴，缠绕适量生料带后装回，并紧固至不漏气为止。

（7）重新投运截断阀。

案例 7　电磁阀最顶端漏气

1．问题描述

验漏时电磁阀最顶端有气泡冒出（图 3-183）。

图 3-183　电磁阀顶端漏气处

2．查找原因

电磁铁较脏，密封不严。

3．解决措施

（1）若问题截断阀所属气井为生产井，为不影响气井正常生产，可先将齿轮箱打到手动位置。

（2）关闭电磁阀（氮气从气缸排出）。

（3）关闭氮气球阀，切断气源。

（4）按下电磁阀排气按钮（红色按钮），进行泄压（泄压完毕后，减压阀压力表指针落零）。

（5）松开螺帽，取下电磁阀线圈部分，并卸下螺栓 1、螺栓 3，如图 3-184（a）所示。

（6）卸下螺栓 2、螺栓 4，并取出如图 3-184（b）所示部件。

(a)　　　　　　　　　　　　　　　(b)

图 3-184　电磁阀内部组件

（7）清洗图 3-185 所示部件直至彻底干净；

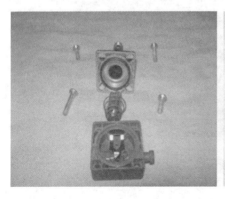
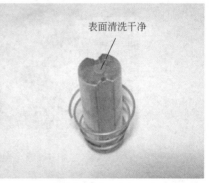

图 3-185　清洗电磁阀内部组件

（8）先紧固螺栓 2、螺栓 4，然后再紧固螺栓 1、螺栓 3，将电磁阀恢复原状。

（9）重新投运截断阀。

案例 8　电磁阀手动排气按钮下方小红点处漏气

1．问题描述

验漏时电磁阀手动排气按钮下方小红点处有气泡冒出。

2．查找原因

小红点密封面上有脏物，密封不严。

3．解决措施

（1）从气缸上取下电磁阀。

（2）卸下电磁阀的上半部分，拆开后如图 3-186 所示。

图 3-186　电磁阀上半部分组件

（3）将小红点取出，并将其内外杂质清除干净，然后放回原位（注意：使小红点呈凸出状态）。

（4）从红点内部进行粘固，粘固部位如图 3-186 所示。

（5）待胶水凝固后再补粘一层，为保证粘固效果，在电磁阀外侧小红点处再行粘固。

（6）待胶水完全凝固后对电磁阀进行组装，切忌将密封垫装反。

案例 9　消音器漏气

1．问题描述

截断阀从手动切换到自动时，消音器处大量泄漏氮气（图 3-187）。

2．查找原因

电磁阀气路无法完全导通。

3．解决措施

方法一：关闭气源球阀→在截断阀自动状态下在流程图上进行两到三次关闭、开启阀门的操作→开启气源球阀判断是否正常。

图 3-187 消音器漏气处

方法二：关闭气源球阀→手动关闭截断阀→将截断阀转换到自动状态→开启气源球阀→自动进行开阀操作。

案例 10 减压阀预留孔漏气（四川自贡英派尔截断阀）

1. 问题描述

验漏时截断阀减压阀预留孔有气泡（图 3-188）。

图 3-188 截断阀减压阀预留孔漏气处

2. 查找原因

减压阀阀芯密封不严。

3. 解决措施

（1）将截断阀切换到手动状态。

（2）关闭氮气球阀。

（3）关闭电磁阀。

（4）松开锁紧螺母，逆时针旋转调节螺钉，将调节螺钉完全卸松。

（5）打开电磁阀。

（6）打开氮气球阀，顺时针旋转调节螺钉给减压阀重新建压，投运截断阀。

案例 11　上海耐莱斯截断阀漏气

上海耐莱斯截断阀存在泄漏氮气的问题较少，减压阀预留孔漏气（图 3-189）处理方法与四川自贡截断阀相同；减压阀排污嘴漏气（图 3-190）处理方法与北京柏灿截断阀相同。

图 3-189　减压阀预留孔漏气处　　　　　图 3-190　减压阀排污嘴漏气处

案例 12　氮气柜所有氮气源管线接头处漏气

1．问题描述

验漏时氮气柜的氮气源管线接头处有气泡冒出（图 3-191）。

图 3-191　氮气柜上氮气源管线接头漏气处

2．解决措施

（1）若问题截断阀所属气井为生产井，为不影响气井正常生产，可以先打到手动状态。

（2）关闭电磁阀（氮气从气缸排出）。

（3）关闭氮气球阀，切断气源。

（4）按下电磁阀排气按钮，进行泄压（泄压完毕后，减压阀压力表指针落零）。

（5）松开漏气的接头（注意保护好旁边的接头不受影响）。

（6）若漏气的接头是卡套连接，在卡套处涂上适量密封脂后重新紧固好；若接头是螺纹连接，在螺纹处缠上适量的生料带后重新紧固好。

（7）装好管线，恢复原状，重新投运截断阀。

案例13 氮气球阀活接头漏气

1．问题描述

验漏时氮气球阀活接头、手柄压帽处有气泡冒出（图3-192）。

图3-192 氮气球阀活接头漏气处

2．解决措施

（1）切换到手动状态。

（2）对漏气活接头、手柄压帽处进行紧固，直至不漏气。

（3）重新投用截断阀。

案例14 截断阀现场开关状态与计算机显示不符

1．问题描述

集气站紧急气动截断阀现场开关状态与监控计算机显示不符，影响员工对截断阀开关状态的监控与判断（图3-193）。

现场为开阀

图3-193 紧急气动截断阀开关状态与监控计算机显示不符

2．查找原因

截断阀现场开关状态与计算机显示不符，最常见的原因是截断阀回讯器内凸轮错位，未能有效触动微动开关（图3-194），造成信号传输错误。

图3-194　紧急气动截断阀内部结构

3．解决措施

（1）用内六方拆下回讯器（图3-195）。

（2）检查凸轮与微动开关接触情况（图3-196）。

图3-195　用内六方拆回讯器　　　　图3-196　检查凸轮与微动开关接触情况

（3）调整凸轮位置：上凸轮与微动开关接触，显示关阀；下凸轮与微动开关接触，显示开阀；均不接触，显示半开半关（图3-197）。

图3-197　调整凸轮位置

判断凸轮与微动开关接触的准确位置的方法如下：

如图 3-198 所示，注意凸轮上的两个小孔，通过这两个小孔确定的一条直线，即为该凸轮与微动开关接触的最近位置。做这条直线的中垂线，即指向该凸轮与微动开关的最远位置。凸轮位置调整好后，安装回讯器。

图 3-198　凸轮位置

4. 跟踪验证

调整好回讯器凸轮位置后，截断阀现场开关状态与监控计算机显示一致。

案例 15　截断阀手动、自动无法切换

1. 问题描述

截断阀氮气管路整改漏点后，将截断阀手动、自动转换手柄（图 3-199）切换为自动时，手柄扳动困难，用力扳动时手柄被扳断。

图 3-199　截断阀手动、自动转换手柄

2. 查找原因

检查发现，在整改漏点时将截断阀腔室内氮气泄完，整改好后再次对截断阀腔室充压，但由于截断阀电磁阀与感应杆之间由于尘土的影响而接触不良，造成

氮气从电磁阀处截断而无法进入截断阀腔室，所以在切换为自动状态时手柄扳动困难，且切换成功后因腔室没氮气而使截断阀坐死。

3．解决措施

将截断阀的电磁阀拆下，用毛巾对电磁阀感应杆（图 3-200）进行擦洗，然后将电磁阀装上，听到给截断阀腔室充气的声音后，将截断阀手动状态切换为自动状态。

4．跟踪验证

对感应杆进行擦洗后，安装上电磁阀，腔室正常充气，手动、自动切换轻松正常。

5．建议及预防措施

（1）当遇到手动、自动切换困难时，不要强行切换，在检查气路和电路正常时，确保气缸内充有氮气，可采取将电磁阀拆下清洗感应杆的措施解决。

图 3-200　截断阀电磁感应杆

（2）建议日常维护截断阀时将电磁阀拆下进行维护，以提高电磁阀感应度，保证截断阀运行正常。

案例 16　截断阀减压阀撒气孔漏气

1．问题描述

截断阀减压阀在正常工作状态下，撒气孔持续漏气（图 3-201）。

2．查找原因

撒气孔用来在调节减压阀时，将输出气路中的部分压力释放，由撒气控制钢球与球座之间的分合实现控制，由橡胶密封圈分离气路和大气。

输出气路与大气不能有效隔断，可能是由于撒气钢球与球座之间有污物，导致钢球不能坐死；或者是密封圈密封不严导致。

3．解决措施

（1）将截断阀转换至手动状态。

（2）将减压阀卸下。

（3）清洗钢球与阀座，并清理检查密封圈，如密封圈发生变形破损应更换，安装时应注意涂抹适量密封脂（图 3-202）。

图 3-201　截断阀减压阀撒气孔

图 3-202　截断阀减压阀撒气孔组件

4．跟踪验证

清洗阀座及钢球，检查密封圈后，撒气孔不再漏气。

5．建议及预防措施

平时验漏时应注意加强撒气孔的检查，发现问题及时整改。

6．启示或认识

以上方法对机械原理相同的设备部件漏气整改有借鉴之处。

案例 17　外输截断阀开关不到位

1．问题描述

2012 年 10 月对某站截断阀进行开关测试时，发现外输去东干线的截断阀只能开关三分之一。切换为手动控制状态，用手轮控制进行开关活动若干次后，再次进行自动测试，仍旧不能正常开关。

2．查找原因

第一步：现场落实发现截断阀电源和气源供给正常，分析造成外输截断阀开关不到位的原因有两种，一是截断阀传动机构中齿轮锈蚀，造成摩擦力增大；二是阀杆与球阀压盖之间锈蚀，增大了摩擦力，导致开关困难。

第二步：将截断阀气动头拆下，对传动机构内部进行检查，结果未发现锈蚀。

结论：阀杆与球阀压盖之间锈蚀，增大了摩擦力，导致开关困难。

3．解决措施

（1）对输气干线泄压。

（2）卸下截断阀气动执行机构，卸下截断阀阀杆（图 3-203）。

（3）卸下球阀压盖。

图 3-203　截断阀阀杆

（4）除锈（图 3-204）。

图 3-204　除锈

（5）涂抹润滑油润滑（图 3-205）。

图 3-205　涂抹润滑油润滑

（6）按照拆卸流程进行恢复（图 3-206）。

图 3-206　恢复装置

4. 跟踪验证

除锈后投用截断阀，远程开关正常，至今未出现开不到位的情况。

5. 预防措施

为防止雨水、风沙等杂物进入阀杆与球阀压盖之间的缝隙，导致发生锈蚀，可在阀杆外露的截断阀上安装挡板（图 3-207）。

图 3-207　截断阀阀杆保护套

案例 18　某站外输截断阀在自动状态下无法正常关闭

1. 问题描述

对某站内所有截断阀（图 3-208）进行保养并测试时发现，外输截断阀（四川自贡）（图 3-208）远程操作无法正常关闭。

2. 查找原因

（1）检查氮气源压力正常，且流程畅通。

（2）减压阀压力处于正常范围内且正常工作（图3-209）。

图3-208　某集气站外输截断阀　　　　图3-209　减压阀组件及压力

（3）控制柜内24V熔断器也未曾烧毁，现场电磁阀正常供电。

（4）外输截断阀处于自动状态下，紧急气动截断阀控制按钮正常。

3．解决措施

对外输截断阀进行了系统的检查后，一切正常，用平口螺丝刀调节电磁阀下的调节螺钉，外输截断阀开关正常。

在电磁阀下面有一个类似小螺钉的调节螺钉，旋到A的位置时，电磁阀为自动开关状态，旋到M的位置时，电磁阀为手动开关状态（图3-210）。

图3-210　电磁阀手动、自动状态调节螺钉

4．跟踪验证

维修整改后，外输截断阀处于自动状态下，能够正常启闭。

5．建议

对于站内新投运的各类设备要认真阅读其使用说明书，加强自主学习。也可以与设备厂家人员沟通，以保证对新增设备结构和性能的了解以及对操作的熟练掌握。

第九节　配电设施管理基础知识及故障案例分析

一、发电机组基础知识

（一）功能及特点

在天然气开采场站，为保证场站电力运行正常，备有天然气发电机，天然气发电机组是一种将燃料的热能转换为电能输出的动力装置。燃气发电机组具有输出功率范围广、启动和运行可靠性高、发电质量好、重量轻、体积小、维护简单、低频噪声小等优点，在现场能完全满足场站电力的需求。

（二）工作原理

集气站大多使用的是三相交流同步燃气发电机。启动时发电机将空气与天然气以一定的比例混合成良好的混合气，在吸气冲程被吸入气缸，混合气经压缩点火燃烧而产生热能，高温高压的气体作用于活塞顶部，推动活塞做往复直线运动，通过连杆、曲轴飞轮机构对外输出机械能。四冲程发电机在进气冲程、压缩冲程、做功冲程和排气冲程内完成一个工作循环。其转子是永磁无刷式的磁铁，为发电机工作提供旋转磁场。定子是由在空间互差 120°电角度的三相交流绕组（按照一定规律连接的线圈组称为绕组）组成。当原动机带动三相同步发电机的转子旋转时，转子磁场对定子的三相绕组有相对运动，定子的三相绕组就感应产生三相交流电。

（三）注意事项

（1）发电机启机前发电机负荷开关必须处于分离状态。

（2）发电机在运行或没有冷却前严禁操作人员靠近排气管线和缸体。

（3）操作人员向发电机电瓶内加电解液或补加蒸馏水时，必须戴劳保手套，戴护目眼镜。

（4）发电机运行中和运行后冷却之前严禁补加冷却液。

（5）发电机房室温应保持在 16℃以上。

（四）日常维护

1. 设备结构图

燃气发电机结构如图 3-211 所示。

图 3-211 燃气发电机结构示意图

1—机油尺；2—空气滤清器；3—排气系统；4—燃料进气系统；5—冷却液加液口；

6—机油压力表；7—机油加注口；8—进气阀；9—打铁开关；10—蓄电瓶；

11—发电机测试旋转；12—启动开关；13—五灯控制旋钮；14—指示灯

2．例保（5d）

（1）发动机机油每 5d 检查一次是否可继续使用。

（2）发动机空气滤清器每 5d 清理一次，并用空气吹扫。

（3）冷却水箱每 5d 检查一次，防冻液液位距离加水口 1.5～2cm。

（4）天然气过滤器每 5d 排放一次。

3．一级保养（15d）

（1）完成例保的内容。

（2）发动机机油每 15d 更换一次。

（3）发动机机油滤清器每 15d 更换一次。

（4）发动机空气滤清器应进行吹扫，每 60d 或空气滤清器指示灯为红色时必须更换。

（5）风扇皮带每 15d 检查一次，检查皮带松紧度，用 2～3kgf 压力压风扇皮带，风扇皮带弹性向下不超过 1cm，如果超过必须要紧固，如果发现有裂纹现象必须更换。

（6）天然气过滤器每 15d 清洗一次滤芯，彻底清除杂质颗粒、污物。

4．二级保养（6 个月）

（1）完成一级保养的各项内容。

（2）火花塞每 6 个月检查一次，火花塞电板间隙为 1～1.5mm，过大时必须更换。

（3）将每一缸的火花塞拆下，如果发现有火花塞不燃烧（黑色有积炭），再检查高压点火线及点火线圈是否有损坏（用更新配件的方法检查）。

（4）如果在启动发电机时，启动电动机转速不够（转动很慢）或不转动，先用万用表测量蓄电池电压值（正常电压为 12～12.6V），如果电压不够，需要更换。

5. 更换机油和机油滤清器

机油和机油滤清器一般同时更换,当发电机运行满 400h 或检查发现机油变黑时可进行如下操作。

(1)准备油盆、棉纱、扳手等工具用具。

(2)将油盆放在放油阀下面,并打开放油阀放出机油。

(3)打开机头机油盖,加速放油。

(4)放完油后拧下旧机油滤清器并关闭放油阀。

(5)在新机油滤清器里灌入一半机油,并将其拧在发电机上。

(6)加机油到油标尺的满刻度附近,拧上机头机油盖。

6. 吹扫空气滤清器

空气滤清器一般是满 100h 吹扫一次。操作步骤如下:

(1)准备棉纱、皮老虎等工具用具。

(2)拧下空气滤清器盖,取出空气滤清器。

(3)清除空气滤清器、空气滤清器盖内附着的灰尘等污物并对空气滤清器进行吹扫。

(4)将空气滤清器装回发电机。

7. 电瓶保养

电瓶的保养主要包括补充电瓶电解液、打磨电缆连接桩头、检查电瓶连线等操作。补充电瓶电解液的操作过程如下:

(1)日常检查中发现电解液低于液位刻度下限时需对其进行补充。

(2)准备好棉纱、电瓶补充液等。

(3)拧开电瓶加液口。

(4)加入电瓶补充液到电瓶液位刻度上限。

(5)拧紧电瓶加液口。

8. 补充和更换冷却液

在冬季环境温度低于 0℃时水箱内需加入防冻液,夏季气温高时可用清水代替防冻液。用清水更换防冻液时,要用清水反复冲洗水箱 3～5 次,确保无防冻液残留,因为如果冲洗不干净,将会严重地腐蚀发动机和水箱。

(五)常见故障与处理方法

1. 发动机不能启动

发动机在常温下,一般应在几秒内顺利启动,有时要反复 1～2 次才能启动是正常的。若经过 3～4 次反复启动,发动机仍不能着火时,应视为启动故障,需查明原因,待故障排除后再行启动。

1）启动系统故障

启动系统故障表现为不能驱动旋转、启动无力或转速低。启动系统故障的现象、原因及排除方法见表3-8。

表3-8　启动系统故障的现象、原因及排除方法

故障现象	故障原因	排除方法
发动机不能启动	（1）启动用蓄电池电力不足； （2）启动系统电路接线错误和电气零件接触不良； （3）启动电动机的炭刷与整流子接触不良	（1）更换电力充足的蓄电池或增加蓄电池并联使用； （2）检查启动线路接线是否正确和牢靠； （3）修整或更换炭刷，用木砂纸清理整流子表面，并吹净灰尘

2）燃气系统故障

发动机不能启动，经检查启动系统电路或各零部件均为良好，则应检查燃气供给系统。若其出现故障，则表现为燃气系统不供气或供气不正常，发动机不着火或着火后不能转入正常运行。燃气系统故障的现象、原因及排除方法见表3-9。

表3-9　燃气系统故障的现象、原因及排除方法

故障现象	故障原因	排除方法
发动机不能启动	（1）燃气管路堵塞或管路节流太大； （2）燃气压力过高或过低； （3）混合器怠速螺钉调整不当； （4）混合器损坏； （5）空气滤清器堵塞； （6）排气管堵塞或接管过长、转弯半径过小、转弯过多	（1）检查减压阀、调压阀、过滤罐、稳压罐和燃气管路是否通畅； （2）将混合器进口压力调整到1.2kPa左右； （3）调整怠速螺钉，增大混合器阀门初始角度（发动机怠速一般设置为700~800r/min）； （4）更换混合器； （5）清洗（除）空气滤清器芯子和纸滤芯上的灰尘； （6）清除排气管内积炭，重新安装排气管，其弯头不能超过3个且有足够的横截面

3）主火管线不畅

主火管线不畅的故障现象、原因及排除方法见表3-10。

4）发动机压缩压力不足

发动机压缩压力不足，检查时，用人力转动曲轴时感觉压缩冲程阻力不大。发动机压缩压力不足的故障现象、原因及排除方法见表3-11。

表 3-10 主火管线不畅的故障现象、原因及排除方法

故障现象	故障原因	排除方法
发动机不能启动	（1）若 CDI 输入和输出信号指示灯熄灭，则 CDI 单元无 24V 直流输入电源； （2）若 CDI 单元输入直流电压正常，则 CDI 单元损坏； （3）若 CDI 单元输入灯熄灭，输出灯亮，则说明曲轴位置传感器可能有故障； （4）若曲轴位置传感器正常，则说明 CDI 单元损坏； （5）若输入灯亮，输出灯熄灭或以较慢的速率闪烁，则说明可能是 CDI 单元与点火线圈之间连接错误或接触不良； （6）若 CDI 单元与点火线圈之间的连接正常，则说明 CDI 单元损坏； （7）若 CDI 单元的两个指示灯以相同的速率闪烁，说明 CDI 单元正常，点火线圈、高压线和火花塞可能有故障	（1）检查 CDI 单元输入电源电路中的熔断器、继电器和电源开关等； （2）若输入电压正常，则更换 CDI 单元； （3）检测传感器的电阻值和磁性，若损坏则更换； （4）若曲轴位置传感器正常，则更换 CDI 单元； （5）检查CDI 单元与点火线圈之间的屏蔽电缆连接是否正常牢固； （6）若 CDI 单元与点火线圈之间的连接正常，则更换 CDI 单元； （7）检查火花塞、高压线、点火线圈，若损坏，则予以更换

表 3-11　发动机压缩压力不足的故障现象、原因及排除方法

故障现象	故障原因	排除方法
发动机不能启动	（1）气门漏气、气门间隙过小； （2）气门上积炭严重，气门杆被咬死； （3）气门锥面与气门座磨损严重，造成密封不严； （4）活塞环磨损严重，活塞环与缸套之间漏气； （5）活塞与缸套间隙过大； （6）活塞环卡住或各环切口重合	（1）检查并调整气门间隙，使其符合说明书中的技术要求； （2）打开气缸盖，清除积炭，清洗气门并在气门杆上加注润滑油； （3）对气门进行研磨； （4）拆下活塞，更换活塞环； （5）视磨损情况更换活塞和缸套； （6）清洗活塞环，将各环切口错开

2. 机油压力不正常

发动机使用后发现机油压力不足或过高，可旋转机油滤清器上的调整螺杆使压力恢复正常。若不能进行调整时，则按表 3-12 所列的方法处理。

3. 发动机输出功率不足

发动机输出功率不足就是通常所说的发动机带不动规定的负载。对于这种故障，应从燃气发动机基本工作原理进行分析，应检查混合气量是否充足，燃烧过程是否正常，压缩压力是否足够大，逐步进行分析判断，查出故障原因，并予以排除。

表 3-12　机油压力不正常的故障原因及排除方法

故障现象	故障原因	排除方法
机油压力不正常	（1）机油管路漏油或堵塞； （2）油底壳中机油液面过低； （3）机油泵齿轮磨损或装配不符合要求； （4）机油滤清器或机油冷却器堵塞； （5）机油压力调整弹簧损坏，调整阀平面不平； （6）曲轴前端油封处、曲轴法兰盘端、摇臂轴之间的连接油管、凸轮轴轴承处、连杆轴承处严重漏油； （7）机油压力调节器失调，造成压力不足或压力过高； （8）机油压力表损坏或压力表连接油管堵塞	（1）检查各管路泄漏部位，使油路畅通，必要时更换油管和接头； （2）向油底壳中注入机油至规定液面位置； （3）检查机油泵性能，更换齿轮或新泵； （4）清洗并更换滤芯； （5）更换弹簧，研磨调压阀平面； （6）检修漏油各处，若各轴承磨损超过允许值，必须更换； （7）调整机油压力； （8）更换新表，清除连接油管中的堵塞物

二、故障案例分析

案例 1　发电机启机前，供气管线压力高

1. 问题描述

发电机在启机运行前，供气管线压力高（图 3-212），超过上限值 0.02MPa，无法满足启机要求。

图 3-212　发电机供气管线压力超高

2. 查找原因

（1）减压阀调压主要是依靠弹簧的弹力，通过连杆带动阀芯来改变阀芯与阀座（图 3-213）之间的距离，实现调压的目的。作用在弹簧顶端的调节螺杆顺时针旋紧时，弹簧受到压缩，连杆带动阀芯向上移动，气流通道变大，下游压力升高，反之减小。

图 3-213　发电机减压阀阀芯与阀座

（2）30～35kW 发电机供气管线压力要求在 0.001～0.004MPa 之间，部分站自用气改造后发电机减压阀选型为 Fisher627，减压范围为 0.034～0.138MPa。也就是说，将减压阀调节螺杆逆时针旋松后，减压后压力还有 0.03MPa，无法达到发电机供气压力要求。

经检查减压阀超压原因是选型不对，减压阀（图 3-214）本身并无问题。要解决超压问题，必须人为改变（变小）阀芯与阀座的距离。

图 3-214　发电机减压阀及安装位置

3．处理措施

（1）更换合适的减压阀。

（2）将发电机供气管线上游阀门关闭，卸掉管线内余压，拆除减压阀阀座上的两个固定螺栓（图 3-215），取下阀体。选择旧的减压阀膜片，用剪刀剪几个与阀芯大小一样的膜片（图 3-216）。将剪下的膜片用胶水粘在阀芯上，将粘好的阀芯连接在连杆上，之后连接阀体（图 3-217、图 3-218）。

图 3-215　拆减压阀

图 3-216　制作减压阀膜片

图 3-217　安装膜片

图 3-218　安装减压阀

4．跟踪验证

整改后，压力调节满足启机压力要求。

5．建议及预防措施

减压阀选型时，要考虑好压力适用范围。

案例 2　冬季发电机烟囱 U 形弯管处冰堵

1．问题描述

发电机烟囱 U 形弯管处冰堵。

2．查找原因

初步检查发电机各部位正常，分析判断发电机烟囱 U 形弯管处冰堵原因是冬季烟囱冷凝水冰冻。

3．处理措施

拆下排气管上的堵头；用开水谨慎浇注最低点弯管（图 3-219）；在堵头正前方挡一条毛毡，用毛毡接收污物；冰堵化解后，启机。

图 3-219　处理发电机烟囱 U 形弯管处

4．跟踪验证

冰堵化解后，启机正常。

5．建议及预防措施

对烟囱进行保温，每天坚持空转，运行卸负荷后至少空转 0.5h 以上。

案例 3　发电机供气管线渗漏

1．问题描述

发电机供气管线过滤器进出口渗漏（图 3-220）。

图 3-220　发电机供气管线过滤器进出口位置及管结渗漏现象

2．查找原因

过滤器进出口渗漏，主要原因是进出口管线套扣偏细导致密封不严，即便是缠很厚的生料带（图 3-221），还是有渗漏。

3．解决措施

（1）关发电机气源，拆下过滤器。

（2）先在进出口管线螺纹上缠好隔尔（图 3-222），再缠生料带。

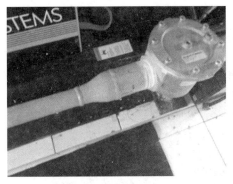

图 3-221　管线缠绕生料带情况

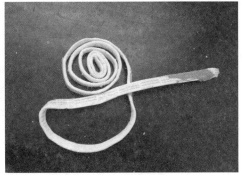

图 3-222　隔尔

（3）如果采取上述措施后还是渗漏，就只能重新下料套扣。

4. 跟踪验证

整改后，经过每天验漏观察，未发现漏点。

5. 建议及预防措施

做好日常的巡检验漏工作。

6. 启示或认识

对于站上比较难整改的漏点，不妨试着缠些隔尔，效果很好，例如，加热炉的导压管接头处渗漏，三甘醇泵的导向管接头处渗漏等。

案例 4　发电机启动后频率不稳定

1. 问题描述

在检查机油、防冻液等各项指标都正常情况下，发电机启动后频率不稳定，运行几分钟后自动停机，无法正常使用。

2. 查找原因

（1）可能是发电机供气源减压阀（图 3-223）故障或管线堵塞压力不稳定造成。

（2）可能是发电机进气处空气混合配风比调节旋钮长时间震动松动，改变原有位置。

3. 解决措施

（1）检查供气源压力，打开减压阀下游放空吹扫，调试减压阀，确保灵敏正常。

（2）检查空气混合配风比（图 3-224），启动后微调调节旋钮，正常后使发电机带负荷，将负荷开到最大进行调试，直至发电机频率稳定。

图 3-223　减压阀

图 3-224　调整空气混合配风比

4．跟踪验证

根据上述方法操作后，能够解决发电机频率不稳问题。

5．建议及预防措施

对发电机等设备日常运行过程中存在的问题进行汇总，多请教专业人士。在维修发电机时多学习，积累经验。

案例 5　发电机不能启动

1．问题描述

在检查机油、防冻液等各项指标都正常的情况下启动发电机，只能听见发电机均匀的转速声，就是启动不起来。

2．查找原因

可能是发电机供气源减压阀故障或是管线堵塞压力不稳定造成，也可能是空气滤芯脏或空气阀打不开。

3．解决措施

（1）检查供气源压力，打开减压阀下游放空吹扫，调试减压阀，确保灵敏正常。

（2）检查、清洗空气滤芯。

（3）保养空气阀。

4．跟踪验证

根据上述方法操作后，发电机可以启动。

5．建议及预防措施

对发电机保养要到位，按时空转，定期清洗空气滤芯。

第四章　计量设备故障诊断与处理

在天然气开采过程中，需要对天然气的压力、温度、流量、液位等参数进行测量，以便有效地指导气井的生产，用来测量这些参数的仪表称为测量仪表。采气生产中使用的测量仪表主要包括压力测量仪表、温度测量仪表、液位测量仪表和流量测量仪表等。

第一节　流量计量设备管理基础知识及故障案例分析

一、标准孔板差压式流量计计量基础知识及故障分析

（一）标准孔板差压式流量计计量基础知识

标准孔板差压式流量计由节流装置、导压管路及差压测量仪表三部分组成，如图 4-1 所示。

被测流体的流量经节流装置转换为差压信号，再通过信号管路传至差压测量仪表，进行流量测量与显示。

标准孔板差压式流量计安装应严格按照国家标准 GB/T 2624—2006《用安装在圆形截面管道中的差压装置测量满管流体流量》的规定进行。

（二）标准孔板差压式流量计常见故障

（1）孔板磨损。

（2）孔板脏污。

（3）导压管路堵塞或漏气。

（4）孔板装反。

（5）差压变送器损坏等。

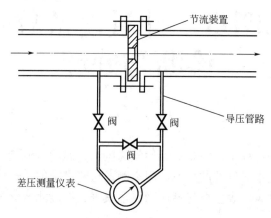

图 4-1　标准孔板差压式流量计组成示意图

（三）故障案例分析

1. 问题描述

某单井计量有误差，清洗孔板和吹扫导压管路后还是计量不准，计算机显示单量为 0.2126。

2. 查找原因

检查孔板入口端面，表面无伤痕，并对其进行清洗，吹扫导压管路，导压管路干净且无堵塞，但计算机仍显示单量为 0.1964。拆开差压变送器盖子，发现里面有大量的水及锈蚀。

3. 解决措施

打开流量计平衡阀，停运流量计。拆开差压测量仪表后盖；拆下正负极接线，分别用防水胶带包严，用棉纱将差压变送器内部插试干净；接好正负极，观察计算机上显示单量为 0.0000；上好差压测量仪表后盖；关闭平衡阀，恢复正常生产。

4. 跟踪验证

吹扫导压管、清洗孔板、清理差压变送器后计量准确无误差。

5. 经验总结

流量计量不准或故障无显示时，用排除法逐一排除产生原因，必要时拆下差压变送器，送往计量标定站进行校验。

二、旋进漩涡智能流量计计量基础知识及故障分析

（一）旋进漩涡智能流量计计量基础知识

旋进漩涡智能流量计由流量传感器（也称主体结构）、温度传感器、压力传感器、流量计算处理显示组件四大部件组成。其中，流量传感器由流量计壳体、漩涡发生体、压电传感器、除漩整流器组成，如图4-2所示。

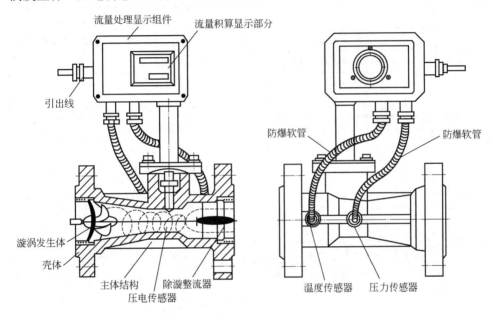

图4-2　旋进漩涡智能流量计结构示意图

进入旋进漩涡智能流量计的气体，在漩涡发生体的作用下，产生漩涡流，漩涡流在文丘利管中旋进，到达收缩段突然节流，使漩涡加速；当漩涡流突然进入扩散段后，由于压力的变化，使漩涡流逆着前进方向运动；在该区域内信号频率与流量大小成正比。根据这一原理，通过压电传感器检测出这一频率信号，并与固定在流量计壳体上的温度传感器和压力传感器检测出的温度、压力信号一并送入流量计算机中进行处理，最终显示出被测流量在标准状态下（20℃，101.335kPa）的体积流量。

旋进漩涡智能流量计的现场安装要求如下：

（1）流量计应根据流向标志安装。

（2）流量计可以水平、垂直或任意角度倾斜安装。

（3）上下游直管段长度符合要求。

（4）被测介质内除含有较大颗粒或较长纤维性杂质外，一般无须安装过滤器。

（5）流量计周围不应有强外磁场干扰及强烈的机械振动。

（6）流量计必须有可靠的接地。

（二）旋进漩涡智能流量计常见故障及排除方法

旋进漩涡智能流量计常见故障及排除方法见表4-1。

表4-1　旋进漩涡智能流量计常见故障及排除方法

故障现象	故障原因	排除方法
接通外电源后无输出信号	管道无介质流量或流量低于始动流量	提高介质流量，使其满足流量要求
	检查电源与输出线连接是否正确	正确接线
	前置放大器损坏（积算仪不计数，瞬时值为"0"）	更换前置放大器
无流量时流量计有流量显示	流量计接地不良及强电和其他地线接线受干扰	正确接好地线，排除干扰
	前置放大器灵敏度过高或产生自激	更换前置放大器
	供电电源不稳，滤波不良及其他电器干扰	修理、更换供电电源，排除干扰
瞬时流量显示值显示不稳定	前置放大器灵敏度过高或过低，有多计、漏计脉冲现象	更换前置放大器
	流量计叶轮转速不稳定	对叶轮重新安装或排除脏物
	接地不良	检查接地线路，使之正常
累计流量显示值与实际流量不符合	流量计仪表系数输入不正确	重新标定输入正确的仪表系数
	用户正常流量低于或高于选用流量计的正常流量范围	调速管道流量使其正常或选用合适的规格
	流量计本身超差	重新标定
转换显示不正常	转换按键接触不良	更换按键
睡眠唤醒或换上新电池出现列机现象	上电复位电路不正常或振动电路不起振	重新安装电池（需取出后延迟 5s 后重装）

三、超声波流量计计量基础知识及故障分析

（一）超声波流量计计量基础知识

超声脉冲在气流中传播的速度与气流的速度有对应的关系，即顺流时的超声脉冲传播速度比逆流时传播的速度要快，气流流动速度越大，两种超声脉冲传播的时间差越大。流量越大，流速越大，顺流和逆流产生的超声波时差越大，利用

这一原理测得时差即可测得流量。声波脉冲传播示意图如图 4-3 所示。

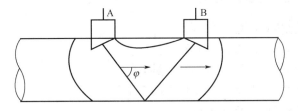

图 4-3　声波脉冲传播示意图

在管道中斜装一对超声波换能器，超声波的声程为 A、B 两个换能器之间的距离。换能器 A 向换能器 B 发射超声波，换能器 B 向换能器 A 发射超声波，测得它们的传播时间差，可求得流体的流动速度。超声波流量计安装示意图及实物图如图 4-4、图 4-5 所示。

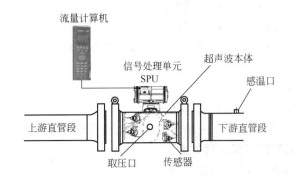

图 4-4　超声波流量计安装示意图

图 4-5　超声波流量计及换能器实物图

（二）超声波流量计常见故障及处理方法

1. 超声波流量计不能工作

（1）未供电。处理方法：检查电源。

（2）熔断丝断。处理方法：更换熔断丝。

（3）CPU 板坏。处理方法：更换 CPU 板。

2. 超声波有供电，但无反应

（1）检查 S600 面板上的指示灯是否正常，指示灯收发不稳有可能是 S600 面板的问题。

（2）发灯闪，收灯灭。处理方法：检查收灯的接线。

（3）流量波动过大，忽高忽低。有可能是放大器的问题。

3. 上位机无法读到流量计算机的数据

（1）接线错误。处理方法：检查接线。

（2）设备负荷过大。处理方法：检查设备。

（3）通信口的设置、数据类型不对。处理方法：检查波特率、偶位校验、停止位、地址。

4. 信号传送问题

（1）信号没进来。可能是通道损坏。

（2）进来后信号不对应。处理方法：检查量程设置（压力、温度）。

5. 理论声速与计算声速相差太大

检查压力、温度、组分是否正确。

第二节　压力计量设备管理基础知识及故障案例分析

一、弹簧管式压力表测量基础知识及故障分析

（一）弹簧管式压力表测量基础知识

弹簧管压力表由弹簧管、传动放大机构、显示部分、表壳四部分组成。被测压力作用在弹簧管上，使弹簧管产生变形，此变形量经传动放大机构转变为中心齿轮的转动，从而带动表盘上的指针转动。由于弹簧管的弹性变形量与被测压力

相对应，从而指示出被测压力的大小。弹簧管压力表的结构如图 4-6 所示。

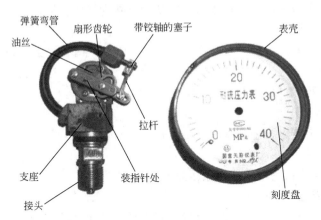

图 4-6 弹簧管压力表结构示意图

（二）弹簧管压力表常见故障及处理方法

弹簧管压力表常见故障及处理方法见表 4-2。

表 4-2 弹簧管压力表常见故障及处理方法

常见故障	故障原因	处理方法
压力表指针不动	压力引入接头或导压管堵塞；指针与玻璃盖子接触，阻力大；截止阀未开或堵塞；传动机构安装不正确，缺少零件或零件松动	卸表检查，清除污物；在玻璃盖子与指示盘间增加垫片；检查截止阀；拆开检查，配齐零部件，加润滑油，紧固连接处
压力表指针跳跃，不稳定	弹簧管自由端与拉杆连接螺栓不活动，弹簧管扩张时，扇形齿轮有续动现象；拉杆与扇形齿轮连接螺栓不活动；轴的两端弯曲不同心	矫正弹簧管自由端、拉杆和扇形齿轮的传动，用锉刀锉薄拉杆的厚度；矫正或换新轴
指针不回零	弹簧管损坏；中心齿轮轴上的游丝盘不紧，转矩过小；传动机构有松动，传动机构阻力大	换弹簧管；增大游丝转矩；找出原因后紧固清洗，上油重装
表内有液体出现	表外壳与盖子密封差；弹簧管漏气	重配合适的垫片；补焊或换弹簧管

（三）故障案例分析

1. 总机关压力表导压管堵塞

1）问题描述

检修泄压后，总机关压力表指针不落零。

2）查找原因

打开压力表放空阀，指针不落零，初步判断为导压管堵塞。

3）解决措施

将导压管上游压力泄掉后，用手钳夹住粗钢丝或者掏密封填料专用工具，用手锤敲击手钳，一点一点将堵塞物切削成碎末，然后用专用工具掏出来，操作时配以螺栓松动剂效果更好。

4）跟踪验证

此方法对生产过程中堵塞的导压管有明显的效果，但对于停产时间较长的导压管效果不明显。

2．外输导压管堵塞导致外输压力低

1）问题描述

某站换班时发现外输压力（4.60MPa）较平常生产时外输压力（4.90MPa）低0.3MPa。

2）查找原因

交班人员初步判断可能是干线压力降低。随后去现场检查，发现外输导压管被污泥堵塞，导致外输压力降低。

3）解决措施

停运流量计，将导压管拆下；用铁丝清除里面的污泥，使导压管保持畅通；重新安装，并重启流量计。

4）跟踪验证

外输压力恢复（4.90MPa）。

5）经验总结

生产过程中如果发现不正常情况，多去现场查看，查找原因，切忌主观臆断。

3．气井油压压力表根部阀泄漏

1）问题描述

2013 年 3 月 12 日 10：40，某站主控室操作人员进行电子巡检时，在实时监控视频画面中发现某井采气树周围有白色气体产生，初步怀疑采气树发生刺漏。随即通知现场操作人员立即赶往现场检查确认，10：50 监控发现采气树刺漏有扩大趋势，主控人员立即对该井实施了远程关井处理。

2）查找原因

10：55 维护人员到达现场后，发现刺漏部位为采气树油压压力表取压阀与压力表连接处，如图 4-7 所示。

图 4-7 压力表刺漏部分图示

3）解决措施

维护人员立即关闭取压阀进行拆表工作，对采气树进行放空泄压处理后，更换原来的压力表。

4）跟踪验证

经检漏合格后，气井于 11：50 恢复正常生产。

5）经验总结

安装压力表时紧固力矩偏小，会导致压力表锥形密封失效，从而造成泄漏。安装前应对锥形密封面进行检查，确保锥形密封面的清洁度。

二、ACD-2××系列精密数字压力表测量基础知识及故障分析

（一）ACD-2xx 系列精密数字压力表基础知识

ACD 系列数字压力表主要由压力传感器和信号处理电路组成。由压力传感器将被测压力转变成电信号，输出的模拟信号（电压/电流）再经 A/D 数模转换电路，以数字信号显示在压力表盘上。

现场安装要求如下：

（1）一般情况下，仪表应向上垂直于水平方向安装，以便于观察。

（2）通用标准的压力接口为 M20mm×1.5mm 外螺纹，安装时应加装密封垫片。

（3）如果测量液位的罐体为密封的，应当在罐体上开通气孔，以避免罐体内压缩的气体造成仪表读数与实际液位不符。

（4）仪表可以直接安装在测量管道的法兰接口上，为便于安装和维修，法兰接口与管道之间应加装截止阀和放空阀。

（二）ACD-2xx 系列精密数字压力表常见故障及处理方法

ACD-2××系列精密数字压力表常见故障及处理方法见表 4-3。

表 4-3　ACD-2××系列精密数字压力表常见故障及处理方法

故障现象	故障原因	处理方法
空压时仪表显示不为零	安装位置有变化，即非轴向垂直向上安装	按当时安装位置对仪表进行校零
	测量介质的杂物堵塞压力测量孔	用水或其他有机溶剂清洗测量孔
	测量介质及环境温度超出产品测量范围	防止在仪表使用温度范围之外工作
	测量介质中含有的硬质杂物损伤测量膜片，或人为捅伤测量膜片	返厂修理
	安装时出现憋压现象，造成压力膜片变形	先进行校零操作，如不能校正需返厂维修
	仪表零点产生漂移	校正仪表零点漂移
无显示	电池没电	返厂更换电池
	外供电源没有电压或电压过高	断开电源，检查仪表是否有短路现象，如有需返厂维修，如无则检查电源
	液晶屏损坏	返厂维修
无输出信号或输出信号不正确	接线错误	按仪表接线图正确接线
	无外供电源	内置电池仪表均需外供电源方可输出信号
	信号输出模块损坏	返厂维修
	量程迁移值不正确	重新设置量程迁移值
无通信或通信不正确	仪表通信参数不一致	核对通信参数，重新设置
	上位机通信指令不正确	核对上位机通信指令
	接线错误或有短路现象	检查线路
	通信线路有干扰	加终端电阻或采用有源信号隔离器
	仪表通信模块损坏	返厂维修

三、电容式差压（压力）变送器测量基础知识及故障分析

（一）电容式差压（压力）变送器测量基础知识

测量原理：被测介质的两种压力通入高、低两压力室，作用在敏感元件的两侧隔离膜片上，通过隔离片和元件内的填充液传送到测量膜片两侧。测量膜片与两侧绝缘片上的电极各组成一个电容器。当两侧压力不一致时，致使测量膜片产生位移，其位移量和压力差成正比，因此两侧电容量就不等，通过振荡和解调，转换成与压力成正比的电流、电压或数字输出信号，如图 4-8 所示。

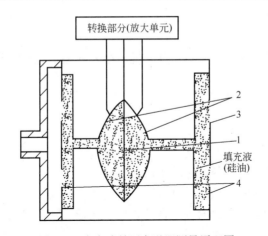

图 4-8　电容式差压变送器测量原理图

1—中心感应膜片；2—固定电极；3—测量侧；4—隔离膜片

压力变送器和绝对压力变送器的工作原理和差压变送器相同，所不同的是低压室压力是大气压或真空。

电容式差压（压力）变送器有电动和气动两大类。电动的标准化输出信号主要为 0～10mA 和 4～20mA（或 1～5V）的直流信号。气动的标准化输出信号主要为 20～100kPa 的气体压力。

电容式差压（压力）变送器通常由感压单元、信号处理和转换单元组成。有些变送器增加了显示单元，还有些具有现场总线功能。

电容式差压（压力）变送器损坏和精度降低的原因如下：

（1）变送器内隔离膜片与传感元件间的灌充液漏失，感压元件受力不均，测量失准。

（2）由于被雷击或瞬间电流过大，变送器膜盒内的电路部分损坏，无法进行通信。

（3）变送器的电路部分长时间处于潮湿环境或表内进水，电路部分发生短路损坏，使其不能正常工作。

（4）变送器量程选择不当，长时间超量程使用，造成感压元器件产生不可修复的变形。

（5）变送器取压管发生堵塞、泄漏，导致变送器受压无变化或输出不稳定。

（6）变送器取压管发生堵塞、泄漏或操作不当，使感压膜片单向受压，造成变送器损坏。

（7）气体中的黏污介质在变送器隔离膜片和取压管内长时间堆积，导致变送器精度逐渐下降，仪表精度失准。

（8）由于介质对感压膜片的长期侵蚀和冲刷，使其出现腐蚀或变形，导致仪表测量失准。

（二）电容式差压（压力）变送器常见故障及处理方法

1. 输出信号为零时的处理方法

（1）检查管道内是否存在压力。

（2）检查电源极性是否接反。

（3）检查仪表供电是否正常。

（4）检查并更换变送器电源端子块。

2. 变送器不与手操器通信的处理方法

（1）检查变送器的电源电压是否符合仪表要求。

（2）检查并更换电子线路板。

（3）检查并更换感压膜头。

3. 压力变量读数不稳定的处理方法

（1）检查隔离膜片是否变形或坑蚀。

（2）检查导压管、变送器有无泄漏或堵塞。

（3）检查是否有外界干扰，应避开干扰源，重新配线并接地。

（4）检查管道是否存在杂物，使管道内出现气流扰动。

（5）更换感压膜头。

4. 对于所加压力的变化无反应的处理方法

（1）检查取压管上的阀门是否打开。

（2）检查取压管路是否发生堵塞。

（3）检查变送器的保护功能跳线开关。

（4）核实变送器零点和量程。

（5）更换感压膜头。

5. 压力变量读数偏低或偏高的处理方法

（1）检查取压管上的各阀门是否完全打开。

（2）检查取压管路是否发生泄漏。

（3）对传感器进行微调。

（4）更换感压膜头。

（三）故障案例分析

1. 差压（压力）变送器显示负值

1）问题描述

某站采气管线已拆除，该井进站压力应该显示为零，而现场出现负值（-8）。

2）查找原因

初步判断差压（压力）变送器传输故障。

3）解决措施

如图4-9所示，打开差压（压力）变送器后盖，发现传输线路正、负极接反。现场接线为红负、蓝正，正确的连接应该是红正、蓝负。因此，重新连接线路，恢复正确的连接方式。

蓝色　　　　　　　红色

4）跟踪验证

进站压力恢复正常显示（0.02）。

2．测量不准确时的简单检查方法（变送器本身无问题时）

（1）平衡阀是否关紧。

（2）上、下游取压阀是否全开。

图4-9　差压（压力）变送器后盖接线图

（3）导压管路是否存在泄漏（需进行验漏）。

（4）导压管路是否堵塞（需进行吹扫）。

3．现场检查变送器是否落零的简单方法

（1）检查压力变送器进入校验状态。

（2）关闭取压阀。

（3）从变送器的卸压螺钉处缓慢泄压。

（4）检查、记录零位示值。

第三节　温度计量设备管理基础知识及故障案例分析

一、热电阻温度计测温基础知识及常见故障分析

（一）热电阻温度计测温基础知识

热电阻温度计是基于金属导体或半导体的电阻值随温度的变化而变化的原理制成的，当测出金属导体或半导体的电阻值时，就可以获得与之对应的温度值。

热电阻温度计由感温元件热电阻、显示仪表和连接导线组成。使用时将热电阻置于被测温的介质中，将检测到的温度值转化为电信号经变送器组件处理后，

输出 4～20mA DC 的标准信号，并能与显示仪表、其他二次仪表或计算机控制系统连接，对被测介质温度进行检测或控制。

1．现场安装要求

（1）安装前应选择合适量程的温度计。

（2）所测介质应与仪表壳体材料强度、耐腐蚀性相兼容。

（3）一般情况下，仪表应向上垂直于水平方向安装，以便于观察。

（4）通用标准的温度接口为 M20mm×1.5mm 外螺纹，安装时应加装紫铜或聚四氟等密封垫片加以密封。

（5）仪表可以直接安装在测量管道的接口上，为便于安装和维修，管道内应安装保护套管，温度探头应安装至被测介质的中心。

2．现场温度控制原理

温控器的感温探头接触被控物体，随着被控物体的温度升高，感温探头中的感温剂通过毛细管使感温包中的感温剂受热膨胀，推动触点开关，接通电源，开始伴热。当被控介质超过设定温度时，触点自动断开，切断电源，停止伴热。此时，感温包温度慢慢降低，当温度低于设定温度时，触点重新闭合，又自动接通电源，开始伴热。反复循环，使被伴热介质温度控制在设定范围内。

（二）热电阻温度计常见故障及处理方法

热电阻温度计常见故障及处理方法见表 4-4。

表 4-4　热电阻温度计常见故障及处理方法

故障现象	故障原因	处理方法
常温下显示LLHH 或仪表显示温度 值不正确	温度传感器损坏或未标定	返厂维修
	电源电压过低或干扰过大	检查电源，若是电池供电，需返厂更换电池
	电磁干扰过大	安装在电磁干扰小的环境中
无显示	电池没电	返厂更换电池
	外供电源没有电压或电压过高	断开电源，检查仪表是否有短路现象，如无则检查电源
	液晶屏损坏	返厂维修
无输出信号或输 出信号不正确	接线错误	按仪表接线图正确接线
	无外供电源	内置电池仪表均需外供电源方可输出信号
	信号输出模块损坏	返厂维修
	量程迁移值不正确	重新设置量程迁移值
无通信或通信 不正确	仪表通信参数不一致	核对通信参数，重新设置
	上位机通信指令不正确	核对上位机通信指令

故障现象	故障原因	处理方法
无通信或通信 不正确	接线错误或有短路现象	检查线路
	通信信路有干扰	加终端电阻或采用有源信号隔离器
	仪表通信模块损坏	返厂维修

（三）故障案例分析

1. 伴热带温控器感温探头未放置在保温层内

1）问题描述

部分集气站伴热带温控器的感温探头未放置在保温层内，感温探头反馈给温控器的温度为环境温度，导致伴热带持续加热，温控器没有起到控制温度的作用，造成电力浪费。

2）查找原因

现场询问部分员工，对温控器工作原理均不清楚，更不了解感温探头的作用。

3）解决措施

给现场员工讲解伴热带温控器工作原理，并将温控器感温探头放置在保温层内。

4）跟踪验证

通过现场讲解温控器工作原理，员工清楚了感温探头的作用，对全站伴热带温控器进行了排查，温控器感温探头全部放置在了保温层内。

5）经验总结

现场温控系统出现问题大多不是温度计本身的问题，而是温度计的安装不符合要求，应加强这方面的学习。

2. 伴热带温控器进口松动

1）问题描述

伴热带温控器进口处螺纹连接不紧密，导致温控器可以用手随意摆动。

2）查找原因

经过现场仔细查看，发现造成温控器松动的主要原因为温控器与镀锌穿线管之间多了一个塑料转换接头。由于塑料接头自身材质较软，易引起温控器晃动。

3）解决措施

将伴热带电源关闭，用内六方扳手将温控器打开，拆开温控器内部全部接线，将温控器和中间塑料转换接头一起取下，再将温控器直接与镀锌穿线管螺纹连接紧固。内部接线完毕后，将温控器外壳恢复，伴热带供电。

4）跟踪验证

将温控器与镀锌穿线管之间的塑料转换接头去掉之后，温控器进口紧固，无松动现象。

5）经验总结

当伴热带无法正常工作时，应仔细检查伴热带各部分安装是否符合要求，并采取相应措施。

3．温度变送器接线盒内接线松动

1）问题描述

装置区内天然气温度测量值不稳定，跳跃变化。

2）查找原因

用 FLUKE744 从表头信号线输出温度值时，中控室温度显示正常，因此可以排除自控段和仪表段线路故障。打开接线盒，发现里边接线柱松动。

3）解决措施

重新接线，再装上接线盒。

4）跟踪验证

温度显示正常。

5）经验总结

温度变送器计量不准或无显示时，用排除法逐一排除产生原因，必要时拆下温度变送器送往标定站进行校验。

第四节　液位计量设备管理基础知识及故障案例分析

一、磁浮子液位计测量基础知识及故障分析

（一）磁浮子液位计测量基础知识

磁浮子液位计在现场常用作分离器自动排液系统对液位的监测及集气站内污水罐的液位监测。它和电动球阀、计算机系统共同构成分离器的自动排液系统。

磁浮子液位计与容器构成连通器，磁浮子随被测介质液面的变化而变化，浮子内置永久磁钢，吸引外部磁翻板翻转。磁翻板红白相间处便是液位。磁浮子的磁钢使相应的干簧管吸合，其他干簧管处于断开状态，变送器的输出电阻与液面

的高低呈正比例关系，当液位变化时，液位的变化通过变送单元转换器将对应输出电阻值转化为电流信号输出，实现液位的远距离传输。

集气站分离器安装的远传式磁浮子液位计自身的就地指示部分直观醒目，便于值守人员现场观察了解分离器内液位情况，而且可通过液位计变送单元将现场分离器等容器实际液位值转换为电流信号输入到上位机，实现液位检测数据远传通信功能，便于液位远程控制。

（二）磁浮子液位计常见故障及处理方法

（1）浮筒被油污卡死。处理措施：清洗浮筒。

（2）浮筒腐蚀穿孔。处理措施：检查、更换浮筒。

（3）浮子磁性消失。处理措施：进行磁钢更换、维修或校正。

（4）传感器线路松动或传感器故障。处理措施：检查传感头线路或更换传感器。

（5）气井加起泡剂后泡沫对液位计浮筒有影响。处理措施：加注消泡剂；降低电动球阀开阀液位设置。

（三）故障案例分析

1. 磁浮子液位计存在的浮子卡死问题

1）问题描述

某站分离器现场液位测量出现定值，无法进行液位检测。

2）查找原因

由于天然气中含有大量无机盐、尘土、颗粒、锈蚀的铁屑等铁磁性物质或油泥等杂质，这些固体杂质受流动和浮子强磁场的作用，逐渐在浮筒中凝结、吸附，导致浮子卡死。

3）解决措施

清洗磁浮子液位计浮筒和浮子，确保浮筒内壁和浮子清洁，无污垢沉淀，防止出现浮子卡死现象。

4）跟踪验证

清洗后分离器液位显示、自动排液均恢复正常。

5）经验总结

应寻找清洗磁浮子液位计的周期，定期清洗，确保分离器液位的自动检测和排液。

2. 乱磁现象

1）问题描述

某站分离器磁浮子液位计出现磁钢红白相间紊乱现象，无法正常检测液位。

2）查找原因

磁浮子液位计长时间使用后，磁钢的性能出现不稳定现象，甚至导致部分浮子的磁钢和指示器的部分小磁钢的磁性减弱或消失，失去磁钢之间相互的磁耦合作用，无法带动指示器的小磁钢翻转，从而产生指示器磁钢红白紊乱的情况，即乱磁现象。

3）解决措施

对现场液位计的磁钢进行更换、维修或校正。

4）跟踪验证

校正后分离器液位显示、自动排液均恢复正常。

5）经验总结

当磁浮子或磁钢由于长期使用导致磁性减弱或消退时，应对其进行更换、维修或校正，确保分离器液位的自动检测和排液。

3. 变送器单元故障

1）传感器故障

问题描述：某站分离器磁浮子液位计出现液位值的测量偏差，无法准确测量液位。

查找原因：随着容器内液位的变化，分离器磁浮子液位计传感器的干簧管不断吸合或断开，导致 2 个干簧管永久性导通（失效），失去吸合导通的特性，成为永久通路，影响变送单元的分压电阻比，出现液位值的测量偏差，无法准确测量液位。

解决措施：首先确定现场指示正常，确保现场监控可靠，然后拆除变送单元，更换传感器内损坏的干簧管，恢复测量。

2）转换器故障

问题描述：某站磁浮子液位计在运行过程中无法进行液位监测。

查找原因：磁浮子液位计在运行过程中由于变送单元表体进水，变送单元的电子电路板损坏，不能对检测信号进行转换，无法进行液位监测。除此之外，当运行过程中出现信号线路瞬间冲击电流过大或雷击等情况时，也会出现变送单元电子电路板损坏或烧坏的情况，造成液位计故障。

解决措施：经维护人员确认后，及时对变送单元进行更换，恢复现场测量。

二、差压式液位计测量基础知识及故障分析

（一）差压式液位计测量基础知识

差压式液位计是利用一定高度的液柱会产生液体静压力来进行液位测量的。

当容器内的液位改变时，由液柱产生的静压力也相应变化，由此可用差压变送器测量液，如图 4-10 所示。

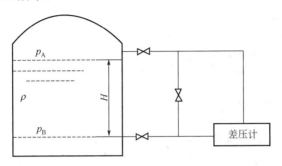

图 4-10　差压式液位计测量原理图

当差压计的高压端接液相（p_B），而低压端接气相（p_A）时，根据流体静力学原理，有：

$$\Delta p = p_B - p_A = \rho g H$$

通常，被测介质的密度ρ是已知的。因此，差压计得到的差压与液位高度 H 成正比。

这样就把测量液位高度的问题转换为测量差压的问题了。

（二）差压式液位计常见故障及处理方法

（1）液位变送器仪表故障。

处理措施：检修或更换。

（2）变送器导压管故障。

处理措施如下：

① 高压端堵塞，对高压端进行吹扫，清理堵塞物。

② 高压端活接头处聚乙烯垫子压得过紧，堵塞通道。

③ 若低压端管线积液，进行排液。

（3）三阀组故障。

处理措施如下：

① 若三阀组平衡阀未关或平衡阀阀芯损坏，则关闭平衡阀开关，更换平衡阀。

② 若高低压端某个排液铆钉密封不严，有泄漏，则维修或更换。

（4）对于屏膜远传式液位计，膜盒上有脏物形成附加压力，或导压管内传压油有漏失。

处理措施：打开膜盒清理脏物，整改导压管漏点。

（5）液位变送器显示负值。

处理措施如下：

① 双击污水罐液位值。

② 在信息栏查看该点的细节描述，查找位号。

③ 在自控柜内查找对应控制盒。

④ 检查或更换熔断器。

（三）故障案例分析

1. 计算机显示液位负值，导致不能正常排液

1）问题描述

某站计算机流程图显示分离器液位为负值，经过多次对导压管吹扫，问题未能解决，导致电动球阀不能正常打开排液。

2）查找原因

打开平衡阀，关闭高、低压控制阀，缓慢打开两个放空排液口螺钉，待液排完后，缓慢打开高压控制阀吹扫高压端导压管，然后再打开低压控制阀吹扫低压端导压管，都畅通后，关闭高、低压控制阀，上好排液口螺钉。打开低压控制阀，充平压力后，关闭平衡阀，打开高压控制阀。观察计算机显示值，反复操作两次。经过两次的试验和观察，每一次都是刚打开高压控制阀时，计算机显示值为正常，随后液位显示值慢慢下降至负值。由此判断，平衡阀关闭不严。

3）解决措施

关闭高、低压控制阀，打开平衡阀，缓慢打开放空排液口螺钉，放空泄压。拆下平衡阀，检查平衡阀阀芯。将平衡阀清洗干净，转动平衡阀阀芯180°，恢复平衡阀。

4）跟踪验证

清洗平衡阀后分离器液位显示、自动排液均恢复正常。

5）经验总结

当差压式液位计平衡阀关闭不严时，应对其进行更换或维修，确保分离器液位的自动检测和排液。

2. 用差压变送器测量液位时，中控室显示的液位值上下波动频繁

1）问题描述

分离器液位用差压变送器测量时，中控室显示的液位值上下波动频繁，而现场差压变送器显示稳定。

2）查找原因

用万用表测量端子排的电流值，发现电流值也稳定。然后用FLUKE744通过盘间线给卡件输入模拟值，发现中控室显示波动频繁，对盘间线检查后排除盘间

线的问题。检查同一卡件上的其他的差压信号均显示正常。因此，可能是信号传输的问题。

3）解决措施

更换信号传输通道。

4）跟踪验证

中控室液位显示正常。

5）经验总结

当中控室液位显示不正常时，应逐一排除故障原因。首先检查中控室，然后检查传输通道，最后检查现场仪表。

三、分离器自动排液系统电动球阀故障原因及处理方法

（一）电动球阀只开不关

（1）计算机设置的关阀液位太低。处理措施：手动排净分离器储液包内的液体，重新设定关阀液位。

（2）电动球阀故障。处理措施：关闭自动排污阀，检修或更换电动球阀。

（3）自动排污管线有堵。处理措施：检查电动球阀前变径大小头处是否有脏物堵塞并进行清理。

（4）气井大量产水。处理措施：检查气井是否大量产水，并进行手动排液。

（二）电动球阀不动作（主要是电动球阀卡死或电动头故障）

（1）阀体传动杆锈死。处理措施：对阀体传动杆除锈保养。

（2）球体长时间不动作锈死。处理措施：维修或更换；定期进行手动开关。

（3）电动头故障。处理措施：检查电动头，维修或更换电动头。

（三）电动球阀阀体渗漏

（1）阀体传动杆处渗漏，聚乙烯垫子或 O 形密封圈损坏。处理措施：检查、更换聚乙烯垫子或 O 形密封圈。

（2）阀体两侧渗漏。处理措施：检查两侧密封垫子，若密封垫子损坏，则更换密封垫子。

（四）电动球阀内漏

处理措施如下：

（1）拆开检查阀体内部是否有球体损伤，若损伤不严重，进行研磨；若损伤

严重无法修复，则更换阀体。

（2）检查球体两侧密封面垫子是否有损伤，若有损伤，则更换两侧密封面垫子。

第五节　测爆仪管理基础知识及故障案例分析

一、固定式可燃气体测爆仪测量基础知识

（一）固定式可燃气体测爆仪测量原理

当被测气体泄漏时，固定式可燃气体测爆仪的探头与可燃气体（甲烷、一氧化碳等）接触，利用接触燃烧原理或电化学原理测量气体浓度，并通过与设定值的对比产生报警，变送器发出与被测气体浓度成正比的 4～20mA 电流信号，转换成模拟数字量显示到仪表液晶屏或传输到上位机用于监控。

目前绝大部分有毒气体探测器使用的是电化学传感器，其特点是体积小、耗电少、线性和重复性较好、寿命较长。

特定气体电化学传感器包括下面几部分：可以渗过气体但不能渗过液体的扩散式隔膜；酸性电解液槽（一般为硫酸或磷酸）；传感电极；测量电极；参比电极（三电极设计）；有些传感器还包括一个可以滤除干扰组分的滤膜。气体电化学传感器组成示意图如图 4-11 所示。

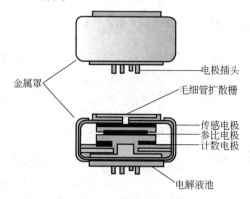

图 4-11　气体电化学传感器组成示意图

（二）ESD200 型固定式可燃气体测爆仪

ESD200 型固定式可燃气体测爆仪实物如图 4-12 所示，结构如图 4-13 所示，零部件如图 4-14 所示。

图 4-12 ESD200 型固定式可燃气体测爆仪实物图

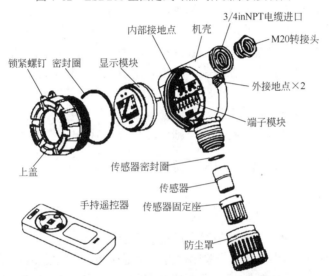

图 4-13 ESD200 型固定式可燃气体测爆仪结构示意图

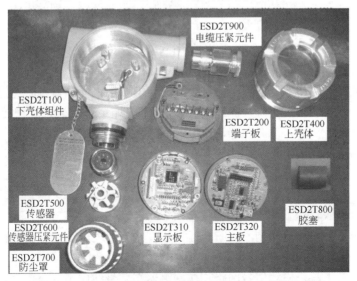

图 4-14 ESD200 型固定式可燃气体测爆仪零部件示意图

二、ESD200 型固定式可燃气体测爆仪常见故障及排除方法

（一）无显示

处理方法如下：

（1）检测现场仪表供电是否正常。

（2）如果不正常，检测控制器端供电是否正常。

（3）如果控制器供电正常，关闭电源，检测线路。具体做法：在探测器端把三根线短接，在控制器端用万用表欧姆挡检测两两线之间电阻，应该小于100Ω；在探测器端把三根线悬空，在控制器端用万用表欧姆挡检测两两线之间电阻，电阻应该无穷大。

（4）如果控制器供电不正常，检测控制器。

（5）如果供电正常，线路正常，则仪表故障，返修。

（二）延时完机器总是自动重启

处理方法如下：

（1）检测现场仪表供电是否正常。

（2）如果不正常，检测控制器端供电是否正常。

（3）如果控制器供电正常，关闭电源，检测线路。在探测器端把三根线短接，在控制器端用万用表欧姆挡检测两两线之间的电阻，应该小于 100Ω；在探测器端把三根线悬空，在控制器端用万用表欧姆挡检测两两线之间的电阻，电阻应该无穷大。

（4）如果控制器供电不正常，检测控制器。

（5）如果控制器供电正常，线路正常，探测器电压低于 12V，线路压降太大，检查供电电路环路电阻是否小于 100Ω（关闭电源，在探测器端将电源线和地线短接，在控制器端检测电源线和地线之间电阻），如果小于100Ω，则仪表故障，返修。如果大于 100Ω，缩短线长或使用大线径的电缆。

（6）如果所有供电正常，线路正常，则仪表故障，返修。

（三）在控制器端检测不到 4～20mA 输入

（1）检测探测器工作电压是否正常。

（2）如果正常，在探测器端断开信号线，将万用表电流挡分别接在 S 端和地端，检测有无 4～20mA，如果没有，返修。

（3）如果正常，检测信号回路。在探测器端信号线中串联万用表，检测控制

器端供电是否正常。

（4）如果控制器供电正常，关闭电源，检测线路（关闭电源，将探测器端信号线和地线短接，在控制器端检测信号线和地线之间电阻），如果短路或开路，则线路故障，检修线路。

（四）传感器故障，显示"CELL"

常见原因：传感器损坏、线路板坏。

处理方法：旋下探测器的防尘罩及固定架，向下拔出传感器，用万用表的低电阻挡测量传感器插针间的电阻，其中有三个连续插针之间每两个脚之间的阻值为 5Ω 左右，若阻值大，说明传感器坏，需要更换传感器。若传感器阻值正常，则说明是线路板故障，需维修或更换。

（五）可燃气体测爆仪现场液晶屏显示 0，但计算机显示为-6 或-5

常见原因：探头松动，膜盒接触不良。

处理方法：用遥控器调试自检或将膜盒和探头拔下，重新插上，让仪表自检。

（六）可燃气体测爆仪现场显示为 0，计算机却显示为 12 或 20

常见原因：有少量的气体或是膜盒和探头有问题。

处理方法如下：

（1）用便携式测爆仪进行气体检查。如果正常，说明仪表有问题。

（2）更换探头或膜盒。

（七）可燃气体测爆仪现场显示为 0，计算机却显示为-1 或-3（1 或 2）

常见原因：电压不稳。

处理方法：用遥控器自检。

（八）可燃气体测爆仪现场屏幕无显示

常见原因如下：

（1）膜盒损坏。

（2）仪表电路板损坏。

（3）电缆接地。

处理方法如下：

（1）检查仪表接线；检查 24VDC 供电是否正常；拆下信号线，测电流（5mA）是否正常。如果仪表正常，则更换膜盒。

（2）更换新膜盒后无法正常工作，证明电路板有问题，则更换新测爆仪。

（3）如果表头没有电压，证明是熔断器烧了或是电源接地短路造成的。

三、故障案例分析

（一）可燃气体测爆仪显示 CELL 的故障处理

1．问题描述

测爆仪起不到检测作用，如图 4-15 所示。

2．查找原因

可燃气体测爆仪探头连接松动。

3．解决措施

（1）卸下探头防尘罩。

（2）卸下探头保护壳。

（3）向表头方向推动探头（拔插式），使其连接紧固，如图 4-16 所示。

4．跟踪验证

处理后恢复正常显示，如图 4-17 所示。

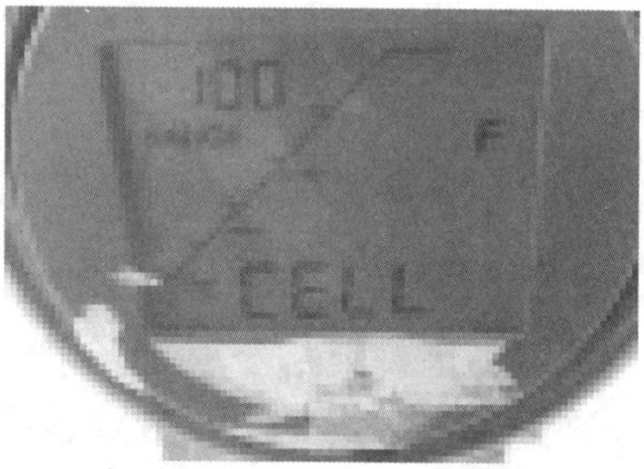

图 4-15　可燃气体测爆仪显示"CELL"

5．经验总结

应每隔一定周期对测爆仪的连接情况进行检查。

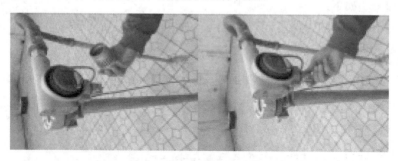

图 4-16　可燃气体测爆仪故障处理图示

图 4-17　可燃气体测爆仪正常显示图

（二）便携式硫化氢气体检测仪故障排除

1．问题描述

某集气站硫化氢气体检测仪更换电池后无法正常开机，屏幕显示"E004"。

2．查找原因

打开后盖，观察内部构件完好，可能需要更换电池。

3．解决措施

（1）将电池反装。

（2）按一下开机键。

（3）电池再按正确的方法安装。

4．跟踪验证

对电池进行调换后，检测仪显示正常，可以使用。

5．经验总结

仪器可能出现电池虚接情况，当仪器更换电池后仍无法正常开机时，可采取反装电池再正确安装的方式来解决。

第五章 采气现场自动化控制 设备故障诊断与处理

随着气田持续快速发展，生产过程中对实时监控和安全防范提出了更高要求。各气田对天然气生产进行数字化管理，对由井、站、管线等组成的基本生产单元采用目前世界先进的数据采集与监视控制（SCADA）系统进行生产过程监视、控制、数据共享、动态模拟及智能报警，优化勘探开发过程，提升经营管理能力。在数字化系统中经常发生一些故障，采气工作人员要根据系统的数据通信流程，及时发现问题原因并采取相应的措施。故障排除后，要及时观察效果，总结经验，保证采气井的正常生产。

第一节 井场自动化设备管理基础知识

一、井场主要组成

（1）数据采集设备：智能旋进流量计、压力变送器、远程测控终端（RTU，机箱内）、航天截断阀（图 5-1）。

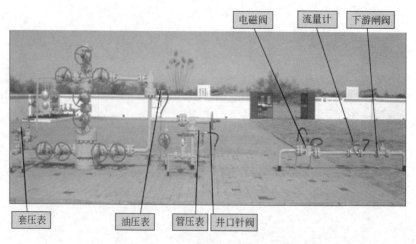

图 5-1 井口数据采集主要设备

（2）数据传输设备：无线数传电台（机箱内）或无线网桥（图 5-2、图 5-3）。

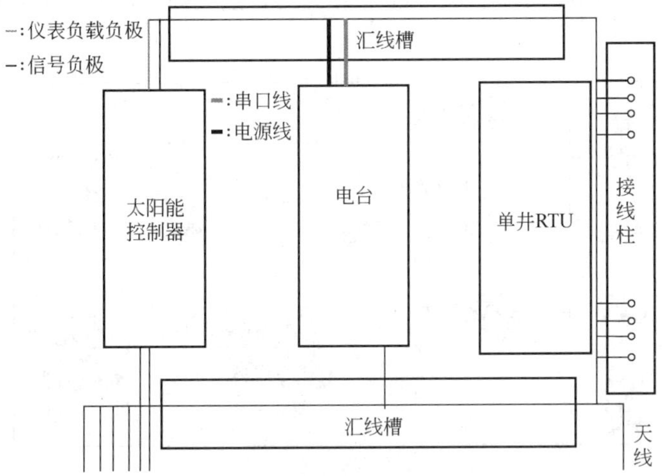

图 5-2　机箱内设备示意图

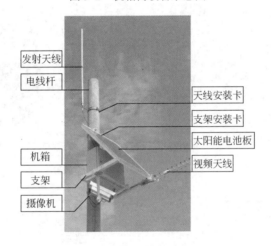

图 5-3　数据传输装置组成

（3）供电设备：太阳能供电设备等。

（4）图像采集设备：摄像头、视频服务器。

二、井场数据流程

井口 RTU 统一采集气井的油压表、套压表、流量计、井口截断阀及蓄电池等相关设备的数据，汇同井口图像（由井口摄像头拍摄图像）通过 485 集线器传输到井口无线电台（或无线网桥），由井口无线设备传输到站内无线电台（或无线网桥），最终数据进入集气站自控系统（图 5-4）。自控系统对接收到的数据进行自动分析和动态模拟，形成站控管理平台（图 5-5），当判断生产数据异常时，可进行报警。

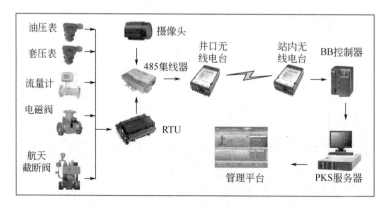

图 5-4 井场数据流程图

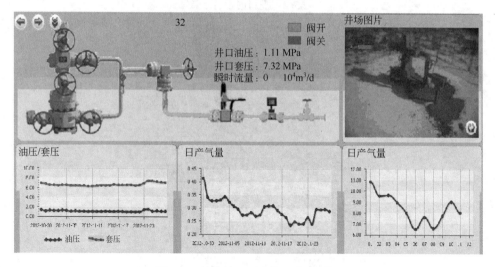

图 5-5 站控管理平台的巡井界面图

三、井场 RTU

（一）功能及适用条件

RTU 是一种耐用的现场智能处理器，它支持 SCADA 控制中心与现场器件间的通信，负责对现场信号、工业设备的监测和控制。它适用于恶劣的温度和湿度环境，主要用于室外，满足采气现场的环境要求防爆的要求。

（二）组成

RTU 的硬件主要包括 CPU、存储器以及各种输入输出接口等功能模块。CPU 是 RTU 控制器的中枢系统，负责处理各种输入信号，经运算处理后，完成输出。

（三）现场安装

1. 固定

如果是有标准导轨，直接卡装在导轨上即可，如果没有导轨，需要用四个螺栓把它安装在机柜上。

2. 连线

按连接线路图连接电源、仪表等设备（图 5-6）。

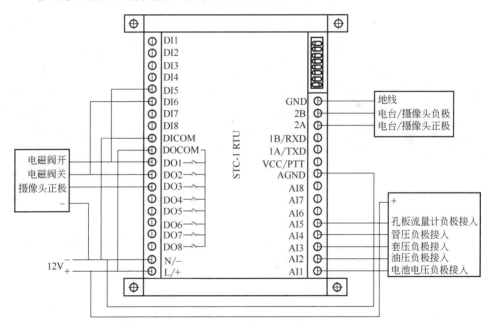

图 5-6　RTU 接线图

（四）现场调试

调试生产厂家提供的 RTU 测试文件，打开文件夹后（图 5-7），双击***.exe 后进入设置界面，设置方法参考"**RTU.TXT"说明文件，依次进行。

图 5-7　RTU 测试文件夹

（1）40044 设置 RTU 地址。地址小于 31，用拨码开关去设置，当地址为 1 时，把拨码开关 1 拨上去，当地址为 2 时把拨码开关 2 拨上去，当地址为 3 时把拨码开关 1 和 2 都拨上去，以这个公式累加（即 $2^0+2^1+2^2+2^3+2^4$）。当地址大于 31 时，把前 5 个拨码全拨上去的地址 31 再加上 40044 里面写入的值。例如，把拨码全部拨上去，再在 40044 里面写入 24，则现场地址为 55（31+24=55）。

（2）40061 继电器输出设置。低 8 位对应 8 个继电器输出，某位=1，则继电器在收到指令后吸合，设定时间释放。1～4 位继电器吸合时间在 40062 里设置（图 5-8）。

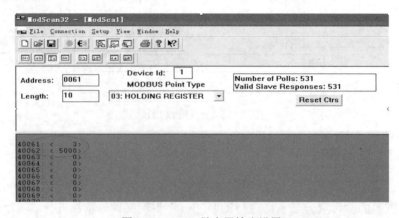

图 5-8　40061 继电器输出设置

（3）40062 设置 1~4 位继电器吸合时间。设置时间单位为 ms。例如，第二路的继电器吸合时间要求 5s，可在寄存器 40062 里面写入 5000。

（4）40079 设置 5~8 位继电器吸合时间。

（5）40099、40100、40101 设置电磁阀高压保护。根据说明书，40099 里面设置-32766 代表第四路模拟量报警输出继电器，40100 里面设置 650 表示高压设置 5MP。根据公式 $X-400/(2000-400)=MP/32$，算出要设置的 X 值写入。40101 代表第四路模拟量定值报警时间设置，设置 10 代表 1s。设置电磁阀高压保护如图 5-9 所示。

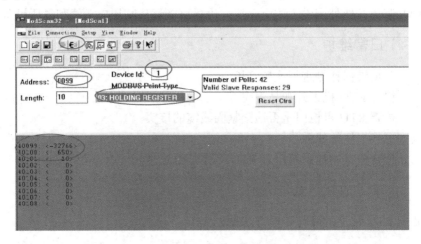

图 5-9 设置电磁阀高压保护

（6）40102、40103、40104 设置电磁阀低压保护。根据说明书，40102 里面设置-16382 代表第四路模拟量报警输出继电器，40103 里面设置 425 表示低压设置 0.5MP。根据公式 $X-400/(2000-400)=MP/32$，算出要设置的 X 值写入。40104 代表第四路模拟量定值报警时间设置，设置 10 代表 1s。设置电磁阀低压保护如图 5-10 所示。

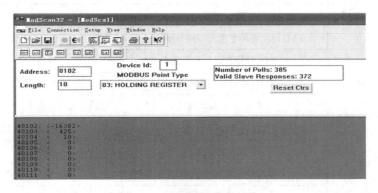

图 5-10 设置电磁阀低压保护

注：通电前把地址开关拨成 0，然后上电，这时通信为默认方式，模块地址为 1，通信规约为 RTU，波特率为 9600，1，8，N。

（五）注意事项

（1）无剧烈振动，无冲击源；如果需要在此类环境下工作，请采取相应的防护措施；

（2）应远离强干扰源，尽量减小外界干扰；

（3）RTU 控制柜中，以防止灰尘、油污、水溅；

（4）避免其他外围设备的电干扰，应尽可能远离高压电源线和高压设备。

（六）日常维护

（1）根据维保计划进行现场维护。

（2）检查 RTU 机柜外观是否完好。

（3）检查 RTU 机柜门是否锁紧紧固线缆的接头。

（4）更换损坏的线缆。

（5）配合依据站控系统检查 RTU 工作是否正常。

（七）常见故障与处理方法

井场 RTU 常见故障与处理方法见表 5-1。

表 5-1　井场 RTU 常见故障与处理方法

常见故障	故障原因	处理方法
通信失败	RTU 站址与中心站设置的地址不一致	重新设置地址
	RTU 工作不正常	更换 RTU
	RTU 电台天线方向未指向中心站	调整天线
通信成功，但数据有跳变现象或通信成功率低	馈线干扰	并接电容
	RTU 附近电磁干扰大（如变频器）	避开干扰源
RTU 死机	RTU 软硬件设计不完善	现场复位
	RTU 附近电磁干扰大	避开干扰
	RTU 无良好地线	接地
输出不工作	接线松动或不正确	接线正确、牢固
	输出过载	检查输出
	通信电缆出现问题	更换通信电缆
	站址设置错误	正确设置站址

四、数传电台

数传电台是数字式无线数据传输电台的简称（图 5-11），是指借助 DSP 技术和无线电技术实现的高性能专业数据传输电台。通过电台采集井口压变、流量、摄像头数据和阀门状态，利用无线通信将信号传输至站内电台，站内电台再将数据采集上传至站内上位机站控软件。

图 5-11　数传电台外观图

（一）适用条件

数传电台适用于多种通信场所，可实现点对点、点对多点多级组网通信。由于一般被用于工业远程控制与测量系统，即遥控遥测系统（或 SCADA 系统），多适用于十分恶劣的室外环境，传输遥控遥测数据、数字化语音、动态图像等数据。

（二）工作原理

由于数据信号是一种脉冲信号，而脉冲信号所占用的频谱十分丰富，为了实现在无线信道上可靠、高速的数据传输，就必须在常规的超短波调频电台内部植入一个调制解调器（MODEM）。发送数据时通过 MODEM 的调制器把脉冲信号（即数据信号）转换成模拟信号，接收时则正好经历一个相反的过程，通过 MODEM 的解调器把接收到的模拟信号还原成脉冲信号，这样完成信号的无线传输。

（三）现场安装

（1）可用螺钉穿过电台两侧的四个安装孔后安装固定在机箱上。

（2）选择合适的天线的类型、中心频率、带宽、增益、阻抗、接头、附带的馈线并连接。

（3）连接信号线（图 5-12）。

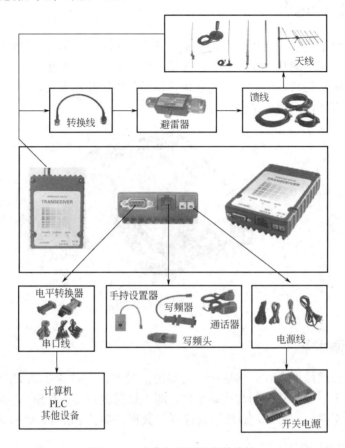

图 5-12　电台与外部设备的连接

（4）给电台通电，供电应为直流电（12～13.8V）。

（5）调试设置参数。

（6）通过指示灯了解电台的工作状态（表 5-2）。

表 5-2　25W 电台指示灯与电台的工作状态对应表

工作指示灯	收发指示灯	数据指示灯	电台的状态
慢闪烁，绿	—	—	设置电台的参数
绿	红	熄	发射话音或发射外调制数据
绿	绿	红	发射数据
绿	绿	熄	接收到信号（如话音），但未接收到数据

续表

工作指示灯	收发指示灯	数据指示灯	电台的状态
绿	绿	绿	接收到有效数据
熄	熄	熄	休眠（仅适用于低功耗型）
快闪烁，绿			异常报警（选配功能）

（四）现场调试

（1）连接计算机与电台。

（2）给电台通电，此时工作指示灯慢闪烁，表明已进入设置状态。

（3）启动设置软件。在"通信""选择串口"中选择计算机串口。

（4）读取电台参数，点击"通信""读取（电台→PC）"。

（5）输入或更改各信道的参数。先选择需更改的信道，然后在编辑栏中修改，之后点击"确认"按钮。

① 功率级别与发射功率的对应关系为：P5—10W，P4—7.5W，P3—5W，P2—2.5W，P1—1W。

② 大部分电台的信道速率可以设置，请根据所用电台支持的信道速率进行设置。

③ 话音控制选项，选择"关"时，通话的发射和接收都不受限制；选择"开"时，由 D/A 控制线的电平控制是否允许通话。

④ "发射限时"用于限制单次最长发射时间，避免因其他设备或人为的误操作导致电台始终处于发射状态而占用信道。

⑤ "数字处理"用于选择是否采用纠错、交织等数字处理。该选项要求收发双方的选择一致，否则会导致由于数据格式的不同而不能互通数据。

⑥ 如果"设置模式"的"数据/话音优先"选择"高—数据，低—话音"，则 D/A 为低电平时允许发送或接收话音，为高电平时不允许发送或接收话音。如果"设置模式"的"数据/话音优先"选择"低—数据，高—话音"，则 D/A 为高电平时允许发送或接收话音，为低电平时不允许发送或接收话音。

（6）更改"设置模式"部分的参数，这部分常用的选项包括数据/话音优先控制电平的选择、接收忙指示电平、串口速率和校验方式（无校验、奇校验、偶校验）。

（7）将更改的参数写入电台，点击"通信""写入（PC→电台）"。

（8）如果设置了多个信道，还应设置当前工作信道。点击"通信" 中的"设置当前信道"（图5-13）。

① 点击"读当前信道"可读取当前工作信道。

② 更改"信道号"为所需要的信道。

③ 点击"写当前信道"将需要的信道写入电台。

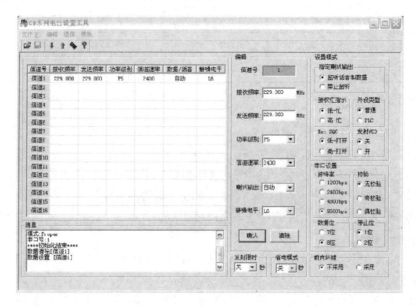

图 5-13   电台设置软件界面

（9）如果需要对多台电台设置参数或希望保存已录入的参数，方便今后使用，可将屏幕上的参数存盘，点击"文件""保存"或"另存为"存盘。下次使用时，通过"文件""打开"操作可将以前存盘的参数文件打开。

（五）注意事项

（1）应选用合适的直流稳压电源，要求抗高频干扰能力强、纹波小，并有足够的带载能力；最好还具有过流、过压保护及防雷等功能，若使用的是开关电源，请注意将天线尽可能地远离电源。

（2）室外天线应安装在避雷针的 45° 保护角之内，室外天线底座接地应良好，安放不能倾斜，安装一定要牢固，能抗风、抗腐蚀、耐强烈的气温变化。

（3）不要在超出数传电台环境特性的工作环境中使用，如高温、潮湿、低温、强电磁场或灰尘较大的环境。使用大功率的收发模块或者需要长时间工作，应加装散热片及散热风扇。

（4）不要让数传电台连续不断地处于发射状态，否则可能会烧坏发射机。可以设定最长的连续发射时限，确保发射机不被损坏。

（5）数传电台的地线应与外接设备（如 PC 机、PLC 等）的地线及电源的地线良好连接，否则容易烧坏通信接口等。切勿带电插、拔串口。

（6）对电源系统和反馈系统都要尽可能地安装专业避雷器。

（7）在对数传电台进行测试时，必须接上匹配的天线或 50Ω 假负载，否则容易损坏发射机。如果接了天线，那么人体离天线的距离最好超过 2m，以免造成伤害，切勿在发射时触摸天线。

（六）常见故障与处理方法

数传电台的常见故障与处理方法见表 5-3。

表 5-3　数传电台的常见故障与处理方法

常见故障	故障原因	处理方法
工作指示灯不亮，系统不工作	电源未接通； 电源电压异常； 极性接反	检查电源电压、电源极性并可靠连接电台后重新加电
无法设置电台的工作参数	接口类型不匹配； 未接写频器或未插写频头； 串口连接不可靠； 计算机串口选择错误	如果电台接口配置不是 232 接口，请通过相应的 232 接口转换器与计算机连接；用写频器可靠地连接计算机和电台，或在 RJ-45 插好写频头并将 DB9 的串口与计算机可靠连接；在设置软件界面"通信""选择串口"中选择连接电台的串口
无法发射数据，数据指示灯不亮	电台处于设置参数状态时不能正常收发数据； 接口类型不匹配； 串口连接不可靠； 串口线连接错误	去掉写频器或写频头；检查电台的数据接口类型与所接设备是否一致，如果采用了 232/485 等转换器，请检查转换器是否正常；检查串口线是否可靠连接
无法对通数据	接收频率与发射频率不一致； 没有连接天线或负载； 收发双方空中传输速率不一致； 发射端电源供电电流不够； 天线距离太近	设置接收电台的接收频率与发射电台的发射频率一致，空中传输速率一致；正确连接天线或负载，确认电源有足够的供电能力；在近距离数据对通测试时，天线之间的距离应大于 5m
接收数据为乱码	发射方数据终端与发射电台的串口设置（速率及校验方式）不一致； 接收方电台与所接终端设备的串口设置（速率或校验方式）不一致； 没有连接天线或负载； 当前信道有干扰； 收发双方天线距离太近； 天线距电台太近	确认电台与所接设备的串口速率及校验方式一致；正确、可靠地连接天线或负载；如有干扰，改变当前信道的收发频率；天线之间的距离应大于 5m

第二节 集气站自动化设备管理基础知识

一、集气站数字化系统主要组成

数据采集：压力变送器、智能旋进流量计、液位变送器、液位控制器、液位计、出站紧急关断阀、可燃气体探测器及可燃气体报警控制器。

数据传输：井场到集气站的无线数传电台或无线网桥，集气站到作业区部的光纤和光端机、交换机。

安防系统：摄像机、视频服务器、智能门禁、红外报警。

工控系统：可编程控制器（PLC）、工控机、不间断电源（UPS）、监控软件。

二、数据通信流程

数据采集设备将温度、压力、流量、压缩机参数、发电机参数通过有线或无线传输到可编程控制器（PLC）、PLC 对信号进行处理打包后经交换机到站内工控机（图 5-14），工控机对集气站设备的生产运行状态进行实时监控并模拟显示（图 5-15），发现异常情况自动报警，并将有关生产数据上传作业区集中监控中心。

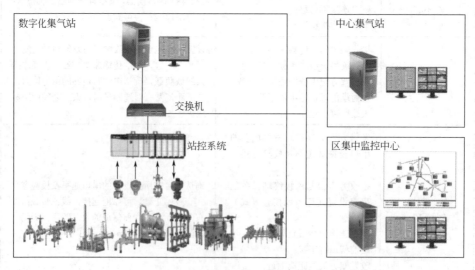

图 5-14 集气站数据通信流程示意图

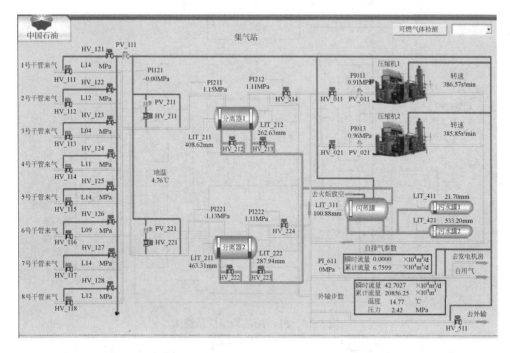

图 5-15 集气站站控系统流程监控界面

三、可编程控制器基础知识

（一）适用条件

可编程控制器（PLC）是一种数字运算操作的电子系统，专门为工业环境下应用而设计。它采用可以编制程序的存储器，用来执行存储逻辑运算和顺序控制、定时、计数和算术运算等操作的指令，并通过数字或模拟的输入（I）和输出（O）接口，控制各种类型的机械设备或生产过程（图 5-16）。

（二）工作原理

PLC 的系统程序赋予其接收并存储用户程序和数据的功能，用扫描的方式采集由现场输入装置送来的状态或数据，并存入规定的寄存器中，同时，诊断电源和 PLC 内部电路的工作状态和编程过程中的语法错误等。进入运行后，CPU 根据用户按控制要求编制好并存于用户存储器中的程序，按指令步序号（或地址号）做周期性循环扫描，如无跳转指令，则从第一条指令开始逐条顺序执行用户程序，直至程序结束。从用户程序存储器中逐条读取指令，经分析后再按指令规定的任务产生相应的控制信号，去控制有关的输出设备（图 5-17）。

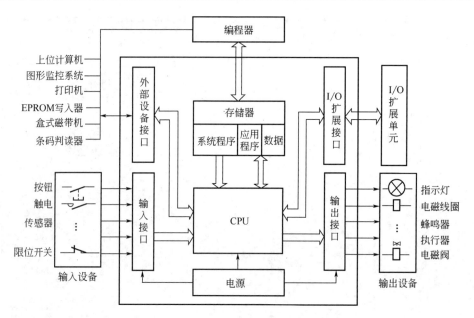

图 5-16 PLC 的结构组成示意图

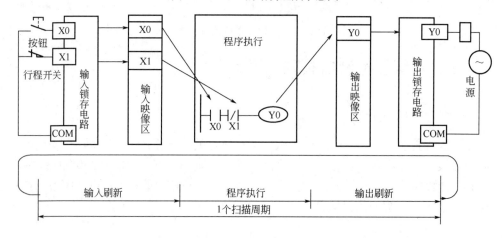

图 5-17 PLC 运行状态下循环扫描示意图

（三）现场安装

（1）将各模块安装在 PLC 控制柜内导轨支架上，模块间的电源和通信通过底座上的内部总线连接器连接（图 5-18）。

（2）将外部输入输出设备连接在 PLC 控制柜内对应的输入输出接线端子（图 5-19）。

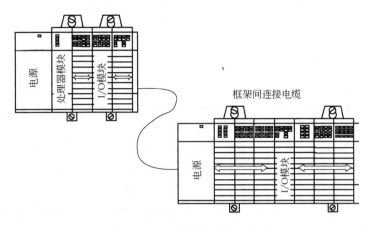

图 5-18 PLC 各模块安装示意图

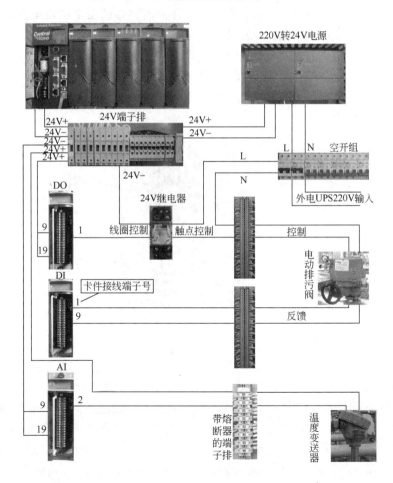

图 5-19 PLC 外部设备连接示意图

（四）现场调试

（1）接线。按照具体信号类型，与对应模块的输出线相连接，接完线后，需要对现场接线情况进行校验后才能上电测试。

（2）配置。PLC 由于有大量的 I/O 信号模块，要组成一个完整系统，需要根据模块安装位置、规划等进行一系列配置。

（3）编程硬件组态。根据现场工艺及控制需要，编制程序、检查编译。

（五）注意事项

（1）环境温度在 0～55℃ 范围内，相对湿度小于 85%，机体周围应具有较好的通风和散热条件。

（2）周围没有易燃或腐蚀气体，也不应有过多的粉尘和金属屑。

（3）避免水的溅射；避免阳光直射。

（4）避免强烈的震动或冲击，如不能避免，则应采取减震措施。

（5）应远离强干扰源，尽量减少外界干扰。

（6）通常把可编程控制器安装在有保护外壳的控制柜中（图 5-20），隔离灰尘、油污、水溅。

图 5-20　PLC 控制柜内部图

（7）基本单元和扩展单元之间要有 30mm 以上间隔，利于散热。

（8）避免其他外围设备的电干扰，可编程控制器应尽可能远离高压电源线和高压设备，可编程控制器与高压设备和电源线之间应留出至少 200mm 的距离。

（9）对于电源线的干扰，PLC 本身具有足够的抵制能力。如果电源干扰特别严重，可以安装一个变比为 1∶1 的隔离变压器，以减少设备与地之间的干扰。

（10）为了抑制加在电源及输入端、输出端的干扰，应给可编程控制器接上专用地线，接地点应与动力设备（如电动机）的接地点分开。

（11）要严防导线头、铁屑等从通风窗掉入可编程控制器内部，造成印制电路板短路，使其不能正常工作甚至永久损坏。

（12）输入接线一般不要超过 30m。但如果环境干扰较小，电压降不大时，输入接线可适当长些。

（13）输入、输出线不能用同一根电缆，输入、输出线要分开。

（14）由于 PLC 的输出元件被封装在印制电路板上，并且连接至端子板，若将连接输出元件的负载短路，将烧毁印制电路板，因此，应用熔断丝保护输出元件。

（六）日常维护

（1）根据维保计划进行现场维护。

（2）检查机柜外观是否完好。

（3）PLC 除了锂电池和继电器输出触点外，基本没有其他易损元器件。存放用户程序的随机存储器（RAM）、计数器和具有保持功能的辅助继电器等均用锂电池保护，锂电池的寿命大约为 5 年。当锂电池的电压逐渐降低到一定程度时，PLC 基本单元上的电池电压跌落指示灯亮，提示用户注意，由锂电池所支持的程序还可保留一周左右，必须更换电池。

（4）调换锂电池步骤如下：

① 在拆装前，应先让 PLC 通电 15 s 以上（这样可使作为存储器备用电源的电容器充电，在锂电池断开后，该电容可对 PLC 做短暂供电，以保护 RAM 中的信息不丢失）。

② 断开 PLC 的交流电源。

③ 打开基本单元的电池盖板。

④ 取下旧电池，装上新电池。

⑤ 盖上电池盖板。

（七）常见故障与处理方法

CPU 常见故障与处理方法见表 5-4。

表 5-4　CPU 常见故障与处理方法

故障现象	故障原因	处理方法
不能启动	供电电压超过上极限	降压
	供电电压低于下极限	升压
	内存自检系统出错	清内存、初始化
	CPU、内存板故障	更换

续表

故障现象	故障原因	处理方法
工作不稳定，频繁停机	供电电压接近上、下极限	调整电压
	主机系统模块接触不良	清理、重插
	CPU、内存板内元器件松动	清理、戴手套按压元器件
	CPU、内存板故障	更换
与编程器（微机）不通信	通信电缆插接松动	按紧后重新联机
	通信电缆故障	更换
	内存自检出错	内存清零、拔去停电记忆电池几分钟后再联机
	通信口参数不对	检查参数和开关，重新设定
	主机通信故障	更换
	编程器通信口故障	更换

通信模块常见故障与处理方法见表 5-5。

表 5-5　通信模块常见故障与处理方法

故障现象	故障原因	处理方法
单一模块不通信	接插不好	按紧
	模块故障	更换
	组态不对	重新组态
从站不通信	分支通信电缆故障	拧紧插接件或更换
	通信处理器松动	拧紧
	通信处理器地址开关错	重新设置
	通信处理器故障	更换
主站不通信	通信电缆故障	排除故障、更换
	调制解调器故障	若断电后再启动无效，更换
	通信处理器故障	若清理后再启动无效，更换
通信正常，但通信故障灯亮	某模块插入或接触不良	插入并按紧

输入输出模块常见故障与处理方法见表 5-6。

表 5-6　输入输出模块常见故障与处理方法

故障现象	故障原因	处理方法
特定编号输入不关断	输入回路不良	更换模块
	输出指令用了该输入号	修改程序
输入不规则的通、断	外部输入电压过低	使输入电压在额定范围内
	噪声引起误动作	采取抗干扰措施
	端子螺钉松动	拧紧螺钉
	端子连接器接触不良	将端子板拧紧或更换
异常输入点编号连续	输入模块公共端螺钉松动	拧紧螺钉
	端子连接器接触不良	将端子板锁紧或更换连接器
	CPU 不良	更换 CPU
输入动作指示灯不亮	指示灯坏	更换
输出模块单点损坏	过电压、特别是高电压串入	消除过电压和串入的高压
	负载电源电压低	加额定电源电压
	端子螺钉松动	将螺钉拧紧
	端子板连接器接触不良	将端子板锁紧或更换
	熔断丝熔断	更换
	I/O 总线插座接触不良	更换
	输出回路不良	更换
输出全部不关断	输出回路不良	更换模块
特定编号输出不接通	输出接通时间短	更换
	程序中继电器号重复	修改程序
	输出器件不良	更换
	端子螺钉松动	拧紧
	端子连接器接触不良	将端子板拧紧或更换
	输出继电器不良	更换
	输出回路不良	更换

四、UPS（不间断电源）

（一）适用条件

UPS（图 5-21）用于电力供应极不稳定的地区，当正常交流供电中断时，可交流持续供电几个小时，比较适合在机房和数据中心使用。在气田生产中 UPS 给 DCS 和 PLC 控制系统及工控机提供高质量的交流电源。

图 5-21　UPS 外观

（二）工作原理

后备式 UPS 在工作时，市电经过整流器整流后变成直流电，一部分给蓄电池充电，另一部分则是直接送到了逆变器进行逆变，把直流电转换为交流电输出，当市电出现问题时，蓄电池会向逆变器提供电力，保证电力的持续输出，同时发出报警提示。

（三）现场安装

（1）根据要求的电压，计算出电池组是串联或是并联。

（2）将电池摆放到位，用连接线将电池组连接好。

（3）将电池组接入 UPS 主机（图 5-22），注意正、负极不能接错。

（4）给 UPS 主机送电，启动 UPS，测试其输出电压是否正常。

（5）关闭 UPS 主机，切断其输入电源，确保所有电源都断开后，接好输出电源的连接线。

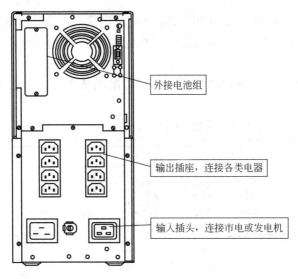

图 5-22　UPS 背面接口

（四）注意事项

（1）UPS 很重，应将其放置于牢固可靠并足以支撑其重量的位置。

（2）UPS 操作地点周围不能有过多尘土，且温度和湿度不能超过规定限度。

（3）单独安装或维修外部电池时，应该由合格的电气人员进行。

（4）在连接或断开电池终端之前，请先断开充电电源。

（5）断开电源并关闭所有开关后，外部电池可能还保持着很强的电压，请勿将工具或金属部件放在电池上。

（6）请勿打开、改动或毁伤电池，内部电池可能会伤害皮肤和眼睛。

（7）请勿将电池置于火中，否则会有爆炸的危险。

（8）正常电池组使用 3～5 年后，需考虑更换电池。

（五）日常维护

（1）根据维保计划进行现场维护。

（2）检查 UPS 外观是否完好。

（3）注意防尘和定期除尘。

（4）注意正面显示面板上指示灯（图 5-23）提示，若有报警及时处理。

（5）检查各连接件和插件有无松动和接触不良的情况。

（6）检查散热风机运转情况及检查调节 UPS 的系统参数等。

（7）要经常用软的棉纸或绸布擦拭蓄电池，保持其表面清洁。

（8）应在一定时间内人为中断市电一次，让蓄电池放电一段时间，延长其使用寿命，同时 UPS 要及时进行较长时间的连续充电，以免由于蓄电池衰竭而引起故障。

（9）检查蓄电池本身电池槽有无变形，电池是否漏液，接线螺栓有无严重锈蚀。

（10）检查蓄电池连线有无磨损或断裂。

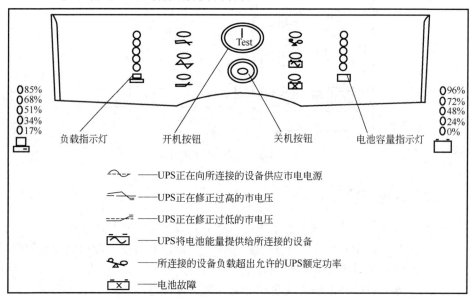

图 5-23　UPS 正面显示面板指示灯说明图

（六）常见故障及处理方法

UPS 常见故障及处理方法见表 5-7。

表 5-7　UPS 常见故障及处理方法

常见故障	故障原因	处理方法
UPS 不能启动	UPS 未连接市电电源	检查连接电源和市电的电缆或插头是否连接牢固
	UPS 的输入断路器跳闸	减少 UPS 的负载，方法是断开设备负载的连接，并按下断路器的按钮来重置断路器（在 UPS 的背面）。检查输入空开上是否并接有漏电保护器，如果有，拆下漏电保护器后测试是否还跳闸
	市电电压过低或为零	检查交流电电源，将一盏台灯连接到市电插座，如果灯光很暗或闪烁，则需检查市电电压
	外部电池连接不当	检查电池连接器是否连接牢固

续表

常见故障	故障原因	处理方法
正常输入电压，但 UPS 仍由电池供电	UPS 的输入断路器跳闸	减少 UPS 的负载，方法是断开设备负载的连接，并按下断路器的按钮来重置断路器（在 UPS 的背面）。检查输入空开上是否并接有漏电保护器，如果有，拆下漏电保护器后测试是否还跳闸
	线路电压过高、过低或畸变	将 UPS 连接到其他电路上的另一个电源插座，重新开机看 UPS 是否正常
过载灯亮、故障灯亮	将太多设备连接到 UPS	断开所有不重要的设备的连接。按按钮重新启动，看其是否正常
故障灯亮、过载灯没亮	UPS 内部故障	关掉 UPS 并立即进行维修
更换电池灯亮	电池电力不足	检查电池状况，并对电池进行至少 24h 恢复性充电。如果充电后问题仍然存在，则需更换电池
	电池连接不当	检查所有电池接头是否连接牢固以及接头是否有氧化现象存在
UPS 未能提供预期的备用电时间	可能曾经停电或电池的使用寿命将尽，电池电力不足	长时间停电后应对电池重新充电。电池在较高温度下工作，会加快电池容量的消耗，电池组已使用 3～5 年，需考虑更换电池

五、工控机基础知识

（一）概述

工控机即工业控制计算机（图 5-24），是一种采用总线结构，对生产过程及机电设备、工艺装备进行检测与控制的工具总称。工控机具有计算机 CPU、硬盘、内存、外设及接口，并有操作系统、控制网络和协议、计算能力、友好的人机界面。工控机属于中间产品，是为其他各行业提供可靠、嵌入式、智能化的工业计算机服务。

图 5-24　工控机外观图

工业控制计算机软件系统主要包括系统软件、工控应用软件和应用软件开发环境三大部分。其中，系统软件是其他两者的基础核心，影响系统软件的开发质量。

（二）软件安装

（1）安装系统 Windows 2000 Profestional。

（2）安装驱动。

（3）安装 IE6.0。

（4）安装 Windows2000 补丁盘。

（5）安装常用的软件，如 Office 2003、瑞星杀毒软件、解压缩软件、一键恢复软件。

（6）控制方案组态软件，如力控组态软件（图 5-25）。

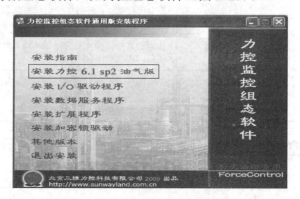

图 5-25　力控组态软件安装界面

（7）安装系统数据库管理软件及数据库补丁，SQLServer 数据库安装界面见图 5-26。

图 5-26　SQLServer 数据库软件安装界面

（8）安装井场站控软件（例如，工程师站和操作员站操作系统）及其他用户应用软件、用户的画面生成软件、报表分析软件等。

（三）注意事项

（1）注意周围环境温度应在 0～40℃之间。

（2）请尽量避免潮湿、极端温度、震动及落尘量多的环境。

（3）请勿阻塞或遮盖工控机左侧的散热口。

（4）建议工控机专机专用、专人专管。

（5）请勿随意使用外来磁盘或外存储器。

（6）必须安装杀毒软件并定期保持更新。

（7）请不要随意拆卸工控机，出现故障，请先参考工控机常见故障及排除办法。

（8）显示器容易被刮伤，请用显示器专用擦拭物品来处理。

（9）使用工控机时，请尽量同会产生强烈电磁干扰的设备（变频器、电动机等）保持 1m 以上距离。

（10）使用工控机 I/O 接口时，强烈建议不要带电插拔，以免造成静电损坏。

（四）日常维护

（1）根据维保计划进行现场维护。

（2）检查外观是否完好。

（3）注意防尘和定期除尘。

（4）检查 RTU 机柜门是否锁紧，紧固线缆的接头。

（5）定期对硬盘做一次清理和碎片整理，确保工控机高效可靠运行。

（6）定期地备份工控机中的重要数据，以免因为故障造成资料丢失。

（五）常见故障

（1）打开工控机电源而计算机没有反应。

① 查看电源插座是否有电并与工控机正常连接。

② 检查工控机电源是否能正常工作（开机后电源风扇是否转动），显示器是否与主机连接正常。

③ 打开机箱盖查看电源是否与工控机底板或主板连接正常，底板与主板接插处是否松动，开机底板或主板是否上电，ATX 电源是否接线有误。

④ 拔掉内存条开机是否报警。

⑤ 更换 CPU 或主板。

（2）加电后底板上的电源指示灯亮一下就灭了，无法加电。

① 首先，查看机箱内是否有螺栓等异物，导致短路。

② 其次，查看有关电源线是否接反，导致对地短路。

③ 最后，利用替换法更换电源、主板、底板等设备。

（3）工控机加电后，电源工作正常，主板没有任何反应。

① 去掉外围的插卡及所连的设备，看能否启动，如果不能，可去掉内存条，看是否报警。

② 检查 CPU 的工作是否正常。

③ 替换主板，检查主板是否正常。

（4）开机后听见主板自检声，但显示器上没有任何显示。

① 检查显示器是否与主机连接正常。

② 另外插一块显示卡，查看是否能正常显示。

③ 清除 CMOS 芯片数据（可能设置有错误）或者更换 BIOS（输入输出系统）。

④ 更换 CPU 板（主板集成显卡）或显示器。

（5）开机后有报警声，但报警显示器上没有任何显示。

① 打开机箱盖查看内存条是否安装或者松动。

② 拔掉内存条开机后报警声是否相同。

③ 清除 COMS 芯片数据（可能设置有错误）或者更换 BIOS。

④ 更换显示卡或外插一块显示卡（主板集成显卡）。

⑤ 一般报警声为长音为内存条的故障。连续短音分为两种：一种是显卡报警；另一种是 BIOS 报警。

⑥ 能进入系统，但有间隔的报警短音。在主板 BIOS 下有一项 CPU 温度报警设置，当 CPU 温度到达设置时主板会发出有间隔的短音报警。

⑦ 开机报警声音分析如下：

（a）1 短——系统正常启动。

（b）2 短——常规错误。

（c）1 长 1 短——RAM（随机存储器）或主板出错。

（d）1 长 2 短——显示器或显卡错误。

（e）1 长 3 短——键盘控制器错误。

（f）1 长 9 短——主板 BIOS 损坏。

（g）不间断长鸣——内存条未插紧或内存损坏。

（h）重复短鸣——电源损坏。

（6）开机后主板自检成功，但无法从硬盘引导系统。

① 按"Del"键进入 CMOS，查看硬盘参数设置和引导顺序是否正确。

② 用光驱或软驱引导后，查看硬盘是否有引导系统或硬盘是否正常分区并已经激活引导分区。

③ 使用 FDISK/MBR 命令，因而造成内存容量不符。

（7）开机后不能完全进入系统就死机或者出现蓝屏。

① 查看系统资源是否有冲突。

② 查看 BIOS 设置是否有错误。

③ 更换内存条。

④ 对硬盘重新进行分区并格式化，安装操作系统。

（8）进入系统后找不到 PS/2 鼠标。

① 查看是否使用了一转二的转接头并正常连接,有时需要键盘和鼠标交换一下插头。

② 按"Del"键进入 CMOS，查看 PS/2 选项是否打开。

③ 查看是否占用了 PS/2 鼠标所使用的 IRQ（中断请求），一般 BIOS 给 PS/2 鼠标分配的 IRQ 是 12。

④ 查看是否已经加载了鼠标驱动（主要是 NT 操作系统，在安装系统时若没有加载鼠标驱动，以后就不能驱动鼠标）。

⑤ 更换另外一个鼠标。

（9）Windows 系统在运行过程中死机或者蓝屏。

① 查看是否安装了新的设备造成系统资源冲突。

② 查看是否安装了错误的或者过期的驱动程序。

③ 查看系统中是否感染病毒。

④ 查看 CPU 风扇是否还在正常转动。

⑤ 查看系统文件或者应用程序以及磁盘是否受损。

⑥ 查看是否因为内存不兼容或者内存有问题。

（10）无法正确安装设备驱动程序。

① 查看驱动程序是否是最新并且支持该操作系统。

② 查看驱动程序是否需要该操作系统的补丁程序的支持。

③ 查看其他设备占用的资源是否和需要驱动的设备占用的资源有冲突。

④ 若是外围设备，换一个插槽并重装驱动。

第三节　视频监控设备管理基础知识

一、视频监控系统

（一）视频监控系统组成

监控中心硬件设备包括控制主机、录像存储主机,计算机监视器及 UPS

电源；通信线路包括视频线、双绞线、光纤、网线；采集前端包括视频服务器、监控摄像机、网络交换机。

（二）视频监控系统数据流程

监控摄像机（图 5-27）通过内置 CCD（电荷耦合器件）及辅助电路将现场情况拍摄成为模拟视频电信号，经同轴电缆传输到视频服务器，进行模拟视频监视信号的数字采集、视频压缩、视频分析，通过有线或无线网络传输到集气站站控中心或作业监控中心，完成实时监视信号显示和录像内容的回放及检索。前端设备控制包括摄像机云台、镜头控制，报警控制等功能，并由视频闯入报警技术进行智能视频分析，有异常情况进行报警。

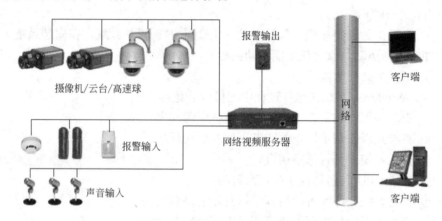

图 5-27　视频监控系统数据流程

（三）监控摄像机基础知识

1. 工作原理

监控摄像机是拾取图像信号的设备，即被监视场所的画面是由摄像机将其光信号（画面）变为电信号（图像信号），摄像机的主要传感部件是 CCD。

CCD 的工作原理：被摄物体反射光线，传播到镜头，经镜头聚焦到 CCD 芯片上，CCD 根据光的强弱积聚相应的电荷，经周期性放电，产生表示一幅幅画面的电信号，经过滤波、放大处理，通过摄像头的输出端子输出一个标准的复合视频信号。这个标准的视频信号同家用的录像机、家用摄像机的视频输出是一样的，可以录像或接到电视机上观看。常用两种的 CCD 摄像机如图 5-28、图 5-29 所示。

图 5-28　50m 红外防水摄像机

图 5-29　壁挂高速球摄像机

2．常见故障及处理方法

摄像机常见故障及处理方法见表 5-8。

表 5-8　摄像机常见故障及处理方法

常见故障		故障原因	处理方法
无图像	线路故障	断线；短路	检查线路；更换线路
	无电源	变压器故障 或摄像机内熔断丝烧毁	更换变压器；更换熔断丝
	单一画面黑屏	BNC 头未接入主机；硬盘录像机 或矩阵处理芯片故障	检查 BNC 头接入情况；检查 压缩芯片及矩阵使用情况
	镜头故障	镜头被锁死	打开镜头；更换镜头
	摄像机内部故障	电源输入端二极体 限流电阻或稳压 IC 烧毁； 图像输出端前的 75Ω 电阻烧毁	更换故障体
图像模糊， 无法对焦	设置问题	后焦未调好；菜单中 某些功能关闭	调整摄像机后焦；查看摄像机 菜单相关功能设置是否正确
	镜头问题	受潮或灰尘过多	擦拭或更换镜头
	监视器故障	显像管老化或液晶屏故障；线路故障	检查、维护或更换故障体
图像中有 黑图由 下向上飘	变压器不良	电源不稳	更换变压器
	线路不良	线路接触不良	更换线路
	若干条间距相等 的竖条干扰	视频传输线的特性阻抗不是 75Ω； 视频电缆的特征阻抗和分布参数都不 符合要求	通过"始端串接电阻"或"终端 并接电阻"的方法解决
	线路过长	线路过长，信号衰减	增加放大补偿装置
	监视器故障	显像管老化或液晶屏故障	更换监视器

（四）摄像机云台基础知识

1. 功能分类

云台是安装、固定摄像机的支撑设备，它分为固定云台（图 5-30）和电动云台（图 5-31）两种。固定云台适用于监视范围不大的情况，在固定云台上安装好摄像机，调整摄像机的水平和俯仰的角度后，只要锁定调整机构就可以了。电动云台可进行大范围扫描监视，摄像机安装在两个交流电组成的安装平台上，可以水平和垂直运动，实现多个自由度摄像。电动云台上的摄像机既可自动扫描监视区域，也可在监控中心值班人员的操纵下跟踪监视对象。

图 5-30　固定云台　　　　　　　　　图 5-31　电动云台

电动云台可以扩大摄像机的监视范围。电动云台的高速姿态由两台执行电动机来实现，电动机接收来自控制器的信号，可精确地对电动云台进行运行定位。

2. 常见故障

（1）码转换器的信号指示灯不工作。

① 软件设置问题，先从软件设置着手解决。

② 软件中的解码器设置问题（解码器协议、COM 口、波特率、校验位、数据位、停止位）。

③ 更换一个 COM 口（检查 COM 口是否损坏）。

④ 上述设置没问题后，若信号指示灯还是无法正常使用，打开九针转 25 针转换器接口，检查接线是否为 2-2、3-3、5-7，如果正确，检查码转换器电源是否正常，可用万用表进行电压和电流测试（9V，500MA），若没有问题，可判定码转换器已经损坏。

（2）无法控制解码器。

① 检查解码器是否供电。

② 检查码转换器是否调到了输出 485 信号。

③ 检查解码器协议是否设置正确。

④ 检查波特率设置是否与解码器符合（检查地址码设置与所选的摄像机是否一致，详细的地址码拨码表见解码器说明书。

⑤ 检查解码器与码转换器的接线是否正确（1-485A，2-B；有的解码器是1-485B，2-A）。

⑥ 检查解码器工作是否正常。解码器断电 1min 后通电，查看是否有自检声；用软件控制云台时，解码器的 UP、DOWN、AUTO 等端口与 PTCOM 口之间会有电压变化，变化情况根据解码器而定（24V 或 220V），有些解码器的这些端口会有开关量信号变化。

⑦ 检查解码器的熔断管是否已烧坏。

（3）无法控制云台。

① 检查解码器与码转换器的接线是否正确。

② 检查解码器的 24V 或 220V 供电端口电压是否输出正常。

③ 直接给云台的 UP、DOWN 端口与 PTCOM 线进行供电，检查云台是否能正常工作。

④ 检查供电接口是否接错。

⑤ 检查电路是否正确。

（4）云台界面上无法操作（无法点击或点击无任何响应）。

① 检查码转换器是否正常。

② 安装相应的云台控制补丁程序。

③ 检查云台连接交换机的线缆是否破损或断裂。

④ 检查交换机的云台接口是否正常。

（5）码转换器指示灯亮或解码器里面有继电器声响，但云台部分功能无法控制。

① 检查无法控制的功能部分接线是否正确。

② 检查云台、镜头等设备是否完好。

③ 检查解码器功能端口电压、开关量输出是否正常。

（五）智能视频服务器基础知识

1. 功能

智能视频服务器（图 5-32）集视频采集、视频压缩、视频分析、网络传输等功能为一体，可以广泛应用于周界防范等视频监控，可对入侵者进行特殊的判识并报警（图 5-33）。

图 5-32　智能视频服务器外观及接口

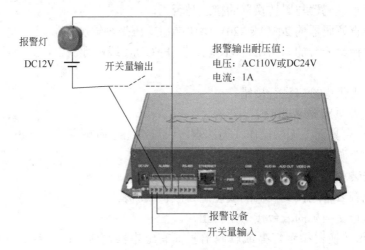

图 5-33　智能视频服务器报警连接图

2．现场调试

（1）首先准备一台计算机和一根网络交叉线，并规划好视频服务器的 IP 地址。

（2）视频服务器出厂 IP 地址为 192.168.1.100，用准备好的网络交叉线把智能视频服务器和配置用的计算机直接连接，同时把计算机的 IP 地址设置为 192.168.1.×××，注意×××不能为 100，否则与视频服务器冲突。

（3）打开 IE 浏览器，在地址栏输入视频服务器的 IP 地址，默认为 192.168.1.100，登录设备，输入默认用户名 admin 和默认密码 admin（图 5-34）。在"IP 地址"栏输入新的 IP 地址、网关、中心服务器 IP 地址、数据服务器 IP 地址（图 5-35），以上地址都要在工程安装初期计划好，否则会造成 IP 地址的重复而影响整个网络。设置好后，点击上图中的"保存配置"按钮，对设置进行保存。

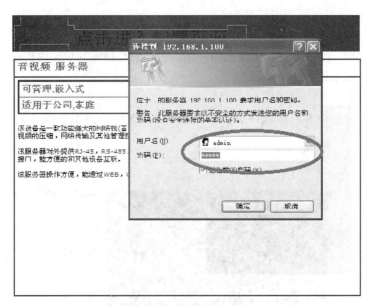

图 5-34 登录视频服务器界面

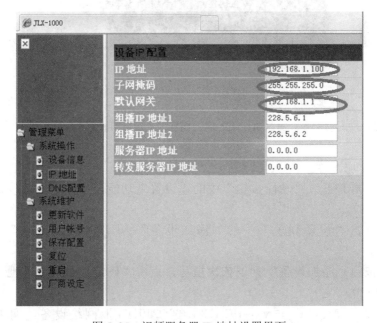

图 5-35 视频服务器 IP 地址设置界面

3．监控客户端

打开智能监控客户端软件或网络上的计算机只需具有 IE6 或 IE7 并安装 monitor 插件，就可成为监控客户端。

监控工作站通过网页的形式打开视频图像界面，并根据自己的权限对图像进行浏览或操控：控制云台、摄像头的动作；视频录像检索回放。用户可根据日期、时间、地点等条件精确查询录像。

（1）登录视频图像界面。

打开智能监控客户端软件后，输入用户名和密码，点击登录（图 5-36）。

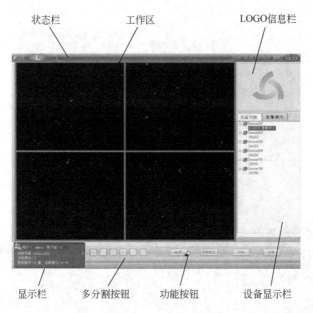

图 5-36　监控客户端软件登录后的界面

（2）添加设备。

① 点击右下方"功能按钮"中的"设置"功能，出现"本地设置"对话框（图 5-37）。

② 点击"设备列表"中的"添加设备"，出现"设备添加" 对话框（图 5-38）。

③ 按照"添加设备"列表依次填写，点击"确定"进入"本地设置"窗口（图 5-39）。

④ 双击 New Device(192.168.1.100:22101)获取网络设备，网络获取成功后图标 New Device(192.168.1.100:22101) 上的"×"消失（图 5-40）。

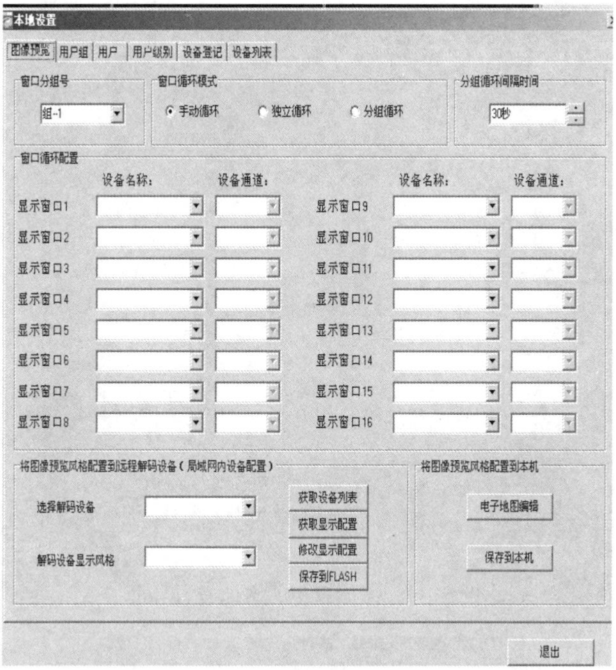

图 5-37　设置功能中的本地设置界面

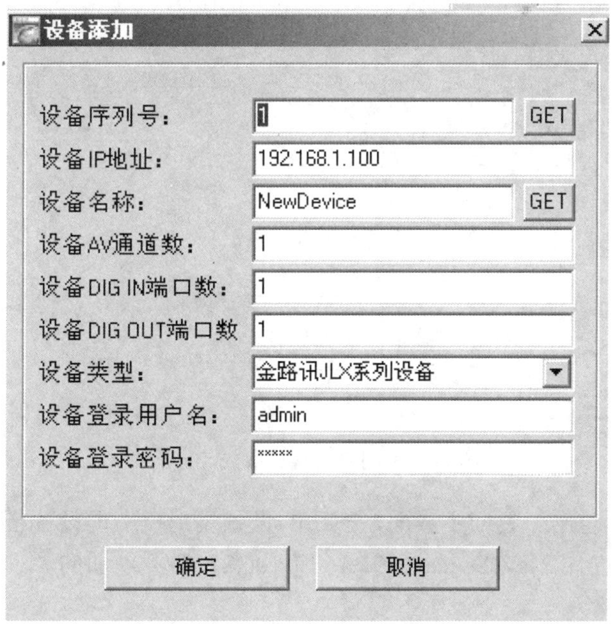

图 5-38　设备添加界面

图 5-39　添加设备的本地设置界面

图 5-40　网络设备获取成功界面图

⑤ 点击"退出"返回主界面，右边的设备显示栏出现设备名称和 IP 地址。

⑥ 这时点击：New Dvice（192.168.1.100.22101）前面的"＋"，在下面出现"CH1"。

⑦ 点击主界面工作区，选中一个画面框，然后双击"CH1"，该设备的监控画面就出现在主屏幕（图 5-41）。

图 5-41 添加监控画面到主界面工作区

⑧ 双击该画面全屏显示，再双击返回主分隔屏。

⑨ 重复以上操作，依次添加所有监控设备。

（3）操作。

① 点击选中要操作的窗口，然后点击"报警操作"，进入报警操作界面（图 5-42），控制云台，发送语音文件。

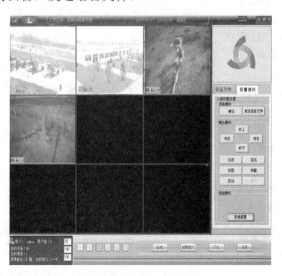

图 5-42 报警操作界面

② 录像及检索操作可进行视频录像、停止录像、查询录像（图 5-43）。

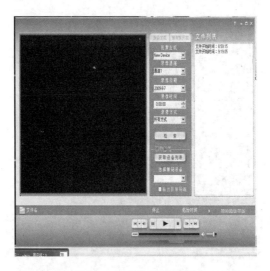

图 5-43　查询录像界面

4. 常见故障及处理方法

视频服务器的常见故障及处理方法见表 5-9。

表 5-9　视频服务器的常见故障及处理方法

常见故障	故障原因	处理方法
无法通过浏览器访问视频服务器	网络不通	用 PC 机接入网络，测试网络接入是否能正常工作，排除线缆故障及 PC 机病毒引起的网络故障，直至 PC 机之间 Ping 通
	IP 地址被其他设备占用	断开视频服务器与网络的连接，单独把视频服务器和 PC 机连接起来，按照适当的推荐操作进行 IP 地址的重新设置
	IP 地址位于不同的子网内	检查服务器的 IP 地址和子网掩码地址以及网关的设置
	端口被修改	通过服务器后面的复位按钮恢复出厂默认状态
不能控制云台或球形摄像机	参数设置不一致	进入设置页，将云台协议、波特率、地址更改为使用的云台参数
	信号线连接不正确或未接好	将云台或球形摄像机与服务器连接的控制线重新连接
图像画面很卡、停顿、不流畅	分辨率设置问题	改小分辨率，并把帧率设置为 25 帧；如果设置了固定码流，把码流设高些
	网络问题	检查网络线缆和网络设备是否正常。网络带宽不足或者拥塞也会导致画面停顿

（六）视频监控系统常见故障

（1）视频监控画面产生大面积网纹干扰，以致图像模糊。

① 由视频电缆线芯与屏蔽网短路或断路造成。检查视频线接头就可以解决。

② 视频传输线的质量不好，特别是屏蔽性能差。更换成符合要求的电缆。

③ 由于供电系统的电源不"洁净"而引起的。若电源上叠加干扰信号，只要对整个系统采用净化电源或在线 UPS 供电就基本上可以得到解决。

④ 系统附近有很强的干扰源。解决的办法是加强摄像机的屏蔽，以及对视频电缆线的管道进行接地处理等。

（2）看到的图像有延迟现象。

① 图像分辨率及图像质量越高，速度越慢。降低图像分辨率及图像质量。

② 网络带宽不够。增加带宽。

③ 计算机的性能差。增强计算机性能，进行系统杀毒优化。

④ 对于多台网络视频服务器，当图像更新慢时，请使用交换机，不要用集线器。

（3）电源不正确引发的设备故障。

① 供电线路或供电电压不稳定。

② 功率不够（或某一路供电线路的线径不够，降压过大等）。

③ 因供电电压不稳定或瞬间过压导致设备损坏的情况时有发生，因此，在系统运行当中，应定期检查供电电压及视频服务器电源。

（4）加电后无视频信号输出。

① 检查视频服务器网络连接状态。

② 检查外加电源极性是否正确；检查电压是否满足要求，对于 DC12V 和 AC24V 摄像机，应在工作范围内，对于 AC220V 摄像机，应在 185～265V 范围内。

③ 检查摄像机视频信号线、电源线连接状态。

（5）无法播放实时录像。

① 软件问题。重启软件、检查软件设置或重装软件。

② 开关电源问题。断电重启。

③ 中心存储服务器等核心设备问题。检查核心设备、中心存储服务器是否能 Ping 通。

二、电子执勤系统

（一）原理

电子执勤系统利用先进的光电、计算机、图像处理、模式识别、远程数据访问等技术，对监控路面过往的每一辆机动车的前部物证图像和车辆全景进行连续全天候实时记录，计算机根据所拍摄的图像进行车牌自动识别、监控，并能进行车辆动态布控，对违法车辆进行报警，通过有线或无线网络将各个监控点有关信息传送到监控中心，实行信息共享，实时监控。

（二）系统组成

电子执勤系统主要包括全景摄像机、车牌识别摄像机、镜头、护罩、支架、车牌补光灯、环境补光灯、电控箱以及识别管理控制软件等（图5-44、图5-45）。

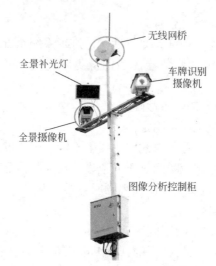

图 5-44　电子执勤系统实物图

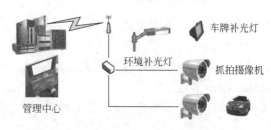

图 5-45　电子执勤系统结构图

（三）安装

（1）硬件安装固定后，按系统接线图接线（图 5-46）。

（2）软件安装：包括服务器端的安装与用户端的安装，分别安装 Server 和电子执勤系统软件（图 5-47）。

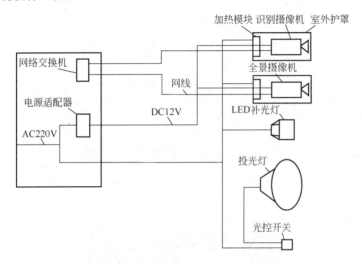

图 5-46　电子执勤系统接线示意图

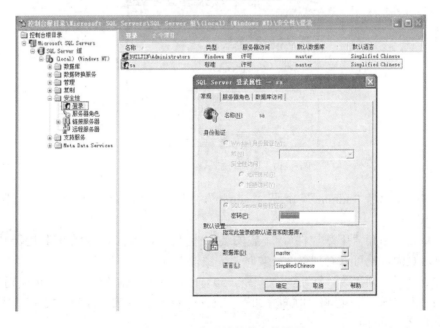

图 5-47　服务器端软件安装界面

选择相应的语言，输入客户信息（图 5-48），根据提示完成操作。

（3）调试。

① 前端摄像机设置。

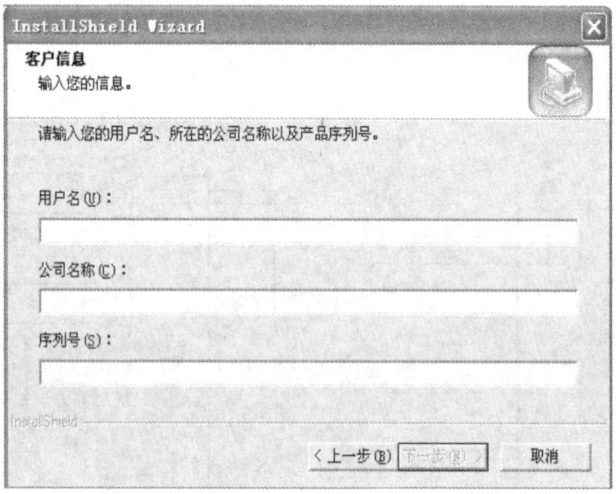

图 5-48　安装客户信息界面

打开 IE 浏览器，输入摄像机地址：192.18.1.88，按回车键。

图 5-49　电子执勤系统调试界面图

输入用户名"admin"，密码 "admin"，点击"确定"（图 5-49），打开摄像机页面。

点击左下角"下载控件"，下载安装控件"ClientOCX"，并允许其运行，然后刷新页面，就可以看到摄像机实时监控图像。

点击"视频参数"打开页面（图 5-50），将"视频编码控制"由"可编码率"改为"固定码率"，再将"时间叠加""名称叠加"由"开启"改为"关闭"，点击"应用"保存页面。

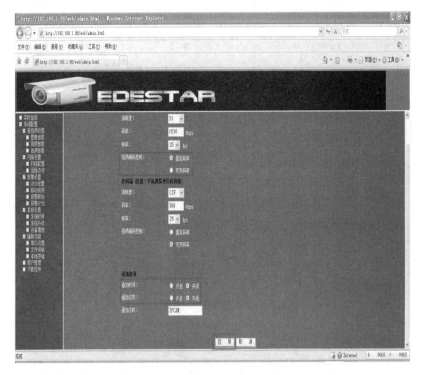

图 5-50　电子执勤系统视频参数界面

　　点击"网络设置"（图 5-51）选项下子选项"网络配置"，进行摄像机网络配置，一般在局域网内只需要配置"IP 地址""子网掩码"和"网关"即可。

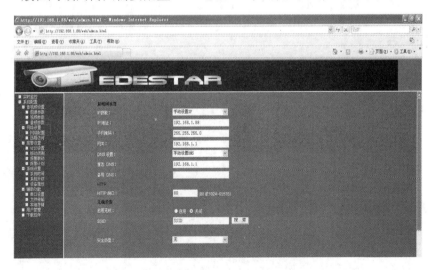

图 5-51　电子执勤系统网络设置界面

选择取景位置（图 5-52）：选择摄像机前方 15～20m 距离为取景位置。

摄像机调试：先调试识别摄像机、再调试全景摄像机。

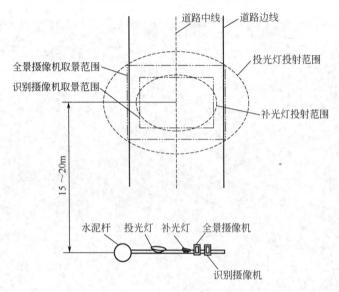

图 5-52　电子执勤系统取景位置示意图

灯光调试：晚上进行灯光调整，使得投光灯和补光灯的中心光斑重合于识别摄像机的中部。

② 数据配置。

在所有程序安装完成后，在程序中的 GLDZZQ 菜单中将会出现四个程序标识，分别是"帮助文件""电子警察""管理中心""数据配置"。首先进行数据配置（图 5-53）。

图 5-53　数据库信息设置界面

设定数据库类型、服务器的 IP 地址；管理用户名通常是 admin，密码由用户设定；直到出现完成的提示信息，表示配置完成。

③ 管理中心。

在成功安装后电子执勤系统后，插上应用软件的网络狗，找到开始菜单程序组中的 GLDZZQ，点击"管理中心"运行程序，输入正确的用户名和密码后，将进入管理中心主界面（图 5-54）。

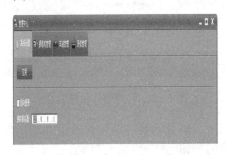

图 5-54 管理中心系统设置界面

④ 电子警察模块。

电子警察模块包括实时监控、录像回放、事件报警、车牌抓拍等功能，在成功安装后，运行电子警察（图 5-55）。

图 5-55 电子警察工作界面

分别进行系统设置、摄像机管理操作、车道配置和录像管理（图 5-56）。

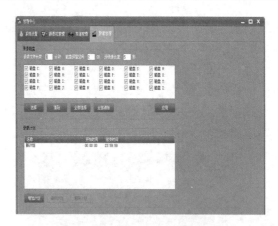

图 5-56　管理中心录像管理

在事件列表中，双击"信息内容"即可以查看抓拍的图片和相应的录像。录像回放窗口标题栏右边的按钮与实时监控窗口的按钮功能一致（图 5-57）。

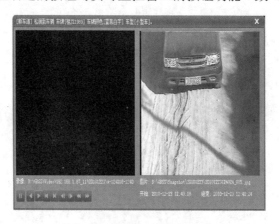

图 5-57　录像回放监控窗口

第四节　数据传输设备管理基础知识

一、交换机基础知识

（一）功能

交换机是用于电信号转发的网络设备，其通过所带端口完成网络中各计算机之间的数据交换。交换机可分为二层交换机和三层交换机。

（二）工作原理

二层交换机（图 5-58）的工作原理：交换机内部的 CPU 会在每个端口成功连接时，通过将 MAC 地址和端口对应，形成一张 MAC 表。在今后的通信中，发往该 MAC 地址的数据包将仅送往其对应的端口，而不是所有的端口。

图 5-58　二层交换机外观图

三层交换机（图 5-59）的工作原理：如 A 要给 B 发送数据，且已知道 B 的 IP 地址，根据已知目的 IP 地址，A 通过子网掩码取得网络地址，用于判断目的 IP 地址是否与自己在同一网段。如果在同一网段，交换机启用二层交换模块，根据地址表将数据转发给 B。如果目的 IP 地址显示的不是同一网段，且在进流缓存条目中没有对应 A 和 B 的 MAC 地址条目（即以前没有进行过数据交换），那么 A 就将第一个正常数据包发送给网关，交换机启用三层模块，在路由表中查询确定到达 B 的路由，通过一定的识别触发机制，确定 A 与 B 的 MAC 地址及转发端口的对应关系，并记录进流缓存条目表，以后的 A 到 B 的数据，就直接交由二层交换模块完成，即一次路由多次转发。

图 5-59　三层交换机外观图

（三）注意事项

（1）交换机放置的地方一定要注意通风、防潮、防火，防水。

（2）检查交换机运行状态，各指示灯是否正常闪烁，交换机温度是否正常，设备有无异味。

（3）检查交换机与各相连设备的通信状况。

（4）安装交换机时要接好地线。

（5）定期除尘。

（6）设备维护、更换时，注意断电后操作。

（7）建议附加稳压电源，否则易导致设备硬件损坏和配置数据丢失。

（四）常见故障排除

1．电源故障

故障现象：如果交换机面板上的 POWER 指示灯是绿色的，表示正常，如果指示灯灭了，则说明交换机没有正常供电。

解决办法：

（1）检查电路，排除供电不足或插座问题。

（2）如不是供电或插座问题，则是交换机自身电源部件出现故障，需要专业人员维修。

2．端口故障

故障现象：端口灯不亮或不能正常转发数据。

解决办法：

（1）关闭电源开关，用酒精棉球清洗端口。

（2）如不行，则需要更换端口。

3．背板故障

故障现象：在外部电源正常供电的情况下，如果交换机的各个内部模块都不能正常工作，那么可能是背板坏了。

解决办法：更换背板。

4．线缆故障

故障现象：电源频繁掉电或网络不通。

解决办法：

（1）若电源频繁掉电，可试着更换电源线。

（2）若网络不通，可试着重新制作网线接头。

二、光纤收发器基础知识

（一）适用条件

光纤收发器一般应用在以太网电缆无法覆盖、必须使用光纤来延长传输距离的实际网络环境中。按照光纤性质，光纤收发器可分为单模光纤收发器（传输距离 20～120km）和多模光纤收发器（传输距离 2～5km）。

（二）工作原理

光纤收发器（图 5-60）就是将短距离的双绞线电信号和长距离的光信号进行互换。

图 5-60　光纤收发器外观图

（三）连接使用

光纤收发器与交换机、集线器及 PC 机连接（图 5-61）。

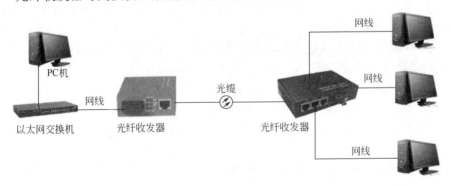

图 5-61　光纤收发器连接图

将双绞线的一端连接到光纤收发器的 RJ-45 口（Uplink 口），另一端连接到交换机或集线器上的任一 RJ-45 口上即可。注意：双绞线的长度不得超过100m。

（四）常见故障

（1）电源指示灯不亮（图 5-62）。

图 5-62　光纤收发器指示灯图

① 检查电源连接是否正常。

② 检查光纤收发器电源模块是否正常，如不正常由专业人员维修。

（2）Link 灯不亮。

① 检查光纤线路是否断路。

② 检查光纤接口是否连接正确（本地的 TX 接口与远方的 RX 连接，远方的 TX 与本地的 RX 连接）。

③ 检查光纤连接器是否正确插入设备接口，跳线类型是否与设备接口匹配，设备类型是否与光纤匹配，设备传输长度是否与距离匹配。

（3）光纤收发器连接后两端不能通信。

① 光纤接反了，将 TX 和 RX 所接光纤对调。

② 光纤收发器的 RJ-45 接口与外接设备连接不正确。

（4）网络丢包严重。

① 两端设备接口的双工模式不匹配。

② 检测双绞线与 RJ-45 接口是否正常。

③ 检查跳线是否对准设备接口，尾纤与跳线及耦合器类型是否匹配等。

（5）存在时通时断现象。

① 可能是光路衰减太大，可用光功率计测量接收端的光功率进行判断。

② 可能是与收发器连接的交换机故障，可更换新的交换机。

③ 可能是收发器故障，可把收发器两端直接连接计算机，从一台计算机向另一台计算机传送一个较大的文件，观察它传输速度，如果速度很慢，可基本判断为收发器故障。

三、无线网桥基础知识

（一）工作原理

　　网桥就是连接两个或更多局域网的网络互联设备，而无线网桥就是连接多个无线网络的桥接设备。无线网桥是为使用无线网络进行远距离点对点网间互联而设计的。

（二）现场安装

　　（1）把室外单元的接地处与适当的接地极之间用接地电缆连接起来（图5-63）。

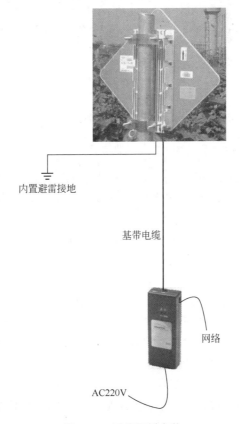

内置避雷接地

基带电缆

网络

AC220V

图 5-63　无线网桥安装

　　（2）安装室外单元和外接天线，然后把室外单元和天线连接起来（图5-64）。

　　（3）连接基带电缆至设备室外单元，把基带电缆的连接器插到室外单元的以太网口，拧好防水帽（图 5-65）。

（4）固定室内单元，连接基带电缆至室内单元的射频口，准备好电源电缆，将室内单元连接到交流电源上。

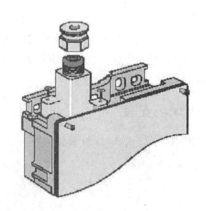

图 5-64　固定全向外接天线　　　　图 5-65　防水帽的连接

（5）使用以太网线连接室内单元的以太网口至用户的网络或 PC 机。

（6）微调天线，校准信号，得到最好的链路效果。

（三）现场调试

（1）根据目测或 GPS 定位的方位，先尽可能准确地调整好天线的方位。

（2）中心端先不动，远端先调整，当远端接收信号指示最强时停止调整，这个过程在远端可以根据信号指示灯判断信号的强弱，更精确的判断方法是根据软件显示的 SNR（信噪比）值或 RSSI（接收信号强度）来判断。

（3）远端停止调整后，再调整中心端，判断方法是根据软件显示的 SNR 值或 RSSI 来判断。

（4）当两端的天线经过反复调整后，找出最优的位置，固定好天线。

（5）用 Ping 包和测试吞吐量的方法来测试链路的使用状况，如果丢包较多就需要更改频点或信道，并同时更改软件上其他相关参数，反复实验，找出最佳的参数搭配，获得最优的网络性能。

（6）导出每个设备的参数配置，保存起来作为日后的维护参考资料，同时把原来规划的无线参数配置表中与调试完毕后不一致的地方修改过来，得出一份参数配置表。

（四）常见故障与处理方法

（1）无线网桥室内单元 Power 灯不亮。

①　检查电源线是否正确连接到室内单元。

②　检查电源插头是否插好。

③　更换室内单元。

（2）无线网桥室内单元 Link 灯不亮。

①　检查室内单元与有线网络是否正确连接，室内单元与计算机连接时应采用交叉网线，室内单元与交换机连接时应采用直通网线。

②　使用 RJ-45 测线仪测试基带电缆的 8 根线是否全部正常连接。

③　更换室内单元。

（3）无线网桥信号质量差，丢包严重。

①　检查天线高度是否符合标准。

②　检查天线极化方向是否符合要求。

③　检查天线调整角度是否符合标准。

（4）无线网桥无线链路无法建立。

①　检查无线网络设置是否正确配置。

②　检查视距是否可视。

③　检查天线安装及设备连接是否正确。

第五节　执行设备管理基础知识

执行机构是使用液体、气体、电力或其他驱动能源，在某种控制信号作用下，通过电动机、气缸或其他装置提供直线或旋转运动的驱动装置，由机械或自动化设备替代人工操作。某些特殊阀门要求在特殊情况下紧急打开或关闭，阀门执行机构能阻止危险进一步扩散，同时将损失减至最少。

一、电动调节阀基础知识

（一）工作原理

电动调节阀（图 5-66）接收工业自动化控制系统的直流电信号（如 4～20mA），阀里面有控制器，控制器把电流信号转换为伺服电动机的行程信号，驱动执行机构转动，产生轴向推力，带动调节阀动作，来调节系统中所需流量或压力。同时，执行机构发出一个阀的位置信号供控

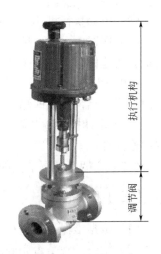

图 5-66　电动调节阀外观图

制器比较，使调节阀始终保持在一个输入信号相对应的位置上，完成伺服调节任务（图 5-67）。

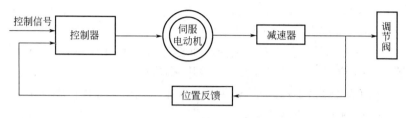

图 5-67　电动调节阀工作原理图

（二）注意事项

（1）安装前清洗管道，阀门入口侧安装过滤器及排放阀，以便去除砂砾、锈垢等杂质。

（2）优先考虑垂直安装，特殊场合（DN80mm 以下）可倾斜或水平安装，但体积、质量、振动过大时，要加支撑。

（3）阀体法兰与管道连接应保持自然同轴，避免产生剪应力，连接螺栓均匀锁紧。

（4）预留空间，以便安装及拆卸维修。

（5）安装时，注意阀体上箭头方向与介质流向一致。

（6）重要场合需增加旁路管线，以备发生故障或检修时，切换至手动操作。

（7）阀体部分需要同管道一样进行保温处理，尤其是当适用于高温介质时，更应该加强保温。否则，因环境温度过高，会影响电动执行机构的正常工作。电动执行机构不能保温。

（8）电动执行机构不得浸水，接线必须符合现场施工规范。

（9）在通电之前，请注意检查电动执行机构所要求的电源电压，以免损坏电动机。在检修时，必须关断电源。

（10）用户每年应至少检查一次电动执行机构传动齿轮的润滑状态。如果发现润滑油脂干结，应立即添加。

（11）定期检查调节阀密封处是否有渗漏，若有渗漏，应立即旋紧紧固螺钉或更换密封件。

（12）定期更换调节阀的密封垫和密封填料函。

（三）日常维护

（1）根据维保计划进行现场维护。

（2）检查外观是否完好。

（3）定期对调节阀外部进行清洁工作。

（4）定期对调节阀填料函和其他密封部件进行调整，必要时应更换密封部件，保持静、动密封点的密封性。

（5）定期对需润滑的部件添加润滑油。

（6）定期对气源或液压过滤系统进行排污和清洁工作。

（7）定期检查各连接点的连接情况、腐蚀情况，必要时应更换连接件。

（四）常见故障与处理方法

1．电动机不动作

（1）检查电源供电是否正常。

① 检查 380V/220V 电源有无断路，保证电动机有电。

② 检查电压是否满足要求，是否存在缺相现象，保证供电系统正常。

③ 检查接线是否正确，须按照说明书正确接线（拆线时要标注清楚，不能拆接时出现错误）。

（2）检查控制信号是否输入。

① 检查 24V 熔断器是否正常。

② 检查计算机控制信号是否正常写入控制器。

③ 检查控制器输出信号是否正常，即 4～20mA 信号是否与阀位控制开度对应（0%对应 4mA，50%对应 12mA，100%对应 20mA）。

④ 检查阀是否卡住导致电动机发热，断电冷却后重新投用。

如检查一切正常后，仍不能正常工作，须报专业技术人员进行综合处理。

2．调节阀不能全开、全关

（1）给定全开、全关信号，并结合信号调整行程螺母。

（2）检查管线内是否有异物，导致阀门行程受限。

（3）检查密封填料是否过紧，在不泄漏的情况下，放松压帽。

（4）检查阀杆是否弯曲，如阀杆弯曲，须进行更换或到机械厂进行校正。

3．调节阀突然不动作

（1）检查电动机是否过热，调节是否频繁，应平稳操作。

（2）调整灵敏度旋钮，降低灵敏度。

（3）检查控制信号或者电源是否正常工作。

二、气动薄膜调节阀基础知识

（一）工作原理

气动薄膜调节阀（图 5-68、图 5-69）以压缩空气作为动力，通过电气阀门定位器来控制气源压力的大小，使空气作用于调节阀的橡胶膜片，膜片的收缩与扩张再带动阀杆（阀芯）上下动作，从而改变阀门开度，最终控制流体流量的变化（图 5-70）。

图 5-68　气动薄膜调节阀外观

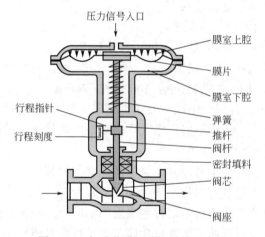

图 5-69　气动薄膜调节阀结构示意图

图 5-70　气动薄膜调节阀原理图

（二）注意事项

（1）安装前清洗管道，阀门入口侧安装过滤器及排放阀，以便去除砂砾、锈垢等杂质。

（2）预留空间，以便安装及拆卸维修。

（3）安装时，注意阀体上箭头方向与介质流向一致。

（4）保持调节阀的卫生以及各部件完整好用。

（5）定期检查调节阀密封处是否有渗漏，若有渗漏，应立即旋紧紧固螺钉或更换密封件。

（6）长期存放的阀门应定期检查，清除污物，并在加工面上涂防锈油。

（三）日常维护

（1）定期检查调节阀和有关附件的供给能源（气源、液压油或电源）。

（2）定期检查密封面磨损情况；检查调节阀连接管线和接头有无松动或腐蚀。

（3）定期检查阀杆和阀杆螺母的梯形螺纹磨损情况。

（4）定期检查填料是否过时失效，如有损坏应及时更换。

（5）定期更换调节阀的密封垫和密封填料函。

（6）检查阀位指示器和调节器输出是否吻合。

（7）检查阀座工作时介质渗入情况，固定阀座用的螺纹内表面易受腐蚀而使阀座松弛。

（四）常见故障与处理方法

（1）阀门控制部不动作。

① 检查控制器输出信号是否正常，如没有信号或者信号偏大，需利用万用表测量控制电流信号，看是否在 4～20mA 正常范围内，如果超出此范围，须报专业技术人员进行处理。

② 检查气源压力是否正常，如果气源总管压力大于 5kgf，但过滤减压阀后的压力太小，低于 1kgf，则需要调节过滤减压阀，将压力调整到 2.6kgf 左右。

③ 过滤减压阀后气源压力与总管压力相同，则需要调整压力到 2.6kgf 左右，如果不能调低压力，则说明过滤减压阀已坏，需更换。

④ 压力正常后，控制信号正常变化，阀门不受控制，说明阀门定位器节流装置已坏，需更换。

（2）阀门控制不到位，不能全关全开。

① 检查密封填料是否过紧，需要松动。

② 检查阀杆是否弯曲，需要加工或更换。

③ 检查管线内是否有异物，需清理。

④ 检查气源压力是否充足，需调整压力。

⑤ 检查阀门调试是否正常，行程是否过短，需重新调试。

（3）阀门投入自动控制后，动作相反。

① 受控制输出信号影响，PID 控制输出错误，需调试控制器程序，报专业技术人员处理。

② 阀门选择错误，气开气关相反，或者阀座内作用相反，报自控技术部门进行综合处理。

三、电动控制球阀

（一）工作原理

电动控制球阀由执行机构和球阀阀体构成（图 5-71、图 5-72）。当上位仪表或计算机发出 4～20mA 的控制信号后，控制器把控制信号电流与系统本身的位置反馈电流，在伺服放大器的前置级磁放大器中进行磁势的综合比较，由于这两个信号大小不相等且极性相反，就有误差磁势出现，从而使伺服放大器有足够的输出功率，驱动交流伺服电动机转动，经齿轮减速器、杠杆带动输出阀杆动作，使阀门开到相对应的开度，并将系统开度信号反馈回控制室内，直到输入信号和位置反馈信号两者相等为止，此时输出轴就稳定在与输入信号相对应的位置上，从而完成系统的调节功能（图 5-73）。电动控制球阀主要用于截断或接通管路中的介质，是工业自动化过程控制的一种管道压力元件。

图 5-71　电动控制球阀外观图

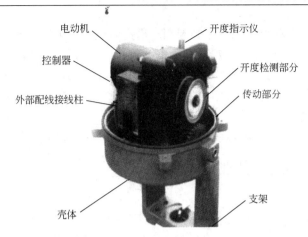

图 5-72　电动控制球阀执行机构结构图

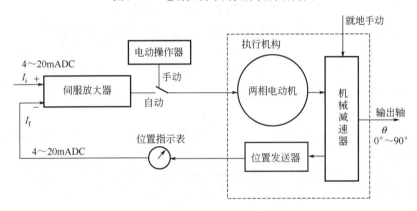

图 5-73　电动控制球阀工作原理图

（二）注意事项

（1）阀门在搬运中应轻取轻放，禁止抛扔或跌落。

（2）安装使用前最好能对球阀所有连接处的螺栓进行检查，保证其已均匀拧紧，并检查填料是否压紧且密封良好。

（3）安装前应对管线进行清扫，去除管线中的油污、焊渣等杂质。

（4）阀门安装时，应取下阀门两端的防尘盖。

（5）如果是初次在控制室控制电动控制球阀，应在现场有人予以配合，核对开关到位型号灯等情况。

（6）在通电前，必须进行外观检查和绝缘检查。

（7）在通电后，应检查变压器、电动机及电子电路部分元件等是否过热，转动部件是否有杂音，发现异常现象应立即切断电源，查明原因。

（8）如果需手动控制电动控制球阀，需先断电然后再操作。

（9）现场操作阀门时，应监视阀门开闭指示和阀杆运行情况，阀门开闭度要符合要求。

（10）在开、闭阀门过程中，发现信号指示灯指示有误、阀门有异常响声时，应及时停机检查。

（11）开关型电动控制球阀只能全开或全关，严禁做调节用。

（三）常见故障与处理方法

（1）执行器阀杆无输出。

① 检查手动是否可以操作。

② 检查电动机是否转动。

③ 手动、电动均不能操作，可以考虑是阀门卡死。

④ 解开阀门连接部分，如果阀门没有卡死，检查轴套是否已经卡死、滑丝或松脱。

（2）在阀门全开/全关时不能停留在设定的行程位置，阀杆与阀体发生顶撞，"关/开阀限位 LC/LO"参数已丢失，应重新设定，或将参数"力矩开/关"更改为"限位开/关"。

（3）显示阀位与实际阀位不一致，重新设定后，动作几次，又发生漂移，应更换计数器板。

（4）远控/就地均不动作，或电动机单向旋转，不能限位。

① 检查手自动离合器是否卡死，电动机是否烧毁。

② 检查电动机电源接线是否正确或三相电源是否不平衡。

（5）用设定器检查，故障显示："H1 力矩开关跳断""H6 没有电磁反馈"。测试（固态）继电器没有输出，更换继电器控制板或电源板组件。

（6）三相电源一送电就跳闸，原因是继电器控制板有问题或电动机线圈已烧毁。

（7）不带负荷时一切正常，带负荷时，开阀正常，关到 40%左右就停转；"关力矩值"已设为 99，用手轮可以关到位；刚安装时可以关到位，用一段时间就不行了。建议换用大一挡的执行器。

（8）手动操作正常，手自动离合器卡簧在手动方向卡死。可拆卸手轮，释放卡簧，重新装配好。

（9）阀门关不死。重新设定行程限位，若重新设定后故障依旧，则是阀门坏了。

（10）执行器设定及动作正常，就是不能超越某一行程位置。原因是阀门卡涩或减速箱机械限位设定反了。可用手动检查并重新设定。

（11）动作过程中，电动机振动，时走时停，转速变慢。若手自动离合器没有故障，应更换（固态）继电器，再做检查。

（12）执行器手动/自动时，显示阀位不变化，反馈也不变化。"限位开/关"参数不能被设定。主板已坏，更换主板。

四、紧急气动截断阀

（一）适用条件

天然气集气站在突发紧急情况下，能够通过紧急气动截断阀达到远程关闭气源、使人员逃生等目的。

（二）工作原理

紧急气动截断阀（图 5-74）的作用机理：正常情况下，串联了三个常闭式控制开关的 24V 控制线路闭合（图 5-75），UPS 正常向电磁阀供电，电磁阀打开，氮气充满截断阀执行机构腔体，活塞压缩腔体内弹簧，齿轮联动机构带动球阀阀杆转动，截断阀打开。当发生突发事故时，通过控制开关手动控制（控制开关设置在值班室、站门口逃生门）电磁阀断电、关闭，并将执行机构腔体内的氮气排出，腔体内弹簧复位，齿轮联动机构带动球阀阀杆转动，

图 5-74　紧急气动截断阀外观

即可实现截断阀的远程关闭。紧急气动截断系统控制流程如图 5-76 所示。

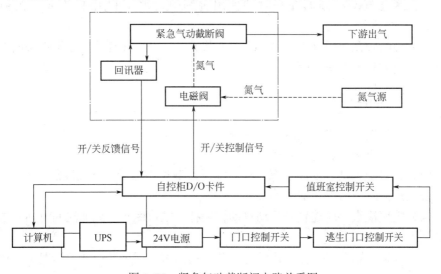

图 5-75　紧急气动截断阀电路关系图

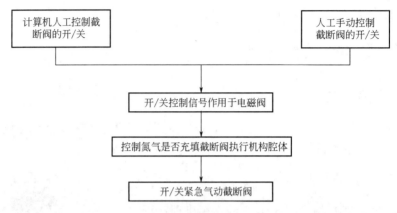

图 5-76 紧急气动截断系统控制流程图

（三）注意事项

（1）正常生产过程中，紧急气动截断阀应处于常开、自动状态，禁止将截断阀用于日常开、关井。

（2）当站内发生停电情况时，UPS 在一段时间内可以持续向计算机、自控柜、截断阀等电仪设备进行供电。在此期间，应启动备用发电机进行供电，避免截断阀因断电而自动关闭。

（3）紧急气动截断阀在平时的使用过程中，严禁利用 F 钩或管钳强行操作。

（4）截断阀在"手动"并供有氮气的状态下，严禁在计算机上操作截断阀开关及调节电磁阀上的复位螺钉。

（四）日常维护

（1）检查相关仪表、减压阀应完好。

（2）定期检查并加注密封脂。

（3）针对配备油杯的减压阀，保证润滑油液位不低于油杯高度的 1/5，在润滑油液位过低时及时加注润滑油。

（4）定期检查手轮连轴、手动自动转换杆、限位螺栓，处加注润滑油并进行活动润滑。

（5）定期对紧急气动截断系统进行开、关测试，保证其在紧急情况下能够完成关闭程序。

第六节　自动化控制系统故障案例分析

案例1　电子巡井界面井场仪表数据显示区出现白框

（一）故障现象

在进行电子巡井时，发现某井场仪表数据显示区出现白框（图5-77）。

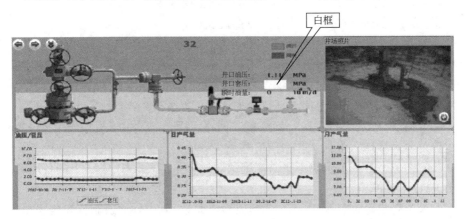

图5-77　电子巡井界面井场仪表数据出现白框

（二）故障原因

（1）RTU上通道损坏。

（2）卡件通道到仪表接线端子排上的线缆断裂或损坏。

（3）仪表故障。

（4）仪表所接回路的熔断器损坏。

（5）机柜仪表接线端子到仪表之间的线缆断裂或损坏。

（三）故障处理

（1）若该仪表有就地显示功能，先查看就地显示是否正常。

① 若就地显示正常，打开RTU机柜查看该表对应的AI卡件的通道，通道异常为红色，将RTU关井信号线摘除，断开仪表回路，用信号发生器模拟一个4～20mA的电流信号直接送入卡件，与主控室联系。

上位机数据显示仍不正常，则将该表改接入AI卡的备用通道，修改RTU卡件配置。

上位机数据显示正常且与电流值相对应，则卡件通道到仪表接线端子排上的线缆断裂或损坏，立即更换接线。

② 若就地无显示，打开仪表后盖，测量该端子是否供有 24V 直流电。

（a）若无 24V 直流电，检查该仪表所接回路熔断器是否完好。熔断器完好，检查机柜内该仪表接线端子到仪表之间的线路。若线路通，则仪表故障，再更换仪表。若线路不通，线缆可能被短接或接地，查找并处理。若熔断器损坏，则更换相同型号的熔断器。

（b）若有 24V 直流电，仪表内部故障，更换仪表。

③ 显示乱码，仪表内部故障，更换仪表。

（2）若该仪表无就地显示功能，打开仪表后盖，测量该仪表是否供有 24V 直流电。

① 打开仪表后盖，测量该仪表有 24V 直流电，测量回路电流值。

（a）无 4～20mA 的电流，则仪表损坏，更换仪表。

（b）有 4～20mA 的电流，断开仪表回路，用信号发生器模拟一个 4～20mA 的电流信号直接送入卡件，与主控室联系。

（c）上位机数据显示仍不正常，则该通道坏，该表改接入 AI 卡的备用通道，修改 RTU 卡件配置。

（d）上位机数据显示正常且与电流值相对应，则卡件通道到仪表接线端子排上的线缆断裂或损坏，立即更换接线。

② 打开仪表后盖，测量该仪表无 24V 直流电，检查该仪表所接回路熔断器是否完好，若熔断器完好，更换机柜内该仪表接线端子到仪表之间的线缆。

案例 2　站控机某仪表超量程

（一）故障现象

在站控界面中，某数据超出该采集仪表量程范围。

（二）故障原因

（1）仪表量程设定错误。

（2）仪表未标定。

（3）线缆可能被短接。

（4）电磁干扰。

（5）线缆故障。

（6）仪表故障。

（7）RTU上通道坏。

（三）故障处理

当发现上位机某仪表示值超量程时，立即赶往该仪表所在井场。打开RTU机柜，查看该仪表所在通道，异常情况下为红色，测量该仪表接线端子是否有24V直流电，测量回路电流，回路电流会大于20mA。

（1）打开仪表后盖，断开接线，测量输出到仪表的电压是否正常。

① 若电压正常，则检查仪表。核实仪表量程设定，重新设定。检查仪表量程标定日期，超过标定期限，更换仪表并进行标定。

② 若电压不正常，线缆可能被短接、接地或有较强的电磁干扰，检查线缆并处理。若电压仍未正常，先更换线缆；若电压正常而仪表读数仍不正常，按上述步骤更换仪表。

（2）在仪表接入回路之前，用信号发生器模拟一个4～20mA的电流信号送入卡件，与主控室联系，若上位机数据显示仍不正常，则该通道坏，更换通道。

案例3　采集仪表信号数据显示不准或无显示

（一）故障现象

在站控界面上某测点信号（温度、压力或流量等）数据显示不准或无显示。

（二）故障原因

（1）SCADA系统故障。

（2）采集变送器信号线接反、采集仪表损坏或未定期标定。

（3）组态参数设置错误。

（4）卡件故障。

（5）跳线设置错误。

（三）故障处理

（1）用信号发生器模拟标准信号测试（前提是现场必须有信号发生器可使用）或将另一同类型信号线缆改接到该通道信号引入测试，若正常表明SCADA系统正常，再检查现场进SCADA系统信号是否有误。

（2）检查信号线是否虚接、正负是否接反或存在损坏情况、采集仪表是否损坏或未定期标定，正确连接仪表信号线，更换损坏的采集仪表或标定采集仪表。

（3）检查组态型号、量程、补偿等参数设置是否有误。

（4）检查该信号所属卡件其他测点运行是否正常，并根据现场实际情况判断是否为卡件故障，可采用更换卡件备件的方式处理，更换时注意跳线设置。

（5）检查卡件跳线设置是否正确（特别是新增点），正确设置跳线。

案例4　RTU 数据上传故障

（一）故障现象

某井 RTU 数据不能上传至上位机监控平台，数据不能更新，上位机也无法对井上设备进行操作。

（二）故障原因

（1）RTU 机柜供电系统掉电。

（2）DI 或 AI 模块数据没采集上。

（3）RTU 控制器工作不正常。

（4）电台（或无线网桥）通信故障。

（5）太阳能供电设备故障。

（6）供电设备与 RTU 机柜的电源接线故障。

（三）故障处理

（1）检查 RTU 机柜是否掉电，若机柜掉电，自然所有设备都无法工作，数据也无法上传。检查太阳能供电设备、供电设备与 RTU 机柜的电源接线是否存在故障。

（2）打开 RTU 机柜门，查看指示灯是否正常，若指示灯不亮，查看 DI 或 AI 模块的供电回路熔断器。若熔断丝烧断，更换熔断器即可；如果熔断丝没有烧断，确认模块供电正常后，所有输入端的灯仍不亮，可通过模块识别来判断哪个模块连接不上。使用计算机登录到 RTU 上，进入 RTU 的硬件配置查看，红色背景的表示块模块不被系统识别，它们的数据将无法通过背板传送到 RTU 的 CPU 中。

（3）如果 DI 和 AI 模块工作指示灯正常，则检查 RTU 处理器模块。首先查看它有没有掉电，如果没有掉电，则通过观察控制器的各 LED 灯即可判断它工作是否正常。各 LED 灯的含义见表 5-10。

表 5-10　CPU 的 LED 灯含义

LED 名称	颜色	含义
Ready	黄色	已供电，CPU 正在运行
Run	黄色	用户程序正在运行
Bat low	红色	电池电量低或已没电
Modbus 1	黄色	传输活跃
Modbus 2	黄色	连接便携式计算机用

如果其中的 Ready 灯或 Run 灯不亮，则说明控制器有问题，对控制器进行重启，并连接便携式计算机，打开 Concept 软件，在线查看程序工作情况是否正常，各现场设备的数据是否能正常传输到 RTU。

如果程序出问题，可采用备份程序重新安装到控制器中，再运行查看数据采集情况是否恢复。

如果通信有问题，查看网线有没有虚接的地方，对其进行紧固，或更换一根完好的网线。然后观察 RJ-45 网口处 LED 灯的状态，黄色表示连接上，绿色表示通信活跃（图 5-78），并连接计算机查看数据采集情况是否恢复。

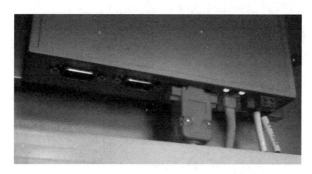

图 5-78　交换机指示灯

若仍然连接不上控制器，无法恢复程序，或采集到的数据仍然传不出去，则表明是控制器硬件问题，则需更换控制器，并将更换下来的控制器进行维修。

（4）如果现场数据能够被正常采集，则问题将出在通信上，这时需对 RCI 和路由器进行检查。检查网线或其他数据接头是否有虚接的，将它们紧固，查看网口处指示灯的闪烁是否正常。确认网络线路连接没有问题以后，如果数据的上传仍然没有恢复，可以对 RCI 和路由器进行重启。

案例5　集气站压力变送器传输数据错误

（一）故障现象

集气站更换了压力变送器以后，该压力取样点传输上来的数据与现场压力表实际数据严重不符。

（二）故障原因

由于将原先量程范围为 0～6MPa 的压力变送器换为量程为 0～10MPa 的压力变送器，而上位机中数据库和 PLC 程序都还是按照 0～6MPa 的量程进行运算和执行的，因此造成传输后数据换算结果发生错误。

（三）故障处理

将上位机数据库与 PLC 程序中对应的压力量程由 0～6MPa 改为 0～10MPa，具体修改办法如下：

（1）打开 PLC 程序，找到相应的功能块，它用来将所采集到的模拟量电信号换算为压力值（图 5-79）。

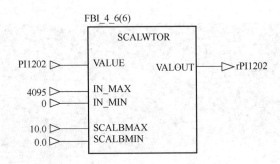

图 5-79　PLC 程序中压力的编程图

其中，PI1202∈[0，4095]，rPI1202∈[0.0，10.0]，两者间的换算关系如下：

$$VALOUT=\frac{(VALUE-IN\_MIN)(SCALBMAX-SCALBMIN)}{(IN\_MAX-IN\_MIN)}+SCALBMIN$$

$$rPI1202=\frac{10\times PI1202}{4095}$$

修改压力上限，即对 SCALBMAX 进行修改既可，将 6 改成 10。然后将更改后的程序进行安装，在 "Online" 选项中选择 "Download changes"。

（2）数据点的更改在组态环境，进入数据库，找到要修改数据点所对应的阀号，更改量程，将原来的 0～6MPa 更改为 0～10MPa 即可。

案例 6　站内部分单井无任何数据

（一）故障现象

在集气站站控平台上电子巡井时，显示发现站内一部分单井无任何数据。

（二）故障原因

（1）井场蓄电池馈电或充电过压。
（2）井场电台（或无线网桥）故障。
（3）天线或馈线故障 。
（4）485 隔离集线器故障。
（5）接触不良。

（三）故障处理

（1）检查井口太阳能控制器状态指示灯，若蓄电池馈电或充电过压，则重启太阳能控制器或更换蓄电池。
（2）若电台工作指示灯不亮或黄色快闪，太阳能控制器状态指示灯为绿色，则井场数传电台电源、串口连接等故障。维修或更换数传电台。
（3）若电台工作指示灯亮，电台收发指示灯或数据指示灯不闪，太阳能控制器状态指示灯显示绿色，则天线、馈线损坏或接触不良，造成某些单井信号接收不完整。更换站内天线及馈线，重插馈线。
（4）若 485 隔离集线器工作指示灯不亮，电台收发指示灯只显示绿色，数据指示灯不闪，则 485 隔离集线器故障。检查电源及接线等，维修或更换 485 隔离集线器。

案例 7　污水分离器排污电动球阀不能正常排液

（一）故障现象

污水分离器不能正常排液。

（二）故障原因

（1）熔断器烧坏。

（2）电控柜无电。

（3）线路短路或火线接地。

（4）阀芯被冻住或被污物卡住。

（5）阀门涡轮蜗杆卡死。

（6）高低液位设定有问题。

（7）排液时间设定有问题。

（8）电动头与阀体连接脱节。

（9）阀芯脱落。

（三）故障处理

（1）检查电动球阀有无 220V 工作电压，测量阀门内部接线端的开或关与公共端是否有电压，如果没有电压，则：

① 检查 220V 熔断器，如烧坏则更换。

② 检查配电柜电源开关是否合上。

如以上检查均正常，阀门还是没有电压，则进行控制电缆的检测，看是否存在接地现象，如果线路接地电阻较小，则需更换电缆。一般如果一合熔断器就立即烧毁熔断器，则存在线路短路或火线接地现象，需要对电缆进行全面检测，结合检测情况，决定是否更换电缆。如果接地电阻较大，一般不会立即烧毁熔断器，但同时存在检测阀门的电压时，电压不能达到 200V 的现象。

（2）检查球阀能否手动操作。

将转换杆扳至手动位，转动手柄看能否开关。如果转动扭矩过大甚至不能转动，则进行以下检查：

① 检查阀体是否被冻住，可以用热水浇烫后，转动手柄检测。

② 如果操作多次仍不能转动，则检查是否有污物卡住阀体，如果被卡住就需要拆下连接法兰解卡。

③ 对于 AUMA 阀门，经过以上处理，还是不能转动，则存在阀门涡轮蜗杆卡死的可能，需要松开行程螺母的压盖，对蜗杆的行程螺母进行调整。

（3）阀门检查正常，但不能正常开关。

① 高低液位控制：保证球阀前后阀门全开，重新设定液位显示值小于目前测量值，阀门则处于自动控制状态，并尽快恢复到原设定值。

② 排液时间控制：保证球阀前后阀门全开，先将高液位控制值设定为大于显示值，几秒钟后，再将设定值修改到小于显示值，待阀门动作后，然后设定为正常值。

（4）球阀能开不能关。

① 排液时间设置过大。

重新设定排液时间，不要太长，保证气体不流出；需要现场与控制室联合操作，逐步由小到大慢慢修改排液时间，以达到既能正常排液，气体又不窜出来的目的。

② 实际液位与计算机显示液位不符，导致有气体排出时不能自动关闭。

手动将分离器内液位排空，直至气体流出，在计算机上读取此时的液位显示值，将此时的液位值作为零液位，以便消除引压管内其他杂质造成的信号误差，重新设置高液位与排液时间。

（5）球阀开关不到位。

① 检查阀芯是否有水化物或污物，清除污物、润滑阀芯。

② 对于 AUMA 阀门，需要重新对其限位开关进行调试，须报专业技术人员进行处理。

（6）球阀开关正常但不排液。

① 检查球阀电动头与阀体连接处，看其是否正常连接，如转动脱节，需要更换连接杆。

② 检查阀芯，看其是否脱落，如脱落时，则需更换阀芯或阀体。

③ 检查截止阀阀芯或排污管线是否畅通。

④ 检查阀门内部齿轮或涡轮是否脱离，不能正常带动阀体运转。

案例8　分离器液位不断提示高液位报警

（一）故障现象

在站控系统界面，分离器液位不断提示高液位报警。

（二）故障原因

（1）排污控制没在"自动"模式。

（2）排污电动阀故障。

（3）液位计浮子粘连。

（4）液位计连接管路堵塞。

（5）液位计远传模块故障。

（三）故障处理

（1）正常时，分离器液位达到设定高液位值电动排污阀开始排液。高液位报警时，首先检查排污控制模式是否在"自动"模式，其次检查排污流程是否正确，再检查排污电动球阀是否故障。

（2）检查分离器来液量与液位计变化情况，判断液位是否为定值，如果是定值，检查液位计浮子是否粘连或液位计连接分离器管路是否堵塞；通过清洗浮子和工作筒，疏通液位计连接分离器管路，若为冻堵，检查电伴热分布和温度设置情况，调整为合理的分布和温度。

（3）检查在站控系统界面显示液位值和本地显示是否一致，如不一致，检查液位计远传模块是否损坏或出现数值漂移，更换或校验液位计。

案例 9　监视图像出现扭曲、变形失真现象

（一）故障现象

在使用监视器观察图像时，有时会出现图像扭曲、变形失真、行场不同步甚至无输入信号的故障。

（二）故障原因

（1）输线的质量不合格。

（2）供电电源不洁净。

（3）视频信号受到干扰。

（三）故障处理

（1）视频传输线的质量不好，屏蔽性能差，传输电缆的 BNC 头制作不规范。若是电缆质量问题，更换成符合要求的电缆。

（2）供电系统的电源不洁净，电源上叠加有干扰信号。需采用净化电源，或采用在线 UPS 供电。

（3）视频信号在传输过程中较易受到干扰，若在系统附近有强干扰源，则会影响图像质量。在监控系统安装过程中，视频线必须远离电磁波干扰源，加强摄像机的屏蔽，对视频电缆线的管道进行接地处理。

案例 10　视频无图像故障

（一）故障现象

在视频监视器无图像显示。

（二）故障原因

（1）网络设备故障。

（2）设备连接故障。

（3）软件故障。

（4）视频服务器故障。

（三）故障处理

（1）通过维护终端和 Ping 视频服务器判断网络设备连接情况，如果是路由器、交换机、服务器等设备故障，进行更换或维修设备；如果是设备网线连接故障，插拔或更换连线。

（2）通过维护终端检查软件是否正常，若是软件故障，进入软件进行处理。

（3）若客户端软件提示为无视频信号，故障点在转发软件。判断摄像机故障范围及检查传输线路，更换相应设备。

（4）若客户端软件提示为连接失败，故障点在视频服务器。若网络正常，Ping 与视频服务器不通，检查 IP 地址等参数设置，若参数设置无误，更换视频服务器。若 Ping 得通，则可能为视频服务器死机，重启视频服务器。

案例 11　图像无法控制故障

（一）故障现象

视频图像无法控制。

（二）故障原因

（1）云台锁定。

（2）设备连接线错误。

（3）光端机故障。

（4）视频服务器故障。

（5）摄像机故障。

（6）异物卡住云台。

（三）故障处理

（1）在中心客户端判断是否为云台锁定，若云台锁定，则解锁；若云台未锁定，则是前端设备故障。

（2）检查视频服务器连接摄像机和云台的控制线路连接是否错误，若连接错误，则重新调整连接视频服务器的控制线路。

（3）判断摄像机类型，查看是光缆连接还是线缆连接，若是线缆连接，前端检查控制线连接情况，若是控制线故障，则更换电缆；若控制线正常，则重启摄像机；故障依旧，则更换摄像机。若是光缆连接，通过仪器分段判断故障范围，确定是否是设备之间控制线故障，若是控制线故障，更换控制线。

（4）分段判断链路设备视频服务器、光端机是否故障，若是链路设备故障，更换设备。若链路设备正常，则是摄像机故障，重启摄像机；若故障依旧，则更换摄像机。

若以上设备及接线都正常，检查云台是否被异物卡住，清除异物。

案例 12　不能观看实时视频图像

（一）故障现象

视频客户端不能观看实时视频图像。

（二）故障原因

（1）IP 地址被占用。

（2）前端服务器未正确配置。

（三）故障处理

（1）根据 IP 地址分配，设置正确的 IP 地址。

（2）手动配置视频服务器。

案例 13　PLC 周期性死机

（一）故障现象

PLC 每运行若干时间就出现死机、程序混乱或者出现不同的中断故障显示，重新启动后又一切正常。

（二）故障原因

（1）PLC 机体积灰。

（2）温度过高或过低。

（三）故障处理

（1）PLC 周期性死机最常见的原因是 PLC 机体长时间积灰，灰尘长期积累在 PLC 的内部元器件上，影响电子元器件的热量散发，使得电路元器件的温度上升，产生漏电、停止工作或烧坏等故障。因此，PLC 的电控柜应使用密封式结构，并且电控柜的进风口和出风口加装过滤器。应定期用压缩空气或软毛刷对 PLC 机架插槽接口处进行吹扫。

（2）温度对 PLC 内部元器件的寿命影响很大。温度过高或过低都会使晶体振荡器的时钟主频发生改变。温度过高将使得 PLC 内部元件性能恶化和故障增加；温度偏低，模拟回路的安全系数也会变小，超低温时可能引起控制系统动作不正常。解决的办法是在控制柜安装合适的轴流风扇或者加装空调，并注意经常检查。

案例 14 I/O 模块通信故障

（一）故障现象

PLC 中的 I/O 模块与控制器的通信中断，此时控制器前端面板的 I/O 灯不为绿色常亮（正常情况下该灯应为绿色常亮），或用 RSLogix 5000 软件登录控制器时，也会看到 I/O 未响应指示灯不为绿色常亮。

（二）故障原因

（1）如果 I/O 未响应灯不亮，说明在控制器的 I/O 组态中没有模块，或者在控制器中不包含任何工程。

（2）如果 I/O 未响应灯绿闪，说明有一个或多个 I/O 模块没有响应，控制器不能识别这些模块。

（三）故障处理

（1）检查程序中 I/O 模块的组态是否正确，各模块的槽位是否正确，与实际是否一致。

（2）检查机架上对应的 I/O 模块是否插稳。

（3）检查机架上对应的 I/O 模块是否出现故障，通过查看 OK 灯是否为绿色常亮来进行相应处理（OK 灯正常应为绿色常亮）。若模块 OK 灯绿闪，可对机架进行断电后再重新上电，让模块自检，通常可以恢复；若模块 OK 灯红闪，则说明先前建立的通信已经超时，需检查控制器、控制网模块、I/O 模块三者间的通信；若模块 OK 灯为红色常亮，则说明模块故障，直接更换模块。

案例 15　两块主控卡都不工作

（一）故障现象

SCADA 系统检修后发现两块主控卡都不工作，主控卡所有的指示灯都不亮。

（二）故障原因

输出到机笼的 24V 接线断开。

（三）故障处理

（1）将两块主控卡依次重新插在相邻控制站主控卡位置，主控卡指示灯正常显示，排除主控卡本身硬件故障。

（2）将一块 IO 卡件插在原主控卡槽位，IO 卡件指示灯显示正常，基本将故障点定在主控卡槽位上。

（3）用万用表测量各机笼后的 5V、24V 电压：主控卡机笼和第二个机笼后的 24V 电压显示为 0。测量电源箱后的 5V、24V 电源供电都正常，而输出到机笼的 24V 接线断开，重新接上 24V 电源线后，主控卡正常工作，故障消除。

案例 16　PLC 通信中断

（一）故障现象

在站控机界面上有"PLC 通信中断"报警，且相应的通信模块"Fault"红灯亮。

（二）故障原因

通信模块网络地址配置错误，造成 PLC 通信不能实现冗余，主备切换后无法实现 PLC 与 RCI（远程通信接口服务器）间的通信。

（三）故障处理

（1）首先确认 PLC、交换机、RCI 间各网线接口没有虚接或掉落现象。

（2）对照 IP 表，试着 Ping PLC 主备以太网模块的 IP 地址，哪个地址 Ping 不通，哪个模块有问题。

（3）通过网线连接 PLC 与便携式计算机，重新设置好网络后，重新下载程序到 PLC 的控制器中。

（4）PLC 与 RCI 的通信恢复以后，站控计算机屏幕上的"PLC 通信中断"报警消除。

案例 17　站控机中毒导致运行不正常

（一）故障现象

站控机运行不正常或不能启动。

（二）故障原因

站控机因外接移动存储设备而中毒，病毒影响软件的正常使用。

（三）故障处理

采用瑞星杀毒软件、病毒专杀工具对站控机进行杀毒。
查杀结束后重启站控机，运行恢复正常。

案例 18　站控机系统界面频繁自动退出

（一）故障现象

站控机系统界面频繁自动退出。

（二）故障原因

（1）SCADA 系统故障。
（2）采集仪表信号线接反、采集仪表损坏或未定期标定。
（3）组态参数设置错误。
（4）卡件故障。
（5）跳线设置错误。

（三）故障处理

（1）系统软件安装不规范，重新安装后可以解决。
（2）同一个时间恰好出现了多个报警，导致计算机系统的资源不足而报错，查明报警原因，排除故障后系统恢复正常。
（3）系统调用的组态路径为网络路径，非本机路径，改回本机路径。
（4）硬件（如主板或硬盘）出现故障，排查硬件故障。
（5）若硬盘空间不够，也可能自动退出。对系统进行杀毒，清理系统磁盘。

案例 19　站控数据不更新

（一）故障现象

集气站站控平台的站控计算机上显示的数据部分或大部分不能及时更新，日报表中的数据同样也不更新，即固定不变。值班人员不能正确判断站场的实际生产情况，形成较大的安全隐患。

（二）故障原因

（1）站控机与 RCI（远程通信接口服务器）间的日期不一致。

（2）RCI 长时间不间断工作，硬件老化，工作性能下降。

（3）RCI 内部配置不高。

（4）第三方设备（如流量计算机、UPS）不断增加，数据采集量增大，工作负担加重。

（5）网络中有网线虚接或断开的地方。

（三）故障处理

（1）在站控机上打开校时软件，对站控机进行校时，将其时钟与 RCI（远程通信接口服务器）同步。

（2）在站控机操作的系统配图界面中找到图标"COM17-PLC 通信状态"，点击弹出一个对话框。在该对话框中将"轮询"勾选上，点击应用。通常情况下，站控数据都会进行一次刷新，原先不变的数据都会发生变化，橙色变成白色即恢复正常。如果变化不大，可再轮询几次。

（3）如果以上工作都不起作用，可以对两台 RCI 进行切换，将原先为备用的切换到主用，并可重复（1）、（2）步骤，查看数据显示是否恢复正常。

（4）如果以上工作都不起作用，可以将站控机工程停掉，然后再重启工程，观察数据显示是否恢复正常。

（5）如果以上工作都不起作用，可以先将站控机工程停掉，然后把两台 RCI 分别重启，之后再重启工程，观察数据显示是否恢复正常。

（6）如果以上工作都不起作用，可以将站控机工程停掉以后对站控机进行重启，主要还是为了刷新站控计算机的网络连接，然后重启工程，观察数据显示是否恢复正常。

（7）如果以上工作都不起作用，可以用站控机的备份工程替换现有工程，观察数据显示是否恢复正常。

（8）通常经过以上工作都可以恢复站控机数据的更新，如果以上工作都不起作用，则需查看网络连接上是否存在虚接或断线的情况，交换机是否工作正常等。确认网络连接无问题后，可对 RCI 进行更换或硬件升级，提高其工作性能。

案例 20　站内所有单井无数据

（一）故障现象

在集气站站控平台上电子巡井时，显示发现站内所有单井无数据。

（二）故障原因

（1）站内电台未供电。
（2）站内电台数据线未插好。
（3）站控软件异常故障。
（4）无线信号有干扰。

（三）故障处理

（1）检查电台工作指示灯是否亮，若指示灯不亮，说明站内电台未供电，接通电源给电台供电；若电台工作指示灯亮，电台收发指示灯不闪烁，则站内电台数据线未插好，重新插拔串口数据线，并检查站控软件是否有异常，重启计算机。

（2）若站内电台收发指示灯闪烁，而站控软件井位串接图界面右下角井号轮询不正常，查找干扰信号源。

案例 21　站控计算机死机

（一）故障现象

集气站站控平台的站控计算机鼠标无法操作或自动关机，无法进行数据查看及其他操作。

（二）故障原因

（1）感染病毒。
（2）打开应用程序太多，系统资源匮乏。
（3）硬盘剩余空间太少或者是碎片太多。
（4）系统文件丢失。

（5）散热不良。

（6）灰尘因素。

（三）故障处理

（1）死机后，可以同时按下 Ctrl+Alt+Delete 键，屏幕出现"任务管理器"窗口，选择"关闭系统"按钮，此时系统就会自动关闭主机电源，并重新启动 Windows 系统完成热启动；当按下 Ctrl+Alt+Delete 键无效时说明需要冷启动，直接关闭计算机电源，当电源指示灯灭后，再打开计算机电源，进行 Windows 系统启动。

（2）应用程序的主文件被破坏或感染病毒，无法完成加载过程，而导致系统资源耗尽而死机。重新安装该应用程序或使用杀毒软件进行全面查毒、杀毒，并应及时升级杀毒软件。

（3）在使用过程中打开应用程序过多，占用了大量的系统资源，致使资源不足而死机。可以在"运行"中键入"MSCONFIG"，将"启动"组中的加载选项全部关闭，然后逐一加载，观察系统在加载哪个程序时出现死机现象，就查出了故障原因。因此，在使用比较大型的应用软件时，最好少打开与本应用程序无关的软件。

（4）硬盘剩余空间太少或碎片太多。由于一些应用程序运行需要大量的内存，需用磁盘空间提供虚拟内存，如果硬盘的剩余空间太少难以满足软件的运行需要，就容易造成死机。解决此类问题的方法是合理划分磁盘空间，使用磁盘碎片整理程序定期整理硬盘、清除硬盘中垃圾文件。

（5）由于 Windows 9X 启动需要有 Command.com、Io.sys、Msdos.sys 等文件，如果这些文件遭到破坏或被误删除，即使在 CMOS 中各种硬件设置正确无误也无济于事。此时需用系统盘启动系统后，重新传送系统文件。

（6）显示器、电源和 CPU 运行发热量很大，电源或显示器散热不畅而造成计算机死机。检查散热口和散热片是否堵塞，散热风扇是否损坏，清理散热口和散热片的异物、灰尘，维修或更换散热风扇。

（7）定期清除灰尘，并保证控制室良好的环境。

案例 22　气动阀门动作迟缓

（一）故障现象

在集气站站控平台操作气动阀门时，气动阀门动作迟缓。

（二）故障原因

（1）气源压力不够。

（2）供气管路破损或接头漏气。

（3）流量不够或同时有其他耗气量大的装置工作。

（4）气动执行器扭矩过小。

（5）阀门负载过大，阀门阀芯或其他阀件装配不合理。

（6）气缸摩擦力变动大。

（7）管路堵塞或冻结。

（三）故障处理

（1）检查气源压力，若压力低于气动阀门规程要求，增加气源压力，途中设置储气罐以减小压力变动。

（2）检查供气管路是否扭曲、破损或接头是否漏气，更换供气管路并加强密封。

（3）检查供气流量，若流量过小，增设储气罐或增设空压机以减小压力变动。

（4）检查气动执行器扭矩，若扭矩过小，换大规格气动执行器。

（5）检查并重新调整阀门扭矩。

（6）检查气缸摩擦情况，涂润滑油进行适当的润滑。

（7）检查供气管路是否堵塞，解除堵塞或更换供气管路。

案例 23　数据采集不稳定

（一）故障现象

集气站站控平台的数据采集出现不稳定、跳变现象。

（二）故障原因

（1）网线、信号线接触不良。

（2）网线、信号线故障或绝缘破坏。

（3）硬件受到外部强干扰。

（4）系统接地不良。

（5）卡件线路接触不良或卡件故障。

（三）故障处理

（1）检查网线、信号线是否接触不良，插拔复位或紧固网线、信号线。

（2）检查网线、信号线是否有破损，更换网线、信号线。

（3）检查是否存在较大干扰。检查供电系统最好采用隔离变压器，检查强电与弱电电缆是否分开敷设，间距是否符合要求，若未达到要求则整改。对于有较强辐射处，可用铜皮或铝箔等做成密封箱，起到屏蔽作用。

（4）检查接地连接是否接触不良，紧固接地连接点；检查接地线是否完好并更换破损的接地线；检查接地电阻是否增大，减小接地电阻。

（5）检查卡件，将卡件插拔复位并紧固接线。

参 考 文 献

[1] 中国石油天然气集团公司职业技能鉴定指导中心. 采气工（上、下册）. 北京：石油工业出版社，2014.

[2] 蒋长春. 采气工艺技术. 北京：石油工业出版社，2009.

[3] 杨川东. 采气工程. 北京：石油工业出版社，2001.

[4] 张中伟. 采气工必读. 北京：石油工业出版社，2005.

[5] 中国石油天然气集团公司人事部. 采气技师培训教程. 北京：石油工业出版社，2014.

[6] 苏建华，等. 天然气矿场集输与处理. 北京：石油工业出版社，2004.

[7] 王岚，唐磊. 天然气开采技术. 北京：石油工业出版社，2014.

[8] 刘晓辉，张洁. 电脑常见问题与故障 1000 例. 北京：清华大学出版社，2007.

[9] 王华忠. 监控与数据采集(SCADA)系统及应用. 北京：电子工业出版社，2010.

[10] 曾庆恒. 采气工程. 北京：石油工业出版社，1999.

[11] 中国石油天然气集团公司职业技能鉴定指导中心. 输气工（上、下册）. 北京：石油工业出版社，2014.

[12] 沙占友. 数字化测量技术. 北京：机械工业出版社，2009.

[13] 戴勇. 生产制造过程数字化管理. 北京：机械工业出版社，2008.

[14] 杨波. 大话通信——通信基础知识读本. 北京：人民邮电出版社，2009.

[15] 黄泽俊. 天然气管道 SCADA 系统技术. 北京：机械工业出版社，2013.

[16] 朱天寿 刘祎. 苏里格气田数字化集气站建设管理模式. 天然气工业，2011，31（2）：9-11.